高职高专教改系列教材·建筑工程技术类

编审委员会

☆ 高职高专教改系列教材·建筑工程技术类

建筑施工组织

主　编　宋文学

副主编　吕成炜

中国科学技术大学出版社

·合肥·

内 容 简 介

本教材为安徽省财政支持省属高等职业院校"建筑工程技术专业"发展能力提升项目建设系列教材之一,作者本着高职高专教育特色,依据提升专业发展服务能力、专业人才培养方案和课程建设的目标和要求,按照校企专家多次研究讨论后制订的课程标准进行编写。

全书共 8 个学习任务,内容包括建筑施工组织基础知识认知、施工准备、流水施工组织、网络计划技术学习、施工组织总设计编制、单位工程施工组织设计编制、主要管理措施制订以及计算机辅助施工组织设计。

本教材为建筑工程技术专业的教学用书,也可作为土建类相关专业和工程技术人员的参考用书。

图书在版编目(CIP)数据

建筑施工组织/宋文学主编. —合肥:中国科学技术大学出版社,2013.9
(高职高专教改系列教材·建筑工程技术类/满广生,胡慨主编)
ISBN 978-7-312-03276-9

Ⅰ. 建… Ⅱ. 宋… Ⅲ. 建筑工程—施工组织—高等职业教育—教材
Ⅳ. TU721

中国版本图书馆 CIP 数据核字(2013)第 152919 号

出 版 者:中国科学技术大学出版社
地 址:安徽省合肥市金寨路 96 号,邮编:230026
网 址:http://press.ustc.edu.cn
电 话:发行部 0551-63606806-8810
印 刷 者:安徽江淮印务有限责任公司
发 行 者:中国科学技术大学出版社
经 销 者:全国新华书店
开 本:710 mm×960 mm 1/16 印 张:18.5 字数:352 千
版 次:2013 年 9 月第 1 版
印 次:2013 年 9 月第 1 次印刷
印 数:1—3000 册
定 价:30.00 元

前　　言

　　本教材是依据安徽省财政支持"建筑工程技术专业"发展能力提升建设项目的建设要求,结合专业人才培养方案和课程建设目标进行编写的。

　　本专业的课程改革是以工作过程为导向,以任务引领为思路进行的。本书编写团队在编写时,坚持按照最新规范《建筑工程施工组织设计》(GB/T 50502—2009)的思想与工程实际进行编写,强调"以实用为主,以够用为度,注重实践,强化训练,利于发展"的原则,根据专业知识与能力需求,设置教材学习内容并注重教学内容的实用性、可操作性及综合性,及时引入行业新知识、新规范,确保教学内容与行业需求接轨。此外,本书注重信息技术在施工项目管理中的应用,详细介绍了项目管理软件在施工项目管理中的应用。

　　本书由宋文学主编。具体编写分工如下:安徽水利水电职业技术学院宋文学编写学习任务4;胡慨编写学习任务6;刘先春、吴瑞编写学习任务2、学习任务3;安徽省城建设计研究院吕成炜编写学习任务5;吴岳俊、于文静编写学习任务1、学习任务7、学习任务8。全书由宋文学统稿,由满广生教授担任主审。书稿中部分插图由安徽水利水电职业技术学院王培林、杨奇美、范圆圆采用专业软件绘制。

　　教科书作为知识、技术信息传播的基本载体,其重要性不容忽视。本教材在编写过程中牢牢把握质量关,严格遵照人才培养需求和遵守最新规范,充分吸收目前最先进的思想理念和科技成果,以期能够为读者呈现一本满意的教科书。

　　在教材编写过程中,得到了安徽水利水电职业技术学院建筑工程系满广生主任以及深圳市斯维尔科技有限公司梅发军、刘虎等的大力支持和帮助,在此一并表示感谢。由于作者水平有限,书中难免存在不妥之处,恳请读者指正。

编　者

2013 年 5 月 20 日

目　　录

学习任务 1　建筑施工组织基础知识认知

【学习目标】

1. 了解建筑施工组织课程的研究对象和任务；

2. 了解基本建设的概念、内容；

3. 熟悉基本建设与建筑施工程序；

4. 熟悉施工组织设计的概念、任务、作用；

5. 了解组织施工的基本原则；

6. 熟悉或理解施工组织设计的分类，包括施工组织总设计、单位工程施工组织设计、施工方案和投标阶段施工组织设计、实施阶段施工组织设计，能够根据实际工程情况确定施工组织设计的内容，完成施工组织设计的编写，具备编制施工组织设计的初步能力。

建筑产品的生产或施工是一项由多人员、多专业、多工种、多设备、高技术、现代化综合而成的复杂的系统工程。若要提高工程质量、缩短工程工期、降低工程成本、实现安全文明施工，就必须应用合理方法进行统筹规划、科学管理施工全过程。"建筑施工组织"就是针对建筑施工的复杂性，研究工程建设的统筹安排与科学系统管理的客观规律，制订建筑工程施工最合理的组织与管理方法的一门学科。建筑施工组织是推进企业技术进步，加强现代化工程项目管理的核心。

建筑施工是一项特殊的生产活动，尤其是现代化的建筑物或构筑物，无论是在规模上还是在功能上都在不断发展，"高、大、难、急、险"已成为现代建设项目的显著特征，它们不但体形庞大，而且交错复杂，这就给施工带来许多困难和问题。解决施工中的各种困难和问题，通常都有若干施工方案可供选择。但是，不同的方案，其经济效果一般不会相同。如何根据拟建工程的性质和规模、地理和环境、工期长短、工人的素质和数量、机械装备程度、材料供应情况等各种技术经济条件，从技术、经济与管理相统一的角度出发，从许多可行的方案中选定最优的方案，这正是施工管理人员必须首先解决的问题。因此，可以得出建筑施工组织的任务是：从施工的全局出发，根据具体的条件，以最优的方式解决施工组织中的问题，对施工的各项活动做出全面的、科学的规划和部署，使人力、物力、财力以及技术资源得以充分合理的利用，确保安全、优质、高效、低耗地完成施工任务。

学习单元 1.1　基本建设程序

‖ 工作任务表 ‖

能力目标	主讲内容	学生完成任务
通过学习训练,使学生学会如何进行工程项目的划分及归类,熟悉建筑施工程序	基本建设、基本建设程序及建筑施工程序	根据实例,完成基本建设项目的划分与归类工作

1.1.1　基本建设

基本建设是指以固定资产扩大再生产为目的,国民经济各部门、各单位购置和建造新的固定资产的经济活动,以及与其有关的工作。简言之,就是形成新的固定资产的过程。基本建设为国民经济的发展和人民物质文化生活的提高奠定了物质基础。基本建设主要是通过新建、扩建、改建和重建工程,特别是新建和扩建工程的建造,以及与其有关的工作来实现的。因此,建筑施工是完成基本建设的重要活动。

基本建设是一项综合性的宏观经济活动。它还包括工程的勘察与设计、土地的征购、物资的购置等。它横跨于国民经济各部门,包括生产、分配和流通各环节。其主要内容有:建筑工程、安装工程、设备购置、列入建设预算的工具及器具购置、列入建设预算的其他基本建设工作。

1.1.2　基本建设程序

基本建设程序是指建设项目从决策、设计、施工、竣工验收到投产或交付使用的全过程中,各项工作必须遵循的先后顺序,是拟建项目在整个建设过程中必须遵循的客观规律。这个先后顺序,是多年实践的科学总结,是由基本建设进程决定的,不得人为任意安排,更不能随着建设地点的改变而改变。从基本建设的客观规律、工程特点和工作内容来看,在多层次、多交叉的平面和空间里,在有限的时间里,组织好基本建设,必须使工程项目建设中各阶段和各环节的工作相互衔接。

我国的工程建设程序可归纳为四个阶段,即投资决策阶段、勘察设计阶段、项目施工阶段、竣工验收和交付使用阶段。这四个阶段又可划分为项目建议书、可行性研究、设计文件、施工准备(包括招投标、签订合同)、施工安装、生产准备、竣工验收和交付使用等环节。

1.1.2.1　投资决策阶段

投资决策阶段包括项目建议书和可行性研究等内容。

1. 项目建议书

项目建议书是对拟建项目总体轮廓的设想,是根据国家国民经济和社会发展长期规划、行业规划和地区规划,以及国家产业政策,经过调查研究、市场预测及技术分析,着重从宏观上对项目建设的必要性做出分析,并初步分析项目建设的可行性。

项目建议书是建设单位向主管部门提出的要求建设某一项目的建议性文件,对于大中型项目和一些工艺技术复杂、涉及面广、协调量大的项目,还要编制可行性研究报告,作为项目建议书的主要附件之一。项目建议书是项目发展周期的初始阶段,是国家选择项目的依据,也是可行性研究的依据,涉及利用外资的项目,在项目建议书批准后,方可开展对外工作。

项目建议书的内容,视项目的不同情况而有繁有简,一般应包括以下主要内容:

(1)项目提出的必要性依据。主要写明建设单位的现状,拟建项目的名称、性质、地点及项目建设的必要性和依据。

(2)项目的初步建设方案。主要是指建设规模、主要内容和功能分布等。

(3)项目建设条件及项目建设各项内容的进度和建设周期。

(4)项目投资总额及主要建设资金的安排情况,筹措资金的办法和计划。

(5)项目建设后的经济效益和社会效益的初步估计。意指初步的财务评价和国民经济评价。

项目建议书按要求编制完成后,按照建设总规模和限额划分审批权限,报批项目建议书。

2. 可行性研究

项目建议书经批准后,即可进行可行性研究工作。可行性研究是建设项目在投资决策前,对与拟建项目有关的社会、经济、技术等各方面进行深入细致的调查研究,对各种可能拟定的技术方案和建设方案进行认真的技术经济分析和比较论证,对项目建成后的经济效益进行科学的预测和评价。在此基础上,对拟建项目的技术先进性和适用性,经济合理性和有效性,以及建设必要性和可行性进行全面分析、系统论证、多方案比较和综合评价,由此得出该项目是否应该投资和如何投资等结论性意见,为项目投资决策提供可靠的科学依据。

建设项目可行性研究报告的内容可概括为三大部分。首先是市场研究,包括拟建项目的市场调查和预测研究,这是项目可行性研究的前提和基础,其主要任务是解决项目的"必要性"问题;其次是技术研究,即技术方案和建设条件研究,这是项目可行性研究的技术基础,它要解决项目在技术上的"可行性"问题;第三是效益研究,即经济效益的分析和评价,这是项目可行性研究的核心部分,主要解决项目在经济上的"合理性"问题。市场研究、技术研究和效益研究共同构成项目可行性研究的三大支柱。

在可行性研究的基础上,编制可行性研究报告,并且要按规定将编制好的可行性研究报告送交有关部门审批。经批准的可行性研究报告是初步设计的依据,不得随意修改和变更。

1.1.2.2　勘察设计阶段

设计文件是安排建设项目和进行建筑施工的主要依据。设计文件一般由建设单位通过招投标或直接委托有相应资质的设计单位进行设计。设计之前和设计之中都要进行大量的调查和勘测工作,在此基础上,根据批准的可行性研究报告,将建设项目的要求逐步具体化为指导施工的工程图纸及其说明书。

设计是分阶段进行的。一般项目进行两阶段设计,即初步设计和施工图设计。技术上比较复杂和缺少设计经验的项目采用三阶段设计,即在初步设计阶段后增加技术设计阶段。

1. 初 步 设 计

初步设计是对批准的可行性研究报告所提出的内容进行概略的设计,做出初步的实施方案(大型、复杂的项目,还需绘制建筑透视图或制作建筑模型),进一步论证该建设项目在技术上的可行性和经济上的合理性,解决工程建设中重要的技术和经济问题,并通过对工程项目所做出的基本技术经济规定,编制项目总概算。

初步设计由建设单位组织审批。初步设计经批准后,不得随意改变建设规模、建设地址、主要工艺过程、主要设备和总投资等控制指标。

2. 技 术 设 计

技术设计是在初步设计的基础上,根据更详细的调查研究资料,进一步确定建筑、结构、工艺、设备等的技术要求,以使建设项目的设计更具体、更完善、技术经济指标达到最优。

3. 施 工 图 设 计

施工图设计是在前一阶段的设计基础上进一步形象化、具体化、明确化,完成建筑、结构、水、电、气、工业管道以及场内道路等全部施工图纸、工程说明书、结构计算书以及施工图预算等。在工艺方面,应确定各种设备的具体型号、规格及各种非标准设备的制作、加工和安装图。

1.1.2.3　项目施工阶段

包括施工准备、施工安装及生产准备三个阶段内容。

1. 施工准备

施工准备工作在可行性研究报告批准后就可进行。在建设项目实施之前须做好以下准备工作：征地拆迁、"三通一平"（通水、通电、通路和场地平整）；工程地质勘察；收集设计基础资料，组织设计文件的编审；组织设备、材料订货；准备必要的施工图纸；组织施工招标投标，择优选定施工单位，签订施工合同，办理开工报建手续等。

做好建设项目的准备工作，对于提高工程质量，降低工程成本，加快施工进度，都有着重要的保证作用。

2. 施工安装

施工准备工作基本完成，具备了工程开工条件之后，由建设单位向有关部门提出开工报告。有关部门对工程建设资金的来源、资金是否到位以及施工图出图情况等进行审查，符合要求后批准开工。开工报告一经批准，项目便进入了施工阶段。这是一个自开工到竣工的实施过程，是基本建设程序中时间最长、工作量最大、资源消耗最多的阶段。这个阶段的工作中心是根据设计图纸进行建筑安装施工。在这一过程中，施工活动应按设计要求、合同规定、预算投资、施工程序和顺序、施工组织设计，在保证质量、工期、成本计划等目标的前提下进行，达到竣工标准要求，经过验收合格后，移交给建设单位。

这一阶段的目标是完成合同规定的全部施工任务，达到验收、交工的条件，施工之前要认真做好图纸会审工作，施工中要严格按照施工图和图纸会审记录施工，如需变动应取得建设单位和设计单位的同意；施工前应编制施工图预算和施工组织设计，明确投资、进度、质量的控制要求并被批准认可；施工中应严格执行有关的施工标准和规范，确保工程质量，按合同规定的内容完成施工任务。

3. 生产准备

生产准备是项目投产前由建设单位进行的一项重要工作，是建设阶段完成后转入生产经营的必要条件。项目法人应及时组织专门班子或机构做好生产准备工作。

生产准备工作根据不同类型工程的要求确定，一般应包括下列内容：

（1）组建生产经营管理机构，制定管理制度和有关规定。

（2）招收培训人员，提高生产人员和管理人员的综合素质，使之能够满足生产、运营的要求。

（3）生产技术准备，包括技术咨询、运营方案的确定、岗位操作规程等。

（4）物资资料准备，包括原材料、燃料、工器具、备品和备件等其他协作产品的准备。

　　(5) 其他必需的生产准备。

1.1.2.4　竣工验收和交付使用阶段

1. 竣工验收

　　建设项目竣工验收是由发包人、承包人和项目验收委员会,以项目批准的设计任务书和设计文件,以及国家或部门颁发的施工验收规范和质量检验标准为依据,按照一定的程序和手续,在项目建成并试生产合格后,对工程项目的总体进行检验和认证、综合评价和鉴定的活动。

　　竣工验收是建设工程的最后阶段,要求在单位工程验收合格,并且工程档案资料按规定整理齐全,完成竣工报告、竣工决算等必需文件的编制后,才能向验收主管部门提出申请并组织验收。对于工业生产项目,须经投料试车合格,形成生产能力,能正常生产出产品后,才能进行验收;非工业生产项目,应能正常使用,才能进行验收。建筑工程施工质量验收应符合以下要求:

　　(1) 参加工程施工质量验收的各方人员应具备规定的资格;

　　(2) 单位工程完工后,施工单位应自行组织有关人员进行检查评定,并向建设单位提交工程验收报告;

　　(3) 建设单位收到工程验收报告后,应由建设单位(项目)负责人组织施工(含分包单位)、设计、监理等单位(项目)负责人进行单位(子单位)工程验收;

　　(4) 单位工程质量验收合格后,建设单位应在规定时间内将工程竣工验收报告和有关文件,报建设行政管理部门备案。

　　建设工程项目经竣工验收后才能交付使用。

2. 项目后评价

　　随着我国成功地加入 WTO,国内的国际合作涉外项目越来越多。按照国际承包的惯例,建设项目的后评价是其中不可或缺的一部分。客观地讲,我国的建设项目后评价尚处于刚刚起步的阶段,根据国外的经验和国内专家的共识,尽快建立并完善我国的项目投资后评价制度,是我国规范建筑市场、与国际接轨的必然趋势。

　　项目后评价是指在项目建成投产并达到设计生产能力后,通过对项目前期工作、项目实施、项目运营情况的综合研究,衡量和分析项目的实际情况与预测(计划)情况的差距,确定有关项目的预测和判断是否正确,并分析其原因,从项目完成过程中吸取经验教训,为今后改进项目决策、准备、管理、监督等工作创造条件,并为提高项目投资效益提出切实可行的对策措施,一般包括以下内容:

　　(1) 项目达到设计生产能力后,项目实际运行状况的影响和评价。

　　(2) 项目达到设计生产能力后的经济评价,包括项目财务后评价和项目国民经济后评价两部分。

（3）项目达到正常生产能力后的实际效果与预期效果的分析评价。

（4）项目建成投产后的工作总结。

1.1.3　建筑施工程序

建筑施工程序是拟建工程项目在整个施工阶段中必须遵循的先后次序和客观规律，一般分为以下 5 个步骤：

（1）承接施工任务，签订施工合同。

施工单位承接任务的方式一般有三种：① 国家或上级主管部门正式下达；② 接受建设单位邀请；③ 投标。不论是通过哪种方式承接的施工任务，施工单位都要检查其施工背后是否有批准的正式文件，是否被列入基本建设年度计划，是否已落实投资等。

承接施工任务后，建设单位与施工单位应根据《经济合同法》和《建筑安装工程承包合同条例》的有关规定及要求签订施工合同，它具有法律效力，须共同遵守。施工合同应规定承包范围、内容、要求、工期、质量、造价、技术资料、材料供应等和合同双方应承担的义务和职责，以及各方应提供施工准备工作的要求（如土地征购、申请施工用地、施工执照、拆除现场障碍物、接通场外水源、电源、道路等）。

（2）全面统筹安排，做好施工规划。

签订施工合同后，施工单位应全面了解工程性质、规模、特点、工期等，并进行各种技术、经济、社会调查，收集有关资料，编制施工组织总设计（或施工规划大纲）。

当施工组织总设计经批准后，施工单位应组织先遣人员进入施工现场，与建设单位密切配合，共同做好开工前的准备工作，为顺利开工创造条件。

（3）落实施工准备，提出开工报告。

根据施工组织总设计的规划，对第一期施工的各项工程，应抓紧落实各项施工准备工作，如会审图纸，编制单位工程施工组织设计，落实劳动力、材料、构件、施工机具及现场"三通一平"等。具备开工条件后，提出开工报告，经审查批准后，即可正式开工。

（4）精心组织施工，加强科学管理。

一个建设项目从整个施工现场全局来说，一般应坚持先全面后个别、先整体后局部、先场外后场内、先地下后地上的施工步骤；从一个单项（单位）工程的全局来说，除了按总的全局指导和安排之外，应坚持土建、安装密切配合，按照拟定的施工组织设计，精心组织施工。加强各单位、各部门的配合与协作，协调解决各方面问题,使施工活动顺利开展。

同时在施工过程中,应加强技术、材料、质量、安全、进度及施工现场等各方面管理工作,落实施工单位内部承包经济责任制,全面做好各项经济核算与管理工作,严格执行各项技术、质量检验制度,抓紧工程收尾和竣工。

(5)工程竣工验收,交付生产使用。

这是施工的最后阶段。在交工验收前,施工单位内部应先进行预验收,检查各分部(分项)工程的施工质量,整理各项交工验收的技术经济资料。在此基础上,向建设单位交工验收,验收合格后,办理验收签证书,即可交付生产使用。

学习单元 1.2　施工组织设计概述

‖ 工作任务表 ‖

能力目标	主讲内容	学生完成任务
通过学习训练,使学生理解施工组织设计的含义、作用、分类,熟悉施工组织设计的内容	着重介绍施工组织设计的含义、作用和内容	根据实例,完成施工组织设计的内容确定

建筑产品作为一种特殊的商品,为社会生产提供物质基础,为人民提供生活、消费、娱乐场所等。一方面,建设项目能否按期顺利完工投产,直接影响业主投资的经济效益与效果;另一方面,施工单位如何安全、优质、高效、低耗地建成某项目,对施工单位本身的经济效益及社会效益都具有重要影响。

施工组织设计就是针对施工安装过程的复杂性,运用系统的思想,对拟建工程的各阶段、各环节以及所需的各种资源进行统筹安排的计划管理行为。它的目的是使复杂的生产过程通过科学、经济、合理的规划安排,以达到建设项目能够连续、均衡、协调地进行施工,满足建设项目对工期、质量及投资方面的各项要求。又由于建筑产品的单件性,没有固定不变的施工组织设计适用于任何建设项目,所以,如何根据不同工程的特点编制相应的施工组织设计则成为施工组织管理中的重要一环。

1.2.1　施工组织设计的概念和任务

施工组织设计是我国长期工程建设实践中形成的一项管理制度,目前仍继续贯彻执行。根据现行《建设工程项目管理规范》(GB/T 50326)的规定："大中型项目应单独编制项目管理实施规划;承包人的项目管理实施规划可以用施工组织设计项目或质量计划代替,但应能够满足项目管理实施规划的要求。"这里需要说明的是,"承包人的项目管理实施规划可以用施工组织设计项目或质量计划代替"即是指施工项目管理实施规划可以用施工组织设计代替。当承包人以编制施工组织设计代替项目管理规划时,或者在编制投标文件中的施工组织设计时,应根据施工项目管理的需要,增加相关的内容,使施工组织设计满足施工项目管理规划的要求,满足投标竞争的需要。这样,当施工组织设计满足施工项目管理的需要时,用于投标的施工组织设计也可称作施工项目管理规划大纲,中标后编制的施工组织设计也可称作施工项目管理实施规划。

1.2.1.1 施工组织设计的概念

施工组织设计是指导拟建工程项目进行施工准备和正常施工的技术经济管理文件,是对拟建工程在人力和物力、时间和空间、技术和组织等方面所做的全面、合理的安排。施工组织设计作为指导拟建工程项目的全局性文件,应尽量适应施工安装过程的复杂性和具体施工项目的特殊性,并且尽可能保持施工生产的连续性、均衡性和协调性,以实现生产活动的最佳经济效果。

施工过程的连续性是指施工过程的各阶段、各工序之间,在时空上具有紧密衔接的特性。保持生产过程的连续性,以缩短施工周期、保证产品质量和减少流动资金占用。

施工过程的均衡性是指项目的施工单位及其各施工生产环节,具有在相等的时段内,产出相等或稳定递增的特性,即施工生产各环节不出现前松后紧、时松时紧的现象。保持施工过程的均衡性,可以充分利用设备和人力,减少浪费,可以保证生产安全和产品质量。

施工过程的协调性,也称作施工过程的比例性,是指施工过程的各阶段、各环节、各工序之间,在施工机具、劳动力的配备及工作面积的占用上保持适当比例关系的特性。施工过程的协调性是施工过程连续性的物质基础。

施工过程只有按照连续生产、均衡生产和协调生产的要求去组织,才能顺利地进行。

1.2.1.2 施工组织设计的任务

施工组织设计的基本任务是根据业主对建设项目的各项要求,选择经济、合理、有效的施工方案;确定合理、可行的施工进度;拟定有效的技术组织措施;采用最佳的劳动组织,确定施工中劳动力、材料、机械设备等的需要量;合理布置施工现场的空间,以确保全面高效地完成最终建筑产品。

1.2.2　施工组织设计的作用

　　施工组织设计是用以指导施工组织与管理、施工准备与实施、施工控制与协调、资源的配置与使用等的全面性技术经济文件,是对施工活动全过程进行科学管理的重要手段。其作用主要表现在以下方面:

　　(1)施工组织设计可以指导投标与签订工程承包合同,并作为投标书的内容和合同文件的一部分。施工组织设计作为技术标书的重要组成内容,其编制水平及质量高低对投标企业能否中标将产生重要作用。

　　(2)施工组织设计是根据工程各种具体条件拟定的施工方案、施工顺序、劳动组织和技术组织措施等,是指导开展紧凑、有序施工活动的技术依据。

　　(3)施工组织设计是施工准备工作的重要组成部分,同时又是做好施工准备工作的依据和保证。

　　(4)施工组织设计所提出的各项资源需要量计划,直接为组织材料、机具、设备、劳动力需要量的供应和使用提供数据。

　　(5)通过编制施工组织设计,可以合理利用和安排为施工服务的各项临时设施,可以合理地部署施工现场,确保文明施工、安全施工。

　　(6)通过编制施工组织设计,可以将工程的设计与施工、技术与经济、施工全局性规律和局部性规律、土建施工与设备安装、各部门之间、各专业之间有机结合,统一协调。

　　(7)通过编制施工组织设计,可充分考虑施工中可能遇到的困难与障碍,主动调整施工中的薄弱环节,事先予以解决或排除,从而提高了施工的预见性,减少了盲目性,使管理者和生产者做到心中有数,为实现建设目标提供了技术保证。

　　(8)施工组织设计是统筹安排施工企业生产的投入与产出过程的关键和依据。工程产品的生产和其他工业产品的生产一样,都是按要求投入生产要素,通过一定的生产过程,而后生产出成品,而中间转换的过程离不开管理。施工企业也是如此,从承接工程任务开始到竣工验收交付使用为止的全部施工过程的计划、组织和控制的基础就是科学的施工组织设计。

1.2.3　施工组织设计的分类

　　施工组织设计是一个总的概念,根据建设项目的类别、工程规模、编制阶段、编制对象和范围的不同,在编制的深度和广度上也有所不同。

1.2.3.1　按编制阶段的不同分类

　　施工组织设计按照编制阶段的不同,分为投标阶段施工组织设计(简称标前设计)和实施阶段施工组织设计(简称标后设计)。在实际操作中,编制投标阶段施工组织设计,强调的是符合招标文件要求,以中标为目的;编制实施阶段施工组织设计,强调的是可操作性。

两类施工组织设计的区别,见表1.1。

表 1.1　标前、标后施工组织设计的特点

种类	服务范围	编制时间	编制者	主要特征	追求主要目标
标前设计	投标和签约	投标书编制前	经营管理层	规划性	中标和经济效益
标后设计	施工准备至验收	签约后开工前	项目管理层	作业性	施工效率和效益

1.2.3.2　按编制对象分类

施工组织设计按编制对象可分为施工组织总设计、单位工程施工组织设计和[分部(分项)工程]施工方案3种。

1. 施工组织总设计

施工组织总设计是以一个建筑群或一个建设项目为编制对象,用以指导整个建筑群或建设项目施工全过程的各项施工活动的综合性技术经济文件。施工组织总设计一般在初步设计或扩大初步设计被批准之后,在总承包企业总工程师的主持下进行编制。

2. 单位工程施工组织设计

单位工程施工组织设计是以一个单位工程为编制对象,用以指导其施工全过程的各项施工活动的综合性技术经济文件。单位工程施工组织设计一般在施工图设计完成后,在拟建工程开工之前,由工程处的技术负责人主持进行编制。

3. [分部(分项)工程]施工方案

[分部(分项)工程]施工方案在某些时候也称为分部(分项)工程或专项工程施工组织设计,它是以分部(分项)工程为编制对象,由单位工程的技术人员负责编制,用以具体实施其分部(分项)工程施工全过程的各项施工活动的技术、经济和组织的综合性文件。一般对于工程规模大,技术复杂或施工难度大的建筑物或构筑物,在编制单位工程施工组织设计之后,常需对某些重要的,但又缺乏经验的分部(分项)工程,例如深基础工程、大型结构安装工程、高层钢筋混凝土主体结构工程、地下防水工程等,再深入编制施工组织设计。通常情况下,[分部(分项)工程]施工方案是施工组织设计的进一步细化,是施工组织设计的补充,施工组织设计的某些内容在[分部(分项)工程]施工方案中不需赘述。

施工组织总设计、单位工程施工组织设计和[分部(分项)工程]施工方案,是同一工程项目不同广度、深度和作用的三个层次:施工组织总设计是对整个建设项目管理的总体构想(全局性战略部署),其内容和范围比较概括;单位工程施工

组织设计是在施工组织总设计的控制下,以施工组织总设计为依据且针对具体的单位工程编制的,是施工组织总设计的深化与具体化;〔分部(分项)工程〕施工方案是以施工组织总设计、单位工程施工组织设计为依据且针对具体的分部(分项)工程编制的,它是单位工程施工组织设计的深化与具体化,是专业工程组织施工的具体设计。

1.2.4 施工组织设计的基本内容

施工组织设计的内容包括编制依据、工程概况、施工部署、施工进度计划、施工准备和资源配置计划、主要施工方法或施工方案、施工现场平面布置、主要施工管理计划等。

一般地,施工组织设计的内容应符合如下要求:① 施工组织设计的内容应具有真实性,能够客观反映实际情况;② 施工组织设计的内容应涵盖项目的施工全过程,做到技术先进、部署合理、工艺成熟,针对性、指导性、可操作性强;③ 施工组织设计中大型施工方案的可行性在投标阶段应经过初步论证,在实施阶段应进行细化并审慎详细论证;④ 施工组织设计中分部(分项)工程施工方法应在实施阶段细化,必要时可单独编制;⑤ 施工组织设计涉及的新技术、新工艺、新材料和新设备应用,应通过有关部门或组织的鉴定;⑥ 施工组织设计的内容应根据工程实际情况和企业素质适时调整。

根据《建筑施工组织设计规范》(GB/T 50502—2009),施工组织设计的内容,决定于它的任务和作用。因此,它必须能够根据不同建筑产品的特点和要求,决定所需人工、机具、材料等的种类与数量及其取得的时间与方式;能够根据现有的和可能争取到的施工条件,从实际出发,决定各种生产要素在时间和空间关系上的基本结合方式。否则,就不可能进行任何生产。由此可见,施工组织设计应具有以下相应内容:

(1) 主要施工方法或施工方案;

(2) 施工进度计划;

(3) 施工现场平面布置;

(4) 各种资源需要量及其供应。

在这四项基本内容中,(1)、(2)两项内容主要指导施工过程的进行,规定整个的施工活动;(3)、(4)项主要用于指导准备工作的进行,为施工创造物质技术条件。人力、物力的需要量是决定施工平面布置的重要因素之一,而施工现场平面布置又反过来指导各项物质因素在现场的安排。施工的最终目的是要按照国家和合同规定的工期,优质、低成本地完成建设工程,保证按期投产和交付使用。因此,施工进度计划在组织设计中具有决定性的意义,是决定其他内容的主导因素,其他内容的确定首先要满足其要求,为其需要服务,这样它也就成为施工组织设计的中心内容。从设计的顺序上看,施工方案又是根本,是决定其他所有内容的基础。它虽以满足进度的要求作为选择的首要目标,但进度最终也仍然要受到其制约,并建立在这个基础之上。另一方面也应该看到,人力、物力的需要与现场的平面布置也是施工方案与进度得以实现的前提和保证,并对它们产生影响。因为进度安排与方案的确定必须从合理利用客观条件出发,进行必要的选择。所以,施工组织设计的这几项内容是有机地联系在一起的,互相促进、互相制约、密不可分。

至于每个施工组织设计的具体内容,将因工程情况和使用目的之差异,而有多寡、繁简与深浅之分。比如,当工程处于城市或原有的工业基地时,则施工的水、电、道路与其他附属生产等临时设施将大为减少,现场准备工作的内容就少;当工程在离城市较远的新开拓地区时,施工现场所需要的各种设施必须都考虑到,准备工作的内容就多。对于一般性的建筑,施工组织设计的内容较为简单;对于复杂的民用建筑和工业建筑或规模较大的工程,施工组织设计的内容较为复杂;为群体建筑作战略部署时,重点解决重大的原则性问题,涉及面也较广,施工组织设计的深度就较浅;为单体建筑的施工作战略部署时,需要能具体指导建筑安装活动,涉及面也较窄,其施工组织设计深度就要求深一些。除此以外,施工单位的经验和组织管理水平也可能对其内容产生某些影响。比如对某些工程,如施工单位已有较多的施工经验,其施工组织设计的内容就可简略一些,对于缺乏施工经验的工程对象,其内容就应详尽、具体一些。所以,在确定每个施工组织设计文件的具体内容时,都必须从实际出发,以适用为主,做到各具特色,且应少而精。

1.2.4.1　施工方案

施工方案是指工、料、机等生产要素的有效结合方式。确定一个合理的结合方式,也就是从若干方案中选择一个切实可行的施工方案。这个问题不解决,施工就根本不可能进行。施工方案选择是编制施工组织设计首先要确定的问题,是决定其他内容的基础。施工方案的优劣,在很大程度上决定了施工组织设计的质量和施工任务完成的好坏。

1. 制订和选择施工方案的基本要求

（1）可行性兼顾先进性。

制订施工方案必须从实际出发,一定要切合当前的实际情况,有实现的可能性。选定方案在人力、物力、技术上所提出的要求,应该是当前已有的条件或在一定的时期内有可能争取到的条件,否则任何方案都是不足取的。这就要求在制订方案之前,深入细致地做好调查研究工作,掌握主客观情况,进行反复的分析比较。方案的优劣,并不取决于它在技术上是否最先进,或工期是否最短,而是首先取决于它是否切实可行,只能在切实可行的范围内力求其先进和快速。两者须统一起来,但"切实"应是主要的、决定性的方面。

(2) 施工期限满足国家要求。

施工期限对于保证工程特别是重点工程按期和提前投入生产或交付使用,迅速发挥投资的效果非常关键。因此,施工方案必须保证在竣工时间上符合国家提出的要求,并争取提前完成。这就要求在制订方案时,从施工组织上统筹安排,在照顾到均衡施工的同时,在技术上尽可能采用先进的施工经验和技术,力争提高机械化和装配化的程度。

(3) 确保工程质量和生产安全。

基本建设是百年大计,要求质量第一,保证安全生产。因此,在制订施工方案时就要充分考虑工程的质量和生产的安全。在提出施工方案的同时,要提出保证工程质量和生产安全的技术组织措施,使方案完全符合技术规范与安全规程的要求。如果方案不能确保工程质量与生产安全,则其他方面再好也是不可取的。

(4) 经济性。

施工方案在满足其他条件的同时,也必须使方案经济合理,以增加盈利。这就要求在制订方案时,尽力采用降低施工费用的一切正当的、有效的措施,从人力、材料、机具和间接费等方面找出节约的因素,发掘节约的潜力,最大限度地降低工料消耗和施工费用。

以上几点是一个统一的整体,是不可分的,在制订施工方案时应进行通盘的考虑。随着现代施工技术的进步、组织经验的积累,每项工程的施工都可以用多种不同的方法来完成,都存在着多种可能的方案供我们选择。这就要求在确定方案时,要以上述几点作为衡量的标准。经过多方面的分析比较,全面权衡,选出最好的方案。

2. 施工方案的基本内容

施工方案包括的内容很多,但概括起来,主要有以下四项:

(1) 施工方法的确定;

(2) 施工机具的选择;

(3) 施工顺序的安排;

(4) 流水施工的组织。

前两项属于施工方案的技术内容,后两项属于施工方案的组织内容。不过,机械的选择中也含有组织问题,如机械的配套;在施工方法中也有顺序问题,如根据技术要求不可变换的顺序,而施工顺序则专指可以灵活安排的施工顺序。技术方面是施工方案的基础,但它同时又必须满足组织方面的要求,同时也把整个施工方案同进度计划联系起来,从而反映进度计划对于施工方案的指导作用,两方面是互相联系而又互相制约的。为把各项内容的关系更好地协调起来,使之更趋完善,为施工方案的实施创造更好的条件,施工技术组织措施也就成为施工方案各项内容必不可少的延续和补充,成了施工方案的有机组成部分。

1.2.4.2 施工进度计划

施工进度计划是施工组织设计在时间上的体现,是组织与控制整个工程进展的依据,是施工组织设计中关键的内容。因此,施工进度计划的编制要采用先进的组织方法(如立体交叉流水施工)和计划理论(如网络计划、横道图计划等)以及计算方法(如各项参数、资源量、评价指标计算等),综合平衡进度计划,规定施工的步骤和时间,以期达到各项资源在时间、空间上的合理利用,并满足既定的目标。

施工进度计划包括划分施工过程、计算工程量、计算劳动量、确定工作天数和工人人数或机械台班数、编排进度计划表及检查与调整等工作。为了确保进度计划的实现,还必须编制与其适应的各项资源需要量计划。

1.2.4.3 施工现场平面布置

施工现场平面布置是根据拟建项目各类工程的分布情况,对项目施工全过程所投入的各项资源(材料、构件、机械、运输和劳力等)和工人的生产、生活活动场地做出统筹安排,通过施工现场平面布置图或总布置图的形式表达出来,它是施工组织设计在空间上的体现。施工场地是施工生产的必要条件,应合理安排施工现场。施工现场平面布置图的绘制应遵循方便、经济、高效、安全的原则进行,以确保施工顺利进行。

1.2.4.4 资源需要量及其供应

资源需要量是指项目施工过程中所必要消耗的各类资源的计划用量,它包括:劳动力、建筑材料、机械设备以及施工用水、电、动力、运输、仓储设施等的需要量。各类资源是施工生产的物质基础,必须根据施工进度计划,按质、按量、按品种规格、按工种、按型号有条不紊地进行准备和供应。

1.2.5 组织施工的基本原则

根据我国建筑施工长期积累的经验和建筑施工的特点,编制施工组织设计以及在组织建筑施工的过程中,一般应遵循以下几项基本原则。

1. 认真遵循工程建设程序

经过多年的基本建设实践,明确了基本建设的程序主要是计划、设计和施工等几个主要阶段,它是由基本建设工作客观规律所决定的。我国数十年的基本建设历史表明,当遵循上述程序时,基本建设就能顺利进行;当违背这个程序时,不但会造成施工的混乱、影响工程质量,而且还可能造成严重的浪费或工程事故。

因此,认真执行基本建设程序,是保证建筑安装工程顺利进行的重要条件。

2. 保证重点,统筹安排

建筑施工企业和建设单位的根本目的是尽快完成拟建工程的建设任务,使其早日投产或交付使用,尽快发挥基本建设投资的效益。这样,就要求施工企业的计划决策人员,必须根据拟建工程项目的重要程度和工期要求等,进行统筹安排,分期排队,把有限的资源优先用于国家和建设单位急需的重点工程项目,使其早日建成、投产或使用。同时,也应该安排好一般工程项目,注意处理好主体工程项目以及配套工程项目、准备工程项目、施工项目和收尾项目之间施工力量的分配问题,从而获得总体的最佳效果。

3. 遵循建筑施工工艺和技术规律

建筑施工工艺及其技术规律,是建筑工程施工固有的客观规律。分部(分项)工程施工中的任何一道工序都不能省略或颠倒。因此,在组织建筑施工中必须严格遵循建筑施工工艺及其技术规律。

建筑施工程序和施工顺序是建筑产品生产过程中阶段性的固有规律和分部(分项)工程的先后次序。建筑产品生产活动是在同一场地的不同空间,同时交叉搭接地进行。但对于同一空间,前面的工作不完成,后面的工作就不能开始。这种前后顺序必须符合建筑施工程序和施工顺序。交叉施工有利于合理利用时间和空间,加快施工进度。

在建筑安装工程施工中,合理的施工程序和施工顺序一般有以下几个方面:

(1)先进行准备工作,后正式施工。准备工作是为后续生产活动的正常进行创造必要的条件。准备工作的目的不充分就贸然施工,不仅会引起施工混乱,而且还会造成资源浪费,甚至中途停工。

(2)先进行全场性工程施工,后进行分项工程施工。平整场地、敷设管网、修筑道路和架设线路等全场性工程施工应先进行,为施工中的供电、供水和场内运输创造条件,并有利于文明施工,节省临时设施费用。

(3)先地下后地上,地下工程先深后浅的顺序;主体结构工程在前,装饰工程在后的顺序;管线工程先场外后场内的顺序;在安排工种顺序时,要考虑空间顺序等。

4. 采用流水作业组织施工

国内外实践经验证明,采用流水施工方法组织施工,不仅能使拟建工程的施工有节奏、均衡和连续地进行,而且还会带来显著的技术、经济效益。

网络计划技术是当代计划管理的最新方法。它是应用网络图形表达计划中各项工作的相互关系,具有逻辑严密、层次清晰、关键问题明确,可以进行计划方案优化、控制和调整,有利于计算机在计划管理中的应用等优点,它在各种计划管理中得到广泛的应用。实践证明,施工企业在建筑工程施工计划管理中,采用网络计划技术,可以缩短工期和节约成本。

5. 科学地安排冬、雨期施工项目

建筑施工一般都是露天作业,易受气候影响,严寒和下雨的天气都不利于建筑施工的正常进行。如不采取相应的技术措施,冬期和雨期就不能连续施工。随着施工技术的发展,目前已经有成功的冬、雨期施工措施,保证施工正常进行,但会增加施工费用。科学地安排冬、雨期施工项目,就是要求在安排施工进度计划时,根据施工项目的具体情况,将适合在冬、雨期施工的,不会过多地增加施工费用的工程安排在冬、雨期进行施工,这样可增加全年的施工天数,尽量做到全面、均衡、连续施工。

6. 提高建筑产品工业化程度

建筑技术进步的重要标志之一是建筑产品工业化,建筑产品工业化的前提条件是在建筑施工中广泛采用预制装配式构件。扩大预制装配程度是走向建筑产品工业化的必由之路。

在选择预制构件加工方法时,应根据构件的种类、运输和安装条件以及加工生产的水平等因素,进行技术经济比较,合理地决定工厂预制和现场预制构件的种类,贯彻工厂预制和现场预制相结合的方针,以取得最佳的效果。

7. 充分利用现有机械设备,提高机械化程度

建筑产品生产需要消耗巨大的体力劳动。在建筑施工过程中,尽量以机械化施工代替手工操作,这是建筑技术进步的另一重要标志。尤其是大面积的平整场地、大型土石方工程、大批量的装卸和运输、大型钢筋混凝土构件或钢结构构件的制作和安装等繁重施工过程的机械化施工,对于改善劳动条件、减轻劳动强度和提高劳动生产率以及经济效益效果都很显著。

目前,我国建筑施工企业的技术装备现代化程度还不高,满足不了生产的需要。因此在组织工程项目施工时,要结合当地和工程情况,充分利用现有的机械设备。在选择施工机械的过程中,要进行技术经济比较,使大型机械和中、小型机械结合起来,使机械化和半机械化结合起来,尽量扩大机械化施工范围,提高机械化施工程度。同时,要充分发挥机械设备的生产效率,保持其作业的连续性,提高机械设备的利用率。

8. 尽量采用国内外先进的施工技术和科学管理方法

先进的施工技术与科学的施工管理手段相结合,是改善建筑施工企业和建筑施工项目经理部的生产经营管理素质、提高劳动生产率、保证工程质量、缩短工期、降低工程成本的重要途径。因此,在编制施工组织设计时应广泛地采用国内外先进的施工技术和科学的施工管理方法。

9. 科学地布置施工平面图

暂设工程在施工结束之后就要拆除,其投资有效时间是短暂的。因此,在组织工程项目施工时,对暂设工程和大型临时设施的用途、数量和建造方式等方面,要进行技术经济的可行性研究,在满足施工需要的前提下,尽可能使其数量最少、紧凑、合理、造价最低,并减少施工用地,降低工程成本。

建筑产品生产所需要的建筑材料、构(配)件、制品等种类繁多,数量庞大,各种物资的储存数量、储存方式都必须科学合理。在保证正常供应的前提下,其储存数额要尽可能地少。这样可以大量减少仓库、堆场的占地面积,对于降低工程成本、提高工程项目的经济效益,都是事半功倍的好办法。

建筑材料的运输费在工程成本中所占的比例也是相当可观的。因此,在组织工程项目施工时,要尽量采用当地资源,减少运输量。同时,应该选择最优的运输方式、工具和线路,使运输费用最低。

综合上述原则,建筑施工组织既是建筑产品生产的客观需要,又是加快施工速度、缩短工期、保证工程质量、降低工程成本、提高建筑施工企业和工程项目建设单位的经济效益的需要。所以,必须在组织工程项目施工的过程中认真地贯彻执行。

训 练 题

1. 下列哪一个不属于单位工程施工组织设计的主要内容?(　　)

　　A. 施工平面图　　B. 施工进度计划　　C. 资源需求计划　　D. 施工方案

2. 下列哪一个不是确定施工顺序遵循的原则?(　　)

　　A. 当地气候条件　　B. 施工机械需求　　C. 成本优化　　　　D. 施工工艺需求

3. 施工组织设计的任务是(　　)。

　　A. 按期完成需完成的建设项目　　　　B. 按期、按质完成建设项目

　　C. 按期、按质,低成本完成建设项目　　D. 按质,低成本完成建设项目

4. 单位施工组织设计一般由(　　)负责编制。

　　A. 建设单位的负责人　　　　　　　　B. 施工单位的工程项目主管工程师

　　C. 施工单位的项目经理　　　　　　　D. 施工员

5. 单位工程施工进度计划是(　　)进度计划。

　　A. 控制性　　　　　　　　　　　　　B. 指导性

　　C. 控制性、指导性　　　　　　　　　D. 部署性

6. 项目组成中哪一个工程具备独立施工条件并能形成独立使用功能的建筑物及构筑物?(　　)

　　A. 单位工程　　　B. 分部工程　　　C. 分项工程　　　D. 检验批

7. 我国的工程建设程序可归纳为四个阶段,即投资阶段、(　　)、施工阶段、竣工验收和交付使用阶段。

    A. 可行性研究阶段　　　　　　　B. 生产准备阶段

    C. 技术设计阶段　　　　　　　　D. 勘察设计阶段

8. 组织施工的基本原则中,(　　)是保证建筑安装工程顺利进行的重要条件。

    A. 保证重点与统筹安排　　　　　B. 提高建筑产品工业化程度

    C. 认真执行基本建设程序　　　　D. 采用流水作业组织施工

9. 在大学项目建设中,教学楼工程建设项目属于(　　)。

    A. 单位工程　　　B. 分部工程　　　C. 分项工程　　　D. 检验批

学习任务 2　施 工 准 备

【学习目标】

1. 掌握施工准备工作的相关基本知识；
2. 熟悉技术经济资料准备及原始资料的调查分析；
3. 了解施工现场准备、施工队伍及物资准备、季节施工准备等工作。

学习单元 2.1　施工准备工作概述

工作任务表

能力目标	主讲内容	学生完成任务
通过学习训练,使学生理解施工准备工作的重要意义,熟悉施工准备工作的内容、要求	施工准备工作的意义、内容和要求	根据实例,完成施工准备工作的内容确定

2.1.1　施工准备工作的意义

施工准备工作是指为了保证建筑工程施工能够顺利进行,从组织、技术、经济、劳动力、物资等各方面应事先做好的各项工作,是为拟建工程的施工创造必要的技术、物资条件,统筹安排施工力量和部署施工现场,确保工程施工顺利进行。它是建设程序中的重要环节,不仅存在于开工之前,而且贯穿在整个施工过程之中。建筑施工是一项十分复杂的生产劳动,它不但需要耗用大量人力、物力,也要处理各种复杂的技术问题,同时,需要协调各种协作配合关系。实践证明,凡是重视施工准备工作,开工前和施工中都能认真细致地为施工生产创造一切必要条件的,则该工程的施工任务就能顺利地完成;反之,忽视施工准备工作,仓促上马,虽然有着加快工程进度的良好愿望,但往往造成事与愿违的客观结果,不做好施工准备工作,在工程中将导致缺材料、少构件、施工机械不配套、工种劳动力不协调,使施工过程中做做停停,延误工期,有的甚至被迫停工,最后不得不返工,补救各项准备工作。如果违背施工工艺的客观要求,违反施工顺序主观施工,势必影响工程质量,发生质量安全事故,造成巨大损失。而全面细致地做好施工准备工作,则对于调动各方面的积极因素,合理组织人力、物力,加快施工进度,提高工程质量,节约建设资金,提高经济效益,都起着重要的作用。

2.1.2　施工准备工作的内容

为使建筑施工能快、好、省地完成,从施工全局出发,确定开工前的各项准备工作,选择施工方案,组织流水施工,安排各工种工程在施工中的搭接与配合,做好劳动力安排和各种技术物资的组织与供应,做好施工进度的安排和现场的规划与布置等,确保施工的顺利进行,达到工期短、质量好、成本低的目标。施工准备工作分为两个阶段:第一个阶段是全局性的准备,是指做好整个施工现场施工规划准备工作,包括编制施工组织总设计;第二阶段是局部性的准备,是指做好单位工程或一些大的复杂的分部(分项)工程开工前的准备工作,包括编制施工组织设计和施工方案,是贯穿于整个施工过程中的准备工作。

施工准备工作包括如下内容:

(1)熟悉和会审施工图纸。主要为编制施工组织设计提供各项依据。熟悉图纸,要求参加建筑施工的技术和经营管理人员充分了解和掌握设计意图、结构与构造的特点及技术要求,能按照设计图纸的要求,做到心中有数,从而产生出符合设计要求的建筑产品。熟悉和审查施工图纸,通常按照图纸自审、会审和现场签证三个阶段进行。

(2)调查研究,搜集必要资料。主要是对工程条件、工程环境特点和施工条件等施工技术与组织的基础资料进行调查,以此作为施工准备工作的依据。原始资料调查工作应有计划、有目的地进行,且事先要拟定明确、详细的调查提纲。调查的范围、内容、要求等,应根据拟建工程的规模、性质、复杂程度、工期及对当地的熟悉了解程度而定。原始资料调查内容一般包括建设场址的勘察和技术经济资料的调查。

(3)施工现场的准备。主要是为了给拟建工程的施工创造有利的施工条件,是保证工程按计划开工和顺利进行的重要环节。其工作按施工组织设计的要求分为拆除障碍物、"三通一平"、施工测量和搭设临时设施等。

(4)物资及劳动力的准备。指在施工中必需的劳动力组织和物质资源的准备,是一项较为复杂而又细致的工作,其主要内容为主要材料的准备,地方材料的准备,模板、脚手架的准备,施工机械、机具的准备,研究施工项目组织管理模式,组建项目部;规划施工力量的集结与任务安排,建立健全质量管理体系和各项管理制度；完善技术检测措施；落实分包单位，审查分包单位资质，签订分包合同。

(5) 季节施工准备。由于建筑工程施工的时间长，且绝大部分工作是露天作业，所以施工过程中受季节性影响，特别是冬、雨季的影响较大。为保证按期、保质地完成施工任务，必须做好冬、雨季施工准备工作，即拟定和落实冬、雨季施工措施。

2.1.3　施工准备工作的分类

1. 按准备工作的范围及规模不同进行分类

(1) 施工总准备。也称全场性施工准备，它是以一个建设项目为对象而进行的各项施工准备，是为全场性施工服务的，它不仅要为全场性的施工活动创造有利条件，而且要兼顾单项工程施工条件的准备。

(2) 单位工程施工条件准备。它是以一个建筑物或构筑物为对象而进行的施工准备，是为该单位工程服务的，它既要为单位工程做好开工前的一切准备，又要为其分部(分项)工程施工进行作业准备。

(3) 分部(分项)工程作业准备。它是以一个分部(分项)工程或冬、雨季施工工程为对象而进行的作业条件准备。

2. 按工程所处施工阶段进行分类

(1) 开工前的施工准备。它是在拟建工程正式开工之前所进行的一切施工准备工作，为工程正式开工创造必要的施工条件。

(2) 开工后的施工准备。也称为各施工阶段前的施工准备，它是在拟建工程开工之后，每个施工阶段正式开始之前所进行的施工准备，为每个施工阶段创造必要的施工条件，因此，必须做好每个施工阶段施工前的相应的施工准备工作。

2.1.4　施工准备工作的任务和范围

1. 施工准备工作的任务

按施工准备的要求分阶段地、有计划地全面完成施工准备的各项任务，保证拟建工程能够连续均衡、有节奏、安全顺利地进行，从而在保证工程质量和工期的条件下能够做到降低工程成本和提高劳动生产率。

(1) 取得工程施工的法律依据，包括城市规划、环卫、交通、电力、消防、市政、公用事业等部门批准的法律依据。

(2) 通过调查研究，分析掌握工程特点、要求和关键环节。

(3) 调查分析施工地区的自然条件、技术经济条件和社会生活条件。

(4) 从计划、技术、物资、劳动力、设备、组织、场地等方面为施工创造必备的条件,以保证工程顺利开工和连续进行。

(5) 预测可能发生的变化,提出应变措施,做好应变准备。

2. 施工准备工作的范围

施工准备工作的范围包括两个方面:一是阶段性的施工准备,是指开工前的各项准备工作,带有全局性。没有这个阶段的准备工作,工程既不能顺利开工,更不能连续施工;二是作业条件的施工准备,它是指开工之后,为某一施工阶段、某分部分项工程或某个施工环节所做的准备,带有局限性,也是经常性的。一般来说,冬季、雨季施工准备工作属于这个范畴。

2.1.5　施工准备工作的要求

为了做好施工准备工作,应注意以下几个问题:

(1) 编制详细的施工准备工作计划一览表,提出具体项目、内容、要求、负责单位、完工日期等。其形式如表 2.1 所示。

表 2.1　施工准备工作计划表

序号	项目	施工准备内容	要求	负责单位	负责人	配合单位	起止时间	备注
1								
2								

(2) 建立严格的施工准备工作责任制与检查制度。各级技术负责人应明确自己在施工准备工作中应负的责任,各级技术负责人应是各施工准备工作的负责人,负责审查施工准备工作计划和施工组织计划,督促各项准备工作的实施,及时总结经验教训。

(3) 施工准备工作应取得建设单位、设计单位及各有关协作单位的大力支持,相互配合、互通情况,为施工准备工作创造有利的条件。

(4) 严格遵守建设程序,执行开工报告制度。必须遵守基本建设程序,坚持没有做好施工准备不准开工的原则。当施工准备的各项内容已完成,满足开工条件,已办理施工许可证,项目经理部应申请开工报告,报上级批准后方可开工。实行监理的工程,还应将开工报告送监理工程师审批,由监理工程师签发开工通知书。

(5) 施工准备必须贯穿在整个施工过程中,应做好以下四个结合:① 设计与施工的结合;② 室内准备与室外准备的结合;③ 土建工程与专业工程的结合;④ 前期准备与后期准备的结合。

学习单元 2.2　施工准备工作实施

▌工作任务表 ▌

能力目标	主讲内容	学生完成任务
通过学习训练,使学生掌握施工准备工作的实施方法,熟悉施工准备工作的实施内容	施工准备工作的实施内容和要求	根据实例,完成施工准备工作实施计划的制定

2.2.1　调查、研究、收集必要的资料

2.2.1.1　原始资料的收集

调查研究、收集有关施工资料,是施工准备工作的重要内容之一。同时获得原始资料,以便为解决各项施工组织问题提供正确的依据。尤其是当施工单位进入一个新的城市或地区,此项工作显得更重要,它关系到施工单位全局的部署与安排。

原始资料的收集主要是对工程条件、工程环境特点和施工条件等施工技术与组织的基础资料进行调查,以此作为项目准备工作的依据。

1. 施工现场的调查

这项调查包括工程的建设规划图、建设地区区域地形图、场地地形图、控制桩与水准点的位置及现场地形、地貌特征等资料。这些资料一般可作为设计施工平面图的依据。

2. 工程地质、水文的调查

这项调查包括工程钻孔布置图、地质剖面图、地基各项物理力学指标实验报告、地质稳定性资料、暗河及地下水水位变化、流向、流速及流量和水质等资料。这些资料一般可作为选择基础施工方法的依据。

3. 气象资料的调查

这项调查包括全年、各月平均气温,最高与最低气温,5℃及0℃以下气温的天数和时间;雨季起始时间,月平均降水量及雷暴时间;主导风向及频率,全年大风的天数及时间等资料。这些资料一般可作为冬、雨季施工的依据。

4. 周围环境及障碍物的调查

这项调查包括施工区域现有建筑物、构筑物、沟渠、水井、古墓、文物、树木、电

力架空线路、人防工程、地下管线、枯井等资料。这些资料可作为布置现场施工平面的依据。

2.2.1.2　给排水、供电等资料收集

1. 给排水资料收集

调查施工现场用水与当地现有水源连接的可能性、供水能力、接管距离、地点、水压、水质及水费等资料。若当地现有水源不能满足施工用水要求,则要调查附近可作为施工生产、生活、消防用水的地面或地下水源的水质、水量、取水方式、距离等条件,还要调查利用当地排水的可能性、排水距离、去向等资料。这些可作为选用施工给排水方式的依据。

2. 供电资料收集

调查可供施工使用的电源位置、引入工地的路径和条件,可以满足的容量、电压及电源等资料或建设单位、施工单位自有的发变电设备、供电能力。这些资料可作为选择施工用电方式的依据。

3. 供热、供气资料收集

调查冬季施工时附近蒸汽的供应量、接管条件和价格;建设单位自有的供热能力以及当地或建设单位可以提供的煤气、压缩空气、氧气的能力与至工地的距离等资料。这些资料是确定施工供热、供气的依据。

4. 三材(即钢材、木材、水泥)、地方材料及装饰材料等资料收集

一般情况下,应摸清三材市场行情,了解地方材料如砖、砂、灰、石等材料的供应能力、质量、价格、运费情况;当地构件制作、木材加工、金属结构、钢木门窗、商品混凝土、建筑机械供应与维修、运输等情况;脚手架、定型模板和大型工具租赁等能提供服务的项目、能力、价格等条件;收集装饰材料、特殊灯具、防水、防腐材料等市场情况。这些资料用作确定材料的供应计划、加工方式、储存和堆放场地及建造临时设施的依据。

5. 社会劳动力和生活条件的调查

建设地区的社会劳动力和生活条件调查主要是为了了解当地提供的劳动力人数、技术水平、来源和生活安排,能提供作为施工用的现有房屋情况,当地主副食产品供应、日用品供应、文化教育、消防治安、医疗单位的基本情况以及能为施工提供的支援能力。这些资料是拟订劳动力安排计划,建立职工生活基地,确定临时设施的依据。

6. 建设地区的交通调查

建筑施工中的主要交通运输方式一般有铁路、公路、水路、航空等,交通资料可向当地铁路、交通运输和民航等管理局的业务部门进行调查。收集交通运输资料包括调查主要材料及构件运输通道的情况,例如道路、街巷、途经的桥涵宽度、

高度,允许载重量和转弯半径限制等。有超长、超高、超宽或超重的大型构件、大型起重机械和生产工艺设备需整体运输时,还要调查沿途架空电线、天桥宽度,并与有关部门商议,避免大件运输对正常交通产生干扰的路线、时间及解决措施。这些收集的资料主要可作为组织施工运输业务、选择运输方式、提供经济分析比较的依据。

2.2.2　技术准备

技术准备就是通常所说的内业技术工作,它是现场准备工作的基础和核心,内容一般包括:熟悉与会审施工图纸,签订分包合同,编制施工组织计划,编制施工图预算和施工预算。

2.2.2.1　熟悉与会审施工图

施工技术管理人员,对设计施工图等应该非常熟悉,深入了解设计意图和技术要求,在此基础上,才能做好施工项目管理。

在熟悉施工图纸的基础上,由建设、施工、设计、监理等单位共同对施工图纸组织会审。一般先由设计人员对设计施工图纸的设计意图、工艺技术要求和有关问题作设计说明,对可能出现的错误或不明确的地方做出必要的修改或补充说明。然后其余各方根据对图纸的了解,提出建议和疑问,对于各方提出的问题,经协商将形成"图纸会审纪要",参加会议各单位一致会签盖章,作为与设计图纸同时使用的技术文件。

在熟悉图纸过程中,对发现的问题应做出标记,做好记录,以便在图纸会审时提出。图纸会审主要内容包括以下几个方面:

(1) 建筑的设计是否符合国家的有关技术规范。

(2) 设计说明是否完整、齐全、清楚;图纸的尺寸、坐标、轴线、标高、各种管线和道路交叉连接点是否正确;一套图纸的设备施工图及建筑与结构施工图是否一致,是否矛盾;地下与地上的设计是否矛盾。

(3) 技术装备条件能否满足工程设计的有关技术要求;采用新结构、新工艺、新技术能否满足工程的工艺设计与使用的功能要求;对土建、设备安装、管道、动力、电器安装,在要求采取特殊技术措施时,施工单位技术上有无困难,能否确保施工质量和施工安全。

(4) 所选用的各种材料、配件、构件(包括特殊的、新型的),在组织采购供应时,其品种、规格、性能、质量、数量等方面能否满足设计规定的要求。

(5) 图中不明确或有疑问之处,请设计人员解释清楚。

(6) 提出有关的其他问题,并对其提出合理化建议。

2.2.2.2　签订分包合同

包括建设单位(甲方)和施工单位(乙方)签订的工程承包合同;与分包单位(机械施工工程、设备安装工程、装饰工程等)签订的总分包合同;物资供应合同,构件半成品加工订货合同。

2.2.2.3　编制施工组织设计

施工组织设计是施工准备工作的主要技术经济文件,是指导施工的主要依据,是根据拟建工程的工程规模、结构特点和建设单位要求,编制的指导该工程施工全过程的综合性文件。它结合所收集的原始资料、施工图纸和施工预算等相关信息,综合建设单位、监理单位、设计单位的具体要求进行编制,以保证工程施工好、快、省并且安全、顺利地完成。

2.2.2.4　编制施工图预算和施工预算

施工图预算是施工单位依据施工图纸所确定的工程量、施工组织设计拟定的施工方案、建筑工程预算定额和相关费用定额等编制的建筑安装工程造价和各种资源需要量的经济文件。施工预算是施工单位根据施工图纸、施工组织设计和施工方案、施工定额等文件进行编制的企业内部经济文件。编制单位工程施工图预算和施工预算,以确定人工、材料和机械费用的支出,并确定人工数量、材料消耗数量及机械台班使用量等。

2.2.3　施工现场准备

施工现场的准备工作主要是为了给拟建工程的施工创造有利的施工条件,是保证工程按计划开工和顺利进行的重要环节。一项工程开工之前,除了做好各项技术经济的准备工作外,还必须做好现场的各项施工准备工作,其工作按施工组织设计的要求划分为拆除障碍物、"三通一平"、测量放线和搭设临时设施等。

1. 拆除障碍物

施工现场内的一切地上、地下障碍物,都应在开工前拆除。这项工作一般由建设单位来完成,但也有委托施工单位来完成的。

对于房屋的拆除,一般只要把水源、电源切断后即可进行。当房屋较大、较坚固,需要采用爆破的方法时,必须经有关部门批准,由专业的爆破作业人员来承担。架空电线(电力、通信)、地下电缆(电力、通信)的拆除,以及燃气、热力、供水、排污等管线的拆除,要与相关部门联系并办理有关手续后方可进行。场内若有树木,需报林业部门批准后方可砍伐。

2. 三通一平

在工程用地的施工现场,应该通施工用水、用电、道路、通信及燃气,做好施工现场排水及排污和场地平整的工作,但是最基本的还是通水、通电、通路和场地平整工作。

（1）通水。专指给水，包括生产、生活和消防用水。在拟建工程开工之前，必须接通给水管线，尽可能与永久性的给水结合起来，并且尽量缩短管线的长度，以降低工程的成本。

（2）通电。包括施工生产用电和生活用电。在拟建工程开工之前，必须按照安全和节能的原则，接通电力和电信设施。电源首先应考虑从建设单位给定的电源上获得，如其供电能力不能满足施工用电需要，则应考虑在现场建立自备发电系统，确保施工现场动力设备和通信设备的正常运行。

（3）通路。指施工现场内临时道路与场外道路连接，满足车辆出入的条件。在拟建工程开工之前，必须按照施工总平面图的要求，修好施工现场的永久性道路（包括场区铁路、场区公路）以及必要的临时性的道路，以便确保施工现场运输和消防用车等的行驶畅通。

（4）场地平整。指在建筑场地内，进行厚度在 300 mm 以内的挖、填土方及找平工作。根据建筑施工总平面图规定的标高，通过测量，计算出填挖土方工程量，设计土方调配方案，组织人力或机械进行平整工作。

"三通一平"工作一般都是由建设单位完成的，也可以委托施工单位来完成，其不仅仅要求在开工前完成，而且要保障在整个施工过程中都要达到要求。

3. 测量放线

为了使建筑物或构筑物的平面位置和高程符合设计要求，施工前应按总平面图设置永久的经纬坐标桩及水平坐标桩，建立工程测量控制网，以便建筑物在施工前的定位放线。建筑物定位、放线，一般通过设计定位图中平面控制轴线来确定建筑物四周的轮廓位置。测定经自检合格后，提交有关技术部门和甲方验线，以保证定位的准确性。沿红线建的建筑物放线后还要由城市规划部门验线，以防止建筑物压红线或超红线。

在测量放线时，应校验和校正经纬仪、水准仪、钢尺等测量仪器；校核接桩线与水准点，制订切实可行的测量方案，包括平面控制、标高控制、沉降观测和竣工测量等工作。

4. 搭设临时设施

施工企业的临时设施是指企业为保证施工和管理的进行而建造的生产、生活所用的临时设施，包括各种仓库、搅拌站、预制厂、现场临时作业棚、机具棚、材料库、办公室、休息室、厕所、蓄水池等设施，临时道路、围墙，临时给排水、供电、供热等设施，临时简易周转房，以及现场临时搭建的职工宿舍、食堂、浴室、医务室、托儿所等临时性福利设施。

所有生产和生活临时设施，必须合理选址、正确用材，确保满足使用功能和安全、卫生、环保、消防要求;并尽量利用施工现场或附近原有设施和在建工程本身供施工使用的部分用房,尽可能减少临时设施的数量,以便节约用地、节省投资。现场所需临时设施,应报请规划、市政、消防、交通、环保等有关部门审查批准。

2.2.4 施工队伍及物资准备

1. 施工队伍的准备

一项工程完成的好坏,很大程度上取决于承担这一工程的施工人员的素质。现场施工人员包括施工的组织指挥者和具体操作者两大部分。这些人员的组合,将直接关系到工程质量、施工进度及工程成本。因此,施工现场人员的准备是开工前施工准备的一项重要内容。

(1) 项目组的组建。

施工组织机构的建立应遵循以下原则:根据工程规模、结构特点和复杂程度,确定施工组织的领导机构名额和人选;坚持合理分工与密切协作相结合的原则;把有经验、有创新精神、工作效率高的人选入领导机构;认真执行因事设职,因职选人的原则。对于一般单位工程可设项目经理一名,施工员(即工长)一名,技术员、材料员、预算员各一名;对于大中型施工项目工程,则需配备完整的领导班子,包括各类管理人员。

(2) 建立施工队组,组织劳动力进场。

施工队组的建立要考虑专业、工种的配合,技工、普工的比例要满足合理的劳动组织,符合流水施工组织方式的要求;要坚持合理、精干的原则,建立相应的专业或混合工作队组,按照开工日期和劳动力需要量计划,组织劳动力进场。

(3) 做好技术、安全交底和岗前培训。

施工前,应将设计图纸内容、施工组织设计、施工技术、安全操作规程和施工验收规范等要求向施工队组和工人讲解交代,以保证工程严格地按照设计图纸、施工组织设计等要求进行施工。同时,企业要对施工队伍进行安全、防火和文明等方面的岗前教育和培训,并安排好职工的生活。

(4) 建立各项管理制度。

为了保证各项施工活动的顺利进行,必须建立健全工地的管理制度。如工程质量检查与验收制度,工程技术档案管理制度,建筑材料(构件、配件、制品)的检查验收制度,材料出入库制度,技术责任制,职工考勤、考核制度,安全操作制度等。

2. 施工物资的准备

施工物资准备是指施工中必需的劳动手段(施工机械、工具、临时设施)和劳动对象(材料、配件、构件)等的准备。它是一项较为复杂而又细致的工作,一般考虑以下几个方面的内容。

(1)建筑材料的准备。

建筑材料的准备主要是根据施工预算、施工进度计划、材料储备定额和消耗定额来确定材料的名称、规格、使用时间等,汇总后编制出材料需要量计划,并依据工程进度,分别落实货源厂家进行合同评审与订货,安排运输储备,以满足开工之后的施工生产需要。建筑材料的准备包括:"三材"、地方材料、装饰材料的准备。

材料的储备应根据施工现场分期分批使用材料的特点,按照以下原则进行材料储备:

① 应按工程进度分期分批进行。现场储备的材料多了会造成积压,增加材料保管的负担,同时,占用了流动资金;储备少了又会影响正常生产。所以,材料的储备应合理、适量。

② 做好现场保管工作,以保证材料的原有数量和原有的使用价值。

③ 现场材料的堆放应合理。现场储备的材料应严格按照平面布置图的位置堆放,以减少二次搬运,且应堆放整齐,标明标牌,以免混淆。此外,亦应做好防水、防潮、易碎材料的保护工作。

④ 应做好技术试验和检验工作,对于无出厂合格证明和没有按规定测试的原有材料一律不得使用。不合格的建筑材料和构件,一律不准出厂和使用,特别对于没有使用过的材料或进口原材料、某些再生材料更要严格把关。

(2)预制构件和混凝土的准备。

工程项目施工需要大量的预制构件、门窗、金属构件、水泥制品以及卫生洁具等,对这些构件、配件必须优先提出定制加工单。对于采用商品混凝土现浇的工程,则先要到生产单位签订供货合同,注明品种、规格、数量、需要时间及送货地点等。

(3)施工机械的准备。

施工选定的各种土方机械、混凝土、砂浆搅拌设备、垂直及水平运输机械、吊装机械、动力机具、钢筋加工设备、木工机械、焊接设备、打夯机、抽水设备等应根据施工方案和施工进度,确定数量和进场时间。需租赁机械时,应提前签约。

(4)模板和脚手架的准备。

模板和脚手架是施工现场使用量大、堆放占地大的周转材料。模板及其配件规格多、数量大,对堆放场地要求比较高,一定要分规格、型号整齐堆放,以利于使用与维修。大钢模一般要求立放,并防止倾倒,在现场也应规划出必要的存放场地。脚手架应按指定的平面位置堆放整齐,扣件等零件还应防雨,以防锈蚀。

2.2.5 季节施工准备

由于建筑工程施工的时间长，且绝大部分工作是露天工作，所以，施工过程中受到季节性影响，特别是冬、雨季的影响较大。为保证按期、保质完成施工任务，必须做好冬、雨季施工准备工作，做好周密的施工计划和充分的施工准备。

1. 冬季施工的准备工作

根据现行规范《混凝土结构工程施工质量验收规范》（GB 50204），当室外平均气温连续 5 天低于 5℃，或者最低气温降到 0℃或 0℃以下时，进入冬季施工阶段。

（1）明确冬季施工项目，编制进度安排。

由于冬季气温低，施工条件差，技术要求高，费用增加等，所以，应把便于保证施工质量，且费用增加较少的施工项目安排在冬季施工。

（2）做好冬季测温工作。

冬季昼夜温差大，为保证工程施工质量，应制订专人负责收听气象预报及预测工作，及时采取措施，防止大风、寒流和霜冻袭击而导致冻害和安全事故。

（3）做好物资的供应、储备和机具设备的保温防冻工作。

根据冬季施工方案和技术措施做好防寒物资的准备工作。冬天来临之前，对冬季紧缺的材料要抓紧采购并入场储备，各种材料根据其性质及时入库或覆盖，不得堆存在坑洼积水处。及时做好机具设备的防冻工作，搭设必要的防寒棚，把积水放干，严防积水冻坏设备。

（4）施工现场的安全检查。

对施工现场进行安全检查，及时整修施工道路，疏通排水沟，加固临时工棚，水管、水龙头、灭火器要进行保温。做好停止施工部位的保温维护和检查工作。

（5）加强安全教育，严防火灾发生。

准备好冬季施工用的各种热源设备，要有防火安全技术措施，并经常检查落实，同时做好职工培训及冬季施工的技术操作和安全施工的教育，确保施工质量，以避免事故发生。

2. 雨季施工准备工作

雨季施工主要以预防为主，采用防雨措施及加强排水手段确保雨季正常进行生产，保证雨季施工不受影响。

（1）施工场地的排水工作。

场地排水：对施工现场及车间等应根据地形对排水系统进行合理疏通以保证水流畅通，不积水，并防止相邻地区地面雨水倒排入场内。

道路：现场内主要行车道路两旁要做好排水沟，保证雨季道路运输畅通。

（2）机电设备的保护。

对现场的各种机电设施、机具等的电闸、电箱要采取防雨、防潮措施，并安装接地保护装置，特别是脚手架、垂直运输设施等，要采取防倒塌、防雷击、防漏电等一系列技术措施。

（3）原材料及半成品的防护。

对怕雨淋的材料及半成品应采取防雨措施，可放入防护棚内，垫高并保持通风良好以防淋雨浸水而变质。在雨季到来前，材料、物资应多储存，减少雨季运输量，以节约费用。

（4）临时设施的检修。

对现场的临时设施，如工人宿舍、办公室、食堂、库房等应进行全面检查与维修，四周要有排水沟渠，对危害建筑物应进行翻修加固或拆除。

（5）落实雨季施工任务和计划。

一般情况下，在雨季到来之前，应争取提前完成不宜在雨季施工的任务，如基础工程、地下工程、土方工程、室外装修及屋面等工程，而多留些室内工作在雨季施工。

（6）加强施工管理，做好雨季施工安全教育。

组织雨季施工的技术、安全教育，明确岗位职责，学习并执行雨季施工的操作规范、各项规定和技术要点，做好对班组的交底工作，确保工程质量和安全。

训 练 题

1. 施工准备工作的对象是（　　）。
   A. 建设项目　　B. 施工队伍　　C. 工程物资　　D. 部署施工
2. 调查研究与收集整理工程涉及的（　　）和经济条件等资料，是施工准备工作的一项重要内容。
   A. 社会条件　　B. 自然条件　　C. 环境条件　　D. 人文条件
3. （　　）是施工准备的核心，指导着现场施工准备工作。
   A. 资源准备　　B. 施工现场准备　C. 季节施工准备　D. 技术资料准备
4. 施工图纸的会审一般由（　　）组织并主持会议。
   A. 建设单位　　B. 施工单位　　C. 设计单位　　D. 监理单位
5. 施工现场准备由两个方面组成，一是由（　　）应完成的，二是由施工单位应完成的施工现场准备工作。
   A. 设计单位　　B. 建设单位　　C. 监理单位　　D. 行政主管部门
6. 工程项目是否按目标完成，很大程度上取决于承担这一工程的（　　）。
   A. 施工人员的身体　　　　　B. 施工人员的素质

C. 管理人员的学历   D. 管理人员的态度

7. 工程项目开工前,(   )应向监理单位报送工程开工报告审批表及开工报告、证明文件等,由总监理工程师签字,并报(   )。

A. 建设单位;施工单位   B. 设计单位;施工单位

C. 施工单位;建设单位   D. 施工单位;设计单位

8. 施工队伍的准备包括下列哪些内容?(   )

① 项目组的组建;② 建立施工队组,组织劳动力进场;③ 做好技术,安全交底和岗前培训;④ 建立各项管理制度。

A. ①、②、④   B. ②、③、④   C. ①、②、③、④   D. ①、③、④

9. 施工准备包括下列哪些内容?(   )

① 熟悉和会审图纸;② 调查研究,收集必要资料;③ 施工现场准备;④ 物资及劳动力准备;⑤ 季节施工准备。

A. ①、②、③、④   B. ②、③、④、⑤   C. ①、③、④、⑤   D. ①、②、③、④、⑤

10. 物资准备包括哪些?(   )

① 建筑材料的准备;② 预制构件和混凝土的准备;③ 施工机械的准备;④ 模板和脚手架的准备。

A. ①、②、③   B. ①、②、③、④   C. ①、③、④   D. ②、③、④

11. 施工准备必须贯穿在整个过程中,应做到:(   )。

① 设计与施工相结合;② 室内准备与室外准备相结合;③ 土建工程与专业工程相结合;④ 前期准备与后期准备相结合。

A. ①、②、③   B. ①、③、④   C. ①、②、③、④   D. ②、③、④

学习任务 3 流水施工组织

【学习目标】

1. 了解施工组织的基本方式；

2. 熟悉流水施工的基本原理，以利于合理组织流水施工；

3. 熟悉流水施工的几种方式及特点，能够进行流水施工组织；

4. 掌握组织流水施工的技巧，具备根据工程项目的实际情况、科学合理、有效地组织施工的关键能力。

学习单元 3.1 流水施工概述

‖ 工作任务表 ‖

能力目标	主讲内容	学生完成任务
通过学习训练，使学生理解流水施工的含义，熟悉流水施工参数、术语	流水施工的含义及相关概念	根据实例，完成流水施工参数的确定

3.1.1 流水施工

流水施工或流水作业法，是组织产品生产的科学理想的方法。生活中采用流水作业的例子很常见。比如我们在学校里打扫教室卫生就是一例。假如班级教室共有三个房间，每次安排 1 名男生和 1 名女生两位值日生，洒水和扫地的作业时间均为 3 min/(人·间)，要求女生洒水男生扫地(为了避免扬尘，对应房间应洒过水之后再扫地)，试组织作业。

通常的作业方式为女生先洒水之后男生开始扫地，这样的组织方式非常简单易于操作，整个教室打扫完毕需要的时间为：3×3＋3×3＝18 min，如图 3.1 所示，此类组织方式称为顺序作业。

此外，我们还可以采取图 3.2 所示的作业方式，即女生在房间①洒水完成之后到房间②去洒水，而男生到房间①去扫地；等女生在房间②洒水完成后男生又可以到房间②去扫地；女生在房间②洒水完成后到房间③洒水，等女生在房间③洒水完成后男生又可以到房间③去扫地。这里虽然没有增加人手，也没有工作量变化，但是，打扫完整个教室却节省了不少时间，这种组织方式称为流水作业。可见，不同的组织作业方式，效果差别很明显，因此，应对组织作业方式予以重视。

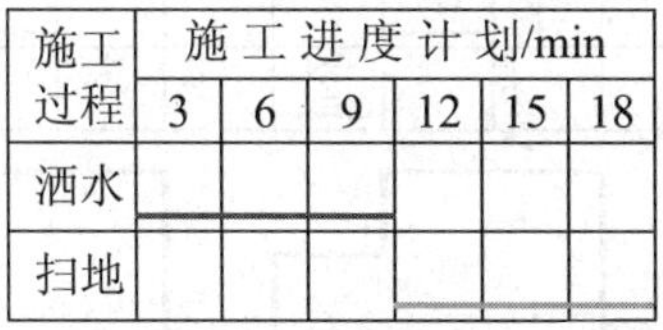
施工过程
施工进度计划/min
3
6
9
12
15
18
洒水
扫地

图 3.1　顺序作业

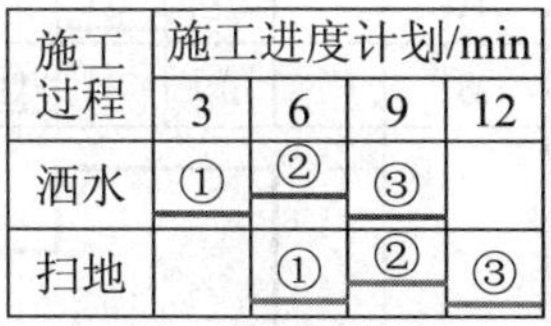
施工过程
施工进度计划/min
3
6
9
12
洒水
①
②
③
扫地
①
②
③

图 3.2　流水作业

进一步研究，可以发现，如果具有足够的人手，还可采用第三种作业方式，如图 3.3 所示，称为平行作业。采用平行作业完成整个教室的打扫，所需时间大大缩短，但是人手需增加到原来的 3 倍。除了人手或作业队伍条件具备外，组织平行作业还须具备相应的资源、工具等。因此通常条件下不易组织平行作业。

施工过程
施工进度计划/min
3
6
洒水
扫地

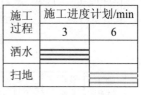

图 3.3　平行作业

以上是学习生活中比较普遍的组织作业方式，那么在工程中该怎样组织施工作业呢？下面通过例子进行阐述。

例 3.1　现有三幢相同的建筑物的基础部分施工，其施工过程为挖土、垫层、基础混凝土和回填土。每个施工过程在每幢楼的作业时间均为 1 天，每个施工过程所对应的施工人数分别为 6、10、10、8。试分别采用顺序作业、平行作业和流水作业方式组织施工。

1. 顺序作业

顺序作业在工程施工中即为依次施工，是指各施工队依次开工、依次完工的一种作业方式（见图 3.4、图 3.5）。

由图 3.4、图 3.5 可以看出，依次施工是按照单一的顺序组织施工，单位时间内投入的劳动力等资源比较少，有利于资源供应的组织工作，现场管理也比较简单。同时可以看出，采用依次施工方式组织施工要么是各专业施工队的作业不连续，要么是工作面有停歇，时空关系没有处理好，工期拉得很长。因此，依次施工方式适用于规模较小、工作面有限和工期不紧的工程。

2. 平行作业

平行作业在工程施工中即为平行施工，是指所有的三幢房屋的同一施工过程,同时开工、同时完工的一种作业方式(见图3.6)。

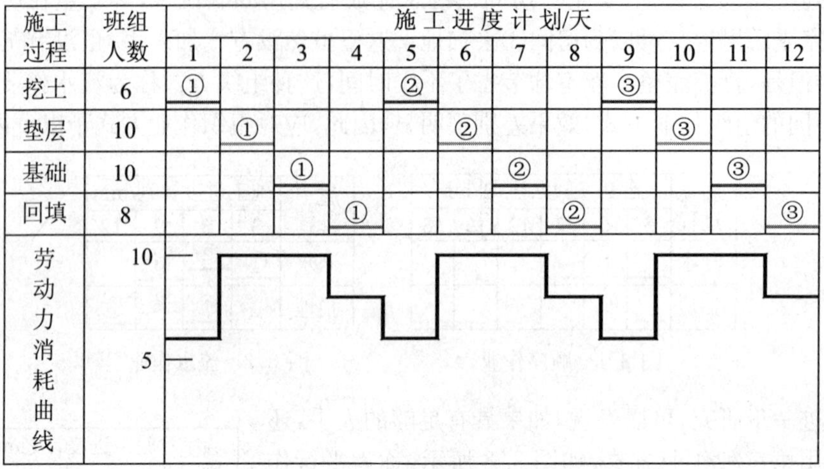

施工过程	班组人数	施 工 进 度 计 划/天											
		1	2	3	4	5	6	7	8	9	10	11	12
挖土	6	①				②				③			
垫层	10		①				②				③		
基础	10			①				②				③	
回填	8					①				②			③
劳动力消耗曲线	10　　5												

图 3.4　按幢(或施工段)依次施工

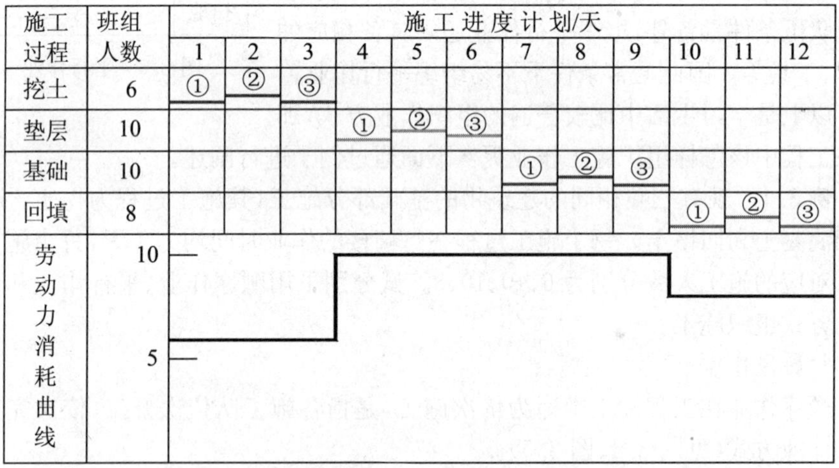

施工过程	班组人数	施 工 进 度 计 划/天											
		1	2	3	4	5	6	7	8	9	10	11	12
挖土	6	①	②	③									
垫层	10				①	②	③						
基础	10							①	②	③			
回填	8										①	②	③
劳动力消耗曲线	10　　5												

图 3.5　按施工过程依次施工

由图3.6可以看出,平行施工的总工期大大缩短,但是各专业施工队的数目成倍增加,单位时间内投入的劳动力等资源以及机械设备也大大增加,资源供应的组织工作难度剧增,现场组织管理相当困难。因此,该方法通常只用于工期十分紧迫的施工项目,并且资源供应有保证以及工作面能满足要求。

3. 流水作业

流水作业在工程施工中即为流水施工,是将三幢房屋按照一定的时间依次搭接(如挖土②和垫层①两者搭接,挖土③、垫层②、基础①三者搭接等),各施工段上陆续开工、陆续完工的一种作业方式,如图3.7所示。流水施工强调要充分合理地利用工作面,专业施工队伍的作业要尽可能地连续,少停歇。

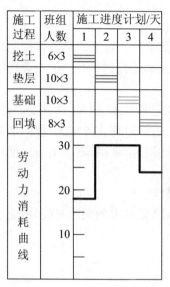

图 3.6　平行施工　　　　　　　　图 3.7　流水施工

由图3.7可以看出,流水施工方式具有以下特点:

(1)恰当地利用了工作面,争取了时间,节省了工期,工期比较合理;

(2)各专业施工队的施工作业连续,避免或减少了间歇、等待时间;

(3)不同施工过程尽可能地进行搭接,时空关系处理得比较理想;

(4)各专业施工队实现了专业化施工,能够更好地保证质量和提高劳动生产率;

(5)资源消耗较为均衡,有利于资源供应的组织工作。

3.1.2　流水施工的组织及表达方式

1. 流水施工的组织

(1)划分施工段。

和工厂流水生产线生产大批量产品一样,建筑工程流水施工也需要具备批量产品,倘若是只有1幢建筑物(即单件产品)的施工生产,如何实现批量产品的流水施工或生产呢? 这时应将单件产品(如基础)在平面上或空间上划分为若干个大致相等的部分(即划分施工段)从而实现批量生产。

（2）划分施工过程。

工厂流水生产线上的产品需经过若干个生产过程（即多道生产工序）。同样，建筑产品的生产过程也需要经过若干个生产工序（即施工过程）。因此，流水施工的实现需要划分若干施工过程。

（3）每个施工过程应组织独立的施工班组。

每个施工过程组织独立的施工班组方能保证各个施工班组能够按照施工顺序依次、连续均衡地从一个施工段转移到下一个施工段进行相同的专业化施工。

（4）主导施工过程的施工作业要连续。

有时，由于条件限制，不能够做到所有施工过程均能进行连续施工。此时，应保证工程量（劳动量）大、施工作业时间长的施工过程（即主导施工过程）能够进行连续施工，其他的施工过程可以考虑从充分利用工作面、缩短工期的角度来组织间断施工。

（5）相关施工过程之间应尽可能地进行搭接。

按照施工顺序要求，在工作面许可的条件下，除必要的间歇时间外，应尽可能地组织搭接施工，以利于缩短工期。

2. 流水施工的表达形式

（1）横道图。

横道图亦称甘特图或水平图表，见图 3.1～图 3.7。横道图的优点是简单、直观、清晰明了。

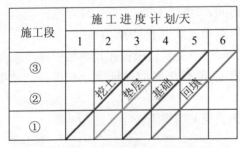

图 3.8　用斜线图表达的流水施工进度计划

（2）斜线图。

斜线图亦称垂直图表，见图 3.8。斜线图以斜率形象地反映各施工过程的施工节奏性（速度）。

（3）网络图。

其形式见学习任务 4，网络图的优点在于逻辑关系表达清晰，能够反映出计划任务的主要矛盾和关键所在，并可利用计算机进行全面的管理。

3.1.3　流水施工参数

为了清晰地表达或描述流水施工方式在施工工艺、空间布置和时间安排上所处的状态，仅仅依靠图形是不能解决问题的。此时，需引入一些参数，通过借助参数将其量化,使之明晰。此类参数称为流水施工参数,包括工艺参数、空间参数和时间参数。

3.1.3.1　工艺参数

1. 施工过程数(n)

施工过程是指用来表达流水施工在工艺上开展层次的相关过程。一幢建筑物的建造过程,是由许多施工过程(如挖土、做基础、浇筑混凝土等)所组成的。一般情况下,一幢建筑物的施工过程数 n 的多少,与建筑物的复杂程度、施工方法等有直接关系;工业建筑的施工过程数要多一些。在组织流水施工时,施工过程数要划分得恰当:若划分得过多、过细,会给计算增添麻烦,也会带来主次不分的缺点;若划分得过少,又会使计划过于笼统,失去指导施工的作用。施工过程划分的数目多少和粗细程度,一般与下列因素有关:

(1) 施工计划的性质和作用。

对于长期计划和建筑群体及规模大、结构复杂、工期长的工程施工控制性进度计划,其施工过程划分可以粗一些、综合性大一些,如基础工程、主体结构工程、装饰工程等。对于中小型单位工程及工期不长的工程施工实施性计划,其施工过程划分可以细一些、具体一些,一般可划分至分项工程。如挖土方、钢筋混凝土基础、回填土等。而对于月度作业性计划,有些施工过程还可以分解至工序,如支模板、绑扎钢筋、浇筑混凝土等。

(2) 施工方案。

施工方案确定了施工顺序和施工方法,不同的施工方案就有不同的施工过程划分,如框架结构采用的模板不同,其施工过程划分的数目就不同。

(3) 劳动力的组织与工程量的大小。

施工过程的划分与施工队伍、施工习惯有一定的关系。例如,安装玻璃、油漆的施工,可以将它们合并为一个施工过程即玻璃油漆施工过程,它的施工队就是一个混合队伍;也可以将它们分为两个施工过程,即玻璃安装施工过程和油漆施工过程,这时的施工队为单一工种的施工队伍。

同时,施工过程的划分还与工程量的大小有关。对于工程量小的施工过程,当组织流水施工有困难时,可以与其他施工过程合并。例如地面工程,如果做垫层的工程量较小,可以与混凝土面层相结合,合并为一个施工过程,这样就可以使各个施工过程的工程量大致相等,便于组织流水施工。

2. 流水强度(V)

流水强度是指某施工过程在单位时间内所完成的工程数量。

人工操作或机械施工过程的流水强度为

$$V = \sum N_i P_i$$

式中：N 为投入施工过程的专业工作队人数或某种机械台数；P 为投入施工过程的工人的产量定额或某种机械产量定额。

3.1.3.2 空间参数

空间参数是用以表达流水施工在空间上开展状态的参数，一般包括工作面、施工段和施工层。

1. 工作面(a)

工作面是指某专业工种进行施工作业所必需的活动空间。主要工种工作面的参考数据，见表 3.1。

表 3.1　主要工种工作面的参考数据

工 作 项 目	工作面大小	工 作 项 目	工作面大小
砌砖墙	$8.5\,m^2/$人	预制钢筋混凝土柱、梁	$3.6\,m^3/$人
现浇钢筋混凝土墙	$5\,m^3/$人	预制钢筋混凝土平板、空心板	$1.91\,m^3/$人
现浇钢筋混凝土柱	$2.45\,m^3/$人	卷材屋面	$18.5\,m^2/$人
现浇钢筋混凝土梁	$3.2\,m^3/$人	门窗安装	$11\,m^2/$人
现浇钢筋混凝土楼板	$5.3\,m^3/$人	内墙抹灰	$18.5\,m^2/$人
混凝土地坪及面层	$40\,m^2/$人	外墙抹灰	$16\,m^2/$人

2. 施 工 段(m)

为了实现流水施工，通常将施工项目划分为若干个劳动量大致相等的部分，即施工段（用 m 表示）。通常，每个施工段在某一段时间内，只能供一个施工过程的专业工作队使用。

划分施工段的目的，就在于保证不同的工作队能在不同的工作面上同时进行作业，从而使各施工队伍能够按照一定的时间间隔从一个施工段转移到另一个施工段进行连续施工。这样，消除了由于各工作队不能依次连续进入同一工作面上作业而产生互等、停歇的现象，为流水施工创造了条件。因此，施工段划分的合理与否将直接影响流水施工的效果。

施工段的划分应遵守以下原则：

（1）施工段的数目及分界要合理。

施工段的数目划分过少，则每段上的工程量较大，会引起劳动力、机械、材料供应的过分集中，有时会造成供应不足的现象，使工期拖长；若划分过多，则施工段有空闲得不到充分利用，工期长。施工段的分界应尽可能与施工对象的结构界限相一致,或设在对结构整体性影响较小的部位,如温度缝、沉降缝或单元界线等,如果必须将其设在墙体中间时,可将其设在门窗洞口处,以减少施工留槎,确保工程质量。

（2）各施工段上的劳动量应大致相等。

为了保证流水施工的连续、均衡,各专业工种在各施工段上所消耗的劳动量应大致相等,其相差幅度不宜超过 10%～15%。

（3）工作面应满足施工要求。

为了充分发挥专业工人和机械设备的生产效率,应考虑施工段对于机械台班、劳动力容量大小的要求,满足各专业工种对工作面的空间要求,尽量做到劳动力资源的优化组合。

（4）分层施工时,施工段的划分应能确保主导施工过程的施工连续。

划分施工段时,应能保证主导施工过程连续施工。主导施工过程是指劳动量较大或技术复杂、对总工期起控制作用的施工过程,如多层全现浇钢筋混凝土结构的混凝土工程就是主导施工过程。

3. 施工层数（r）

对于多层的建筑物和构筑物,为组织流水施工,应既分施工段,又分施工层。施工层是指在组织多层建筑物的竖向流水施工时,将施工项目在竖向上划分为若干个作业层,这些作业层称为施工层。通常以建筑物的结构层作为施工层,有时为了满足专业工种对操作高度和施工工艺的要求,也可以按一定高度划分施工层,如单层工业厂房砌筑工程一般按 1.2～1.4 m（即一步脚手架的高度）划分为一个施工层。

3.1.3.3　时间参数

1. 流水节拍（t）

各专业施工班组在某一施工段上的作业时间称为流水节拍,用 t_i 表示。流水节拍的大小可以反映施工速度的快慢、节奏感的强弱和资源消耗的多少。

流水节拍的确定,通常可以采用以下方法:

（1）定额计算法。

$$t_i = Q_i/S_i R_i N_i = P_i/R_i N_i$$

式中:Q_i 为施工过程 i 在某施工段上的工程量;S_i 为施工过程 i 的人工或机械产量定额;R_i 为施工过程 i 的专业施工队人数或机械台班;N_i 为施工过程 i 的专业施工队每天工作班次;P_i 为施工过程 i 在某施工段上的劳动量。

（2）经验估算法。

$$t_i = (a + 4c + b)/6$$

式中:a 为最长估算时间;b 为最短估算时间;c 为正常估算时间。

（3）工期计算法。

① 根据工期倒排进度,确定某施工过程的工作持续时间 D_i;

② 确定某施工过程在某施工段上流水节拍 t_i。

$$t_i = D_i/m$$

需要说明一下,在确定流水节拍时应考虑以下几点:

① 专业工作队人数要符合最小劳动组合的人数要求和工作面对人数的限制条件。最小劳动组合就是指某一施工过程进行正常施工所必需的最低限度的班组人数及其合理组合。如砌砖墙施工技工与普工要按 2∶1 的比例配置,技工过多,会使个别技工去干技术含量低的工作,造成人才浪费;普工过多,主导工序操作人员不足,影响工期,多余普工不能发挥效力,使技工的工作不能保证质量和速度。

② 工作班制要适当。工作班制是某一施工过程在一天内轮流安排的班组次数。有一班制、两班制、三班制。工作班制应根据工期、工艺等要求而定。当工期不紧迫,工艺上无连续施工的要求时,可采用一班制;当工期紧迫,工艺上要求连续施工,或为了充分发挥设备效率时,可安排两班制,甚至三班制。如现浇混凝土楼板,为了满足工艺上的要求,常采用两班制或三班制施工。需要指出的是,安排两班制或三班制施工,涉及夜间施工,要考虑到照明、安全、扰民以及后勤辅助方面的成本支出。

③ 机械台班效率或机械台班产量的大小,这是确定机械数量和专业工作队人数的依据。机械设备数量变化程度较小,确定人数要考虑人机配套,使机械达到相应的产量定额。

④ 先确定主导施工过程的流水节拍。主导施工过程的流水节拍值大小对工期的影响比重很大,因此,应先确定主导施工过程的流水节拍。

⑤ 为了便于现场管理和劳动安排,流水节拍值一般取整数,必要时保留 0.5 天（或台班）的整数倍。

2. 流水步距（K）

流水步距是指相邻两个施工过程开始施工的时间间隔,用 $K_{i,i+1}$ 表示。流水步距可反映出相邻专业施工过程之间的时间衔接关系。通常,当有 n 个施工过程,则有 $(n-1)$ 个流水步距值。流水步距在确定时,需注意以下几点:

（1）要满足相邻施工过程之间的相互制约关系;

（2）保证各专业施工班组能够连续施工;

（3）以保证质量和安全为前提,对相邻施工过程在时间上进行最大限度地、合理地搭接。

3. 间歇时间(Z)

根据工艺、技术要求或组织安排而留出的等待时间。按其性质,分为技术间歇 t_j 和组织间歇 t_z。技术间歇时间按其部位,又可分为施工层内技术间歇时间 t_{j_1}、施工层间技术间歇时间 t_{j_2} 和施工层内组织间歇时间 t_{z_1}、施工层间组织间歇时间 t_{z_2}。

4. 搭接时间(t_d)

前一个工作队未撤离,后一施工队即进入该施工段。两者在同一施工段上同时施工的时间称为平行搭接时间,用 t_d 表示。

5. 流水工期(T_L)

自参与流水的第一个队组投入工作开始,至最后一个队组撤出工作面为止的整个持续时间。

$$T_L = \sum K + T_n$$

式中:K 为流水步距;T_n 为最后一个施工过程的作业时间。

3.1.4　与流水施工有关的术语

1. 分项工程流水

分项工程流水又称细部流水、内部流水,即在分项工程内部或专业工种内部组织的流水施工,是指某一个专业工作队依次在各个施工段上进行的流水施工,如浇筑混凝土工作队在各施工段连续完成混凝土浇筑工作的流水施工。分项工程流水是范围最小的流水施工,也是组织流水施工的基本单元。反映在项目施工进度计划表上,它是一条标有施工段或专业工作队编号的进度指示线段。

2. 分部工程流水

分部工程流水又称为专业流水,是在一个分部工程内部,各分项工程之间组织的流水。由若干专业工作队各自连续地完成各个施工段的施工任务,工作队之间组织流水作业,如现浇混凝土工程中由安装模板、绑扎钢筋、浇筑混凝土、养护混凝土、拆模板等专业工种组织的流水施工。在项目施工进度计划表上,分项工程流水由一组标有施工段或专业工作编号的进度指示线段来表示。

3. 单位工程流水

单位工程流水又称为综合流水,是一个单位工程内部,各分部工程之间组织的流水施工,如多层全现浇钢筋混凝土框架结构房屋的土建工程部分由土方工程、基础工程、主体结构工程、围护结构工程、装饰工程等分部工程之间组成的流

水施工。在项目施工进度计划表上,单位工程流水由若干组分部工程的进度指示
线段表示,并由此构成一张单位工程施工进度计划表。

4. 群体工程流水

群体工程流水又称为大流水,它是在若干单位工程之间组织的流水施工,如
建设一个住宅小区,在若干幢住宅楼之间组织的流水施工。反映在项目施工进度
计划表上,群体工程流水是一个项目的施工总进度计划。

5. 分别流水法

分别流水法是指将若干个分别组织的分部工程流水,按照施工工艺顺序和要
求搭接起来,组织成一个单位工程或建筑群体的流水施工,如由土方工程流水、基
础工程流水、主体结构工程流水、围护结构工程流水、装饰工程流水等分部工程流
水按照一定的要求组织成多层框架结构房屋的土建工程流水。分别流水法是编
制施工进度计划的一种重要方法。

学习单元 3.2　流水施工的基本方式

◖ 工作任务表 ◗

能力目标	主讲内容	学生完成任务
通过学习训练,使学生掌握流水施工的组织方式,熟悉流水施工方式的应用	流水施工方式的组织程序	根据实例,完成流水施工方式的合理组织

根据流水节拍的特征,可将流水施工方式划分有节奏流水施工和无节奏流水
施工。其中,有节奏流水施工方式又可分为全等节拍流水施工、成倍节拍流水施
工和异节拍流水施工。

3.2.1　全等节拍流水施工

顾名思义,所有施工过程在任意施工段上的流水节拍均相等,也称固定节拍
流水。根据其有无间歇时间,而将全等节拍流水分为无间歇全等节拍流水和有间
歇全等节拍流水。

1. 无间歇全等节拍流水施工

(1) 无间歇全等节拍流水施工方式的特点。

① 各施工过程流水节拍均相等,为一常数 t,即 $t_i = t$。

② 流水步距均相等,且与流水节拍相等,即 $K_{i,i+1}=t_i=t$。

③ 专业工作队的数目 N 与施工过程数 n 相等,即 $N=n$。

④ 各专业工作队均能连续施工,工作面没有停歇。

(2) 无间歇全等节拍流水施工方式的工期计算。

① 不分层施工。

无间歇全等节拍流水施工方式不分层施工的横道图计划,见图 3.9。

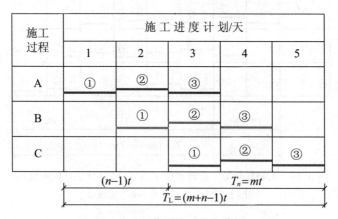

图 3.9　不分层施工进度计划

$$T_L = \sum K + T_n = (n-1)t + mt = (m+n-1)t$$

式中:T_L 为流水施工工期;m 为施工段数;n 为施工过程数;t 为流水节拍。

② 分层施工。

无间歇全等节拍流水施工方式分层施工的横道图计划,见图 3.10、图 3.11(即 $m=n$ 情形)。

$$T_L = (mr+n-1)t \quad 或 \quad T_L = (m+nr-1)t$$

式中:r 为施工层数;其他符号含义同前。

2. 有间歇全等节拍流水

(1) 特点。

① 各施工过程流水节拍均相等,为一常数 t,即 $t_i=t$。

② 流水步距 $K_{i,i+1}$ 与流水节拍 t_i 不会全等。

③ 专业工作队的数目 N 与施工过程数 n 相等,即 $N=n$。

④ 有间歇时间或搭接时间。

(2) 有间歇全等节拍流水施工方式的工期计算。

① 不分层施工(见图 3.12)。

$$T_{L} = \sum K + T_{n} = (n-1)t + Z_1 + mt = (m+n-1)t + Z_1$$

式中：Z_1为层内间歇时间之和 $\left(Z_1 = \sum t_{j_1} + \sum t_{z_1}\right)$；其他符号意义同前。

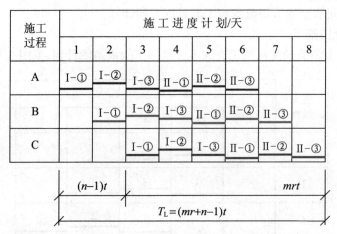

图 3.10　无间歇全等节拍流水施工进度计划（分层）（横向排列）

注：Ⅰ、Ⅱ分别表示两相邻施工层编号

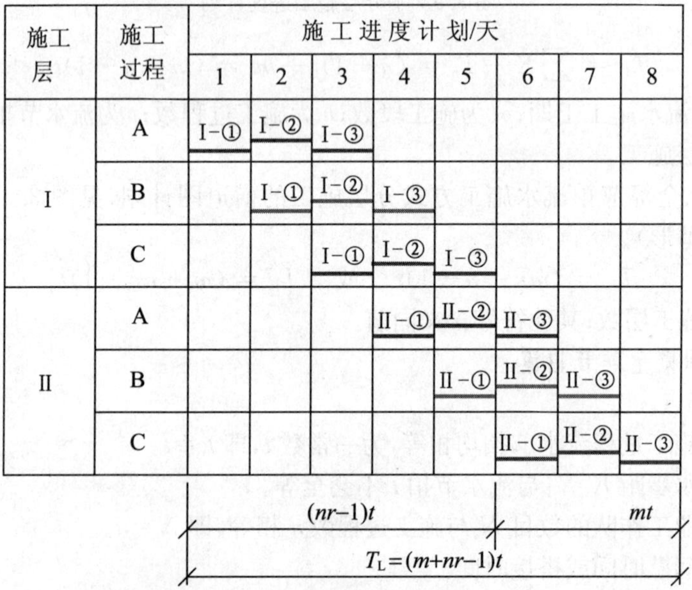

图 3.11　无间歇全等节拍流水施工进度计划（分层）（竖向排列）

注：Ⅰ、Ⅱ分别表示两相邻施工层编号

说明：一般不存在搭接时间，倘若有搭接时间应从工期中减去，此处略。

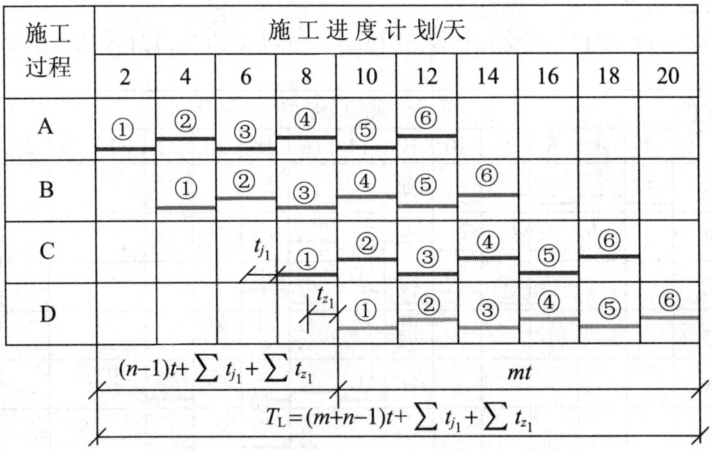

施工过程	施工进度计划/天									
	2	4	6	8	10	12	14	16	18	20
A	①	②	③	④	⑤	⑥				
B		①	②	③	④	⑤	⑥			
C				t_{j_1} ①	②	③	④	⑤	⑥	
D					t_{z_1} ①	②	③	④	⑤	⑥

$$(n-1)t+\sum t_{j_1}+\sum t_{z_1} \qquad mt$$

$$T_L=(m+n-1)t+\sum t_{j_1}+\sum t_{z_1}$$

图 3.12 有间歇全等节拍流水施工进度计划（不分层）

② 分层施工（见图 3.13、图 3.14）。

$$T_L = \sum K + T_n = (n-1)t + Z_1 + mrt = (mr+n-1)t + Z_1$$

或

$$T_L = (nr-1)t + rZ_1 + (r-1)Z_2 + mt = (m+nr-1)t + rZ_1 + (r-1)Z_2$$

式中：Z_1 为某层内间歇时间之和（$Z_1 = \sum t_{j_1} + \sum t_{z_1}$）；$Z_2$ 为某相邻两层间的间歇时间；其他各代号意义同前。

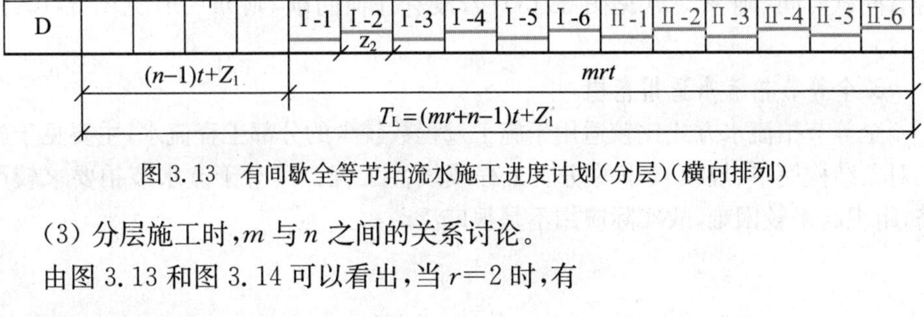

施工过程	施工进度计划/天															
	2	4	6	8	10	12	14	16	18	20	22	24	26	28	30	32
A	I-1	I-2	I-3	I-4	I-5	I-6	II-1	II-2	II-3	II-4	II-5	II-6				
B			t_{j_1} I-1	I-2	I-3	I-4	I-5	I-6	II-1	II-2	II-3	II-4	II-5	II-6		
C			t_{z_1}	I-1	I-2	I-3	I-4	I-5	I-6	II-1	II-2	II-3	II-4	II-5	II-6	
D					I-1	I-2	I-3	I-4	I-5	I-6	II-1	II-2	II-3	II-4	II-5	II-6

$$(n-1)t+Z_1 \qquad mrt$$

$$T_L=(mr+n-1)t+Z_1$$

图 3.13 有间歇全等节拍流水施工进度计划（分层）（横向排列）

（3）分层施工时，m 与 n 之间的关系讨论。

由图 3.13 和图 3.14 可以看出，当 $r=2$ 时，有

$$T_{\rm L} = (mr + n - 1)t + Z_1 = (2m + n - 1)t + t_{j_1} + t_{z_1}$$

或

$$T_{\rm L} = (m + nr - 1)t + rZ_1 + (r - 1)Z_2 = (m + 2n - 1)t + 2t_{j_1} + 2t_{z_1} + Z_2$$

施工层	施工过程	施工进度计划/天															
		2	4	6	8	10	12	14	16	18	20	22	24	26	28	30	32
I	A	①	②	③	④	⑤	⑥										
	B		t_{j_1}	①②	③	④	⑤	⑥									
	C		t_{z_1}	①	②	③	④	⑤	⑥								
	D					①	②	③	④	⑤	⑥						
II	A				Z_2		①	②	③	④	⑤	⑥					
	B						t_{j_1}	①	②	③	④	⑤	⑥				
	C						t_{z_1}	①	②	③	④	⑤	⑥				
	D										①	②	③	④	⑤		⑥

$$(nr-1)t + \sum t_{j_1} + \sum t_{z_1} + (r-1)Z_2 = (nr-1)t + rZ_1 + (r-1)Z_2 \qquad mt$$

$$T_{\rm L} = (m+nr-1)t + rZ_1 + (r-1)Z_2$$

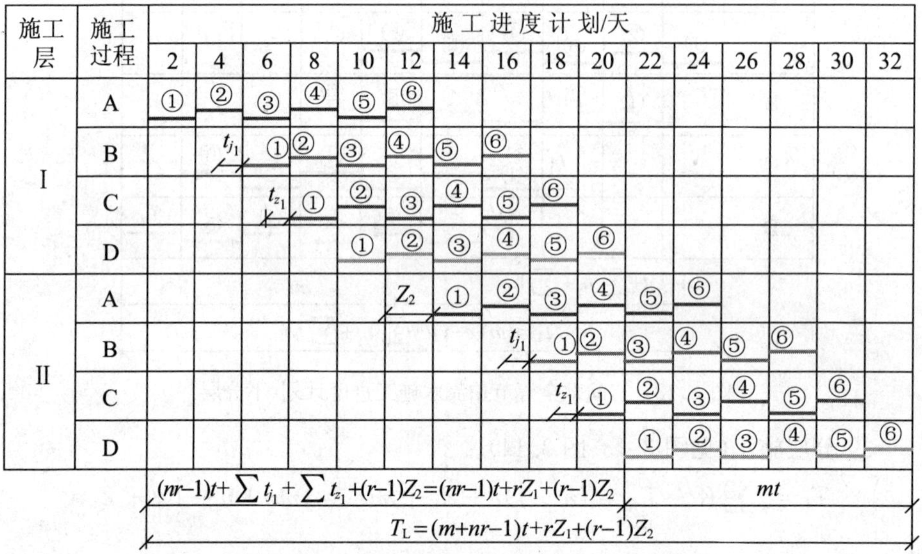

图 3.14　有间歇全等节拍流水施工进度计划(分层)(竖向排列)

联立两式,可得

$$(2m + n - 1)t + t_{j_1} + t_{z_1} = (m + 2n - 1)t + 2t_{j_1} + 2t_{z_1} + Z_2$$

即

$$(m - n)t = t_{j_1} + t_{z_1} + Z_2 = Z_1 + Z_2$$

最终可得

$$m = n + (Z_1 + Z_2)/t$$

因为$(Z_1 + Z_2)/t \geqslant 0$,所以 $m \geqslant n$。

$m \geqslant n$ 为全等节拍流水施工中专业工作队连续施工时需满足的关系式。另,若有间歇时间,则 $m > n$(见图 3.13);若没有任何间歇,则 $m = n$(见图 3.10、图 3.11)。

3. 全等节拍流水适用范围

全等节拍流水方式比较适用于施工过程数较少的分部工程流水,主要见于施工对象结构简单、规模较小的房屋工程或线性工程。其对于流水节拍要求较严格,组织起来较困难,故实际应用不是很广泛。

3.2.2　成倍节拍流水施工

成倍节拍流水是指同一个施工过程的流水节拍全都相等,不同施工过程之间的流水节拍不全等,但均为其中最小流水节拍的整数倍。

1. 示例

例 3.2　某分部工程施工,施工段为 5,流水节拍为:$t_A=4\ \mathrm{d}$;$t_B=2\ \mathrm{d}$;$t_C=4\ \mathrm{d}$。请在施工队伍有限的条件下,组织流水作业。

解　本例所述施工组织方式,可有如下几种:

(1) 考虑充分利用工作面(见图 3.15)。

该流水施工方式能够充分利用工作面,但是有些施工过程的施工作业不连续。由于工作面利用充分,使得工期相对较短。

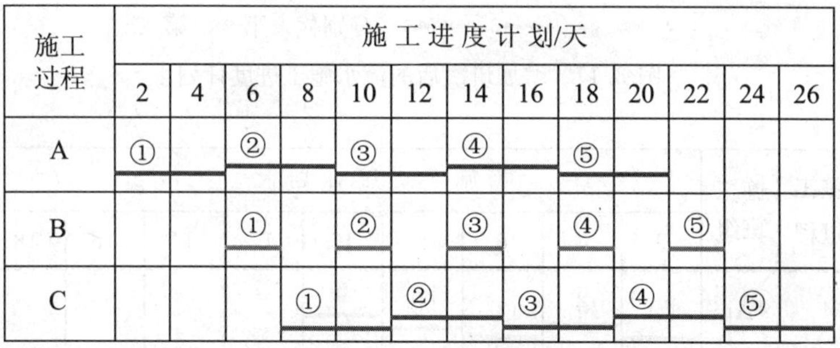

施工过程	施工进度计划/天												
	2	4	6	8	10	12	14	16	18	20	22	24	26
A	①		②		③		④		⑤				
B			①		②		③		④		⑤		
C				①		②		③		④		⑤	

图 3.15　工作面不停歇施工组织方式(间断式)

(2) 考虑施工队施工连续(见图 3.16)。

该流水施工方式虽然各施工过程的施工作业连续,但是工作面利用不充分。由于工作面利用不充分,导致工期较长。

施工过程	施工进度计划/天																
	2	4	6	8	10	12	14	16	18	20	22	24	26	28	30	32	34
A	①		②		③		④		⑤								
B							①	②	③	④	⑤						
C									①		②		③		④		⑤

图 3.16　施工队不停歇施工组织方式(连续式)

(3) 考虑工作面及施工均连续(见图 3.17、图 3.18)。

　　该流水施工方式通过增加班次将其组织成为全等节拍流水施工,既实现了各施工过程的施工作业连续,也实现了工作面的充分利用。由于工作面利用充分、施工过程施工作业连续,使得该施工组织方式的工期最短。

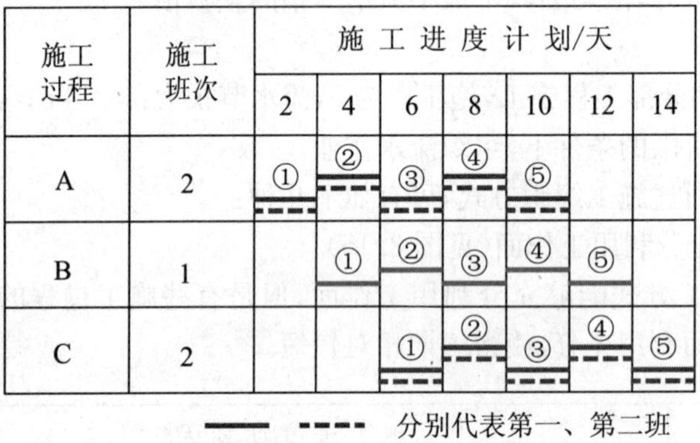

施工过程	施工班次	施 工 进 度 计 划/天						
		2	4	6	8	10	12	14
A	2	①	②	③	④	⑤		
B	1		①	②	③	④	⑤	
C	2			①	②	③		⑤

　　━━━　----　分别代表第一、第二班

图 3.17　增加班次后的流水施工进度计划

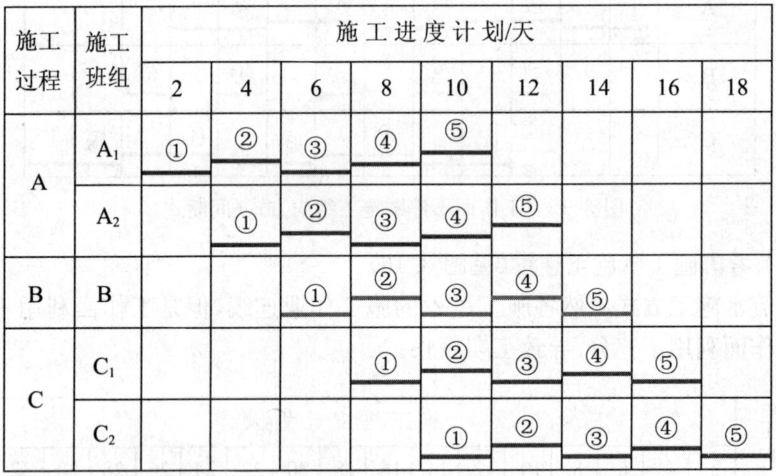

施工过程	施工班组	施 工 进 度 计 划/天								
		2	4	6	8	10	12	14	16	18
A	A₁	①	②	③	④	⑤				
	A₂		①	②	③	④	⑤			
B	B			①	②	③	④	⑤		
C	C₁			①	②	③	④	⑤		
	C₂				①	②	③	④	⑤	

图 3.18　增加工作队后的成倍节拍流水施工进度计划

　　如果有足够的施工队伍,也可采用图 3.18 所示的成倍节拍流水施工方式。该施工组织方式实质上亦为全等节拍流水施工方式,其同样实现了施工过程的施工作业连续和工作面的充分利用,但工期较图 3.17 所示的施工方式稍长。图 3.17 所示的流水施工方式在日常工作生活中极为普遍,该施工组织方式对于加快进度、节省作业人员或机械数量以及临建设施均具有重要意义。因此,如果作业班组能够加班,图 3.17 所示的流水施工方式是非常理想的选择。

2. 成倍节拍流水施工方式的特点

由例 3.2 可得出成倍节拍流水施工方式具有以下特点：

(1) 同一个施工过程的流水节拍全都相等；

(2) 各施工过程之间的流水节拍不全等，但为其中最小的流水节拍的整数倍；

(3) 若无间歇和搭接时间流水步距 K 彼此相等，且等于各施工过程流水节拍的最大公约数 K_b（即最小流水节拍 t_{min}）；

(4) 需配备的施工班组数目 $N = \sum t_i / t_{min}$ 大于施工过程数，即 $N > n$；

(5) 各专业施工队能够连续施工，施工段没有间歇。

3. 成倍节拍流水施工的计算

(1) 不分层施工（如图 3.18 所示）。流水工期

$$T = (m + N - 1) t_{min}$$

说明：此处没有考虑间歇时间和搭接时间，倘若存在以上时间应予以加上或减去。

(2) 分层施工（见图 3.19）。

$$T = (mr + N - 1) t_{min} + Z_1 - \sum t_d$$

式中：m 为施工段数，$m = N + (Z_1 + Z_2 - t_d) / K_b$；$Z$ 为间歇时间；Z_1 为层内间歇时间；Z_2 为层间间歇时间；t_d 为搭接时间。

4. 举例

例 3.3　题意同例 3.2。请在施工队伍不受限制的条件下，组织流水作业。

解　根据题意，可组织成倍节拍流水。

(1) 计算流水步距

$$K = K_b = t_{min} = 2 \text{ d}$$

(2) 计算专业工作队数

$$N_A = t_A / t_{min} = 4/2 = 2（个）；\quad N_B = 1（个）；\quad N_C = 2（个）$$

所以

$$N = \sum t_i / t_{min} = 2 + 1 + 2 = 5（个）$$

(3) 计算工期

$$T = (m + N - 1) t_{min} + Z - \sum t_d = (5 + 5 - 1) \times 2 = 18（d）$$

(4) 绘制施工进度计划表，如图 3.18 所示。

5. 成倍节拍流水施工方式的适用范围

从理论上讲，很多工程均具备组织成倍节拍流水施工的条件，但实际工程若不能划分成足够的流水段或配备足够的资源，则不能采用该施工方式。

成倍节拍流水施工方式比较适用于线性工程（如管道工程、道路工程等）的

施工。

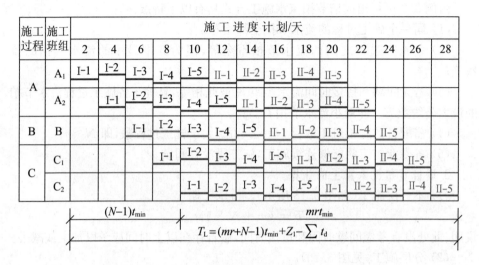

图 3.19　成倍节拍流水施工进度计划(分层)

3.2.3　异节拍流水施工

1. 示例

例 3.4　某分部工程有 A、B、C、D 四个施工过程,分三段施工,每个施工过程的节拍值分别为 3 d、2 d、3 d、2 d。试组织流水施工。

解　由流水节拍的特征可以看出,既不能组织全等节拍流水施工也不能组织成倍节拍流水施工。

(1)考虑施工队施工连续的施工计划,见图 3.20。

(2)考虑充分利用工作面的施工计划,见图 3.21。

2. 异节拍流水施工方式的特点

例 3.4 中,各施工过程的流水节拍均相等,但不同的施工过程其流水节拍不全等且也不为其中最小的流水节拍的整数倍,即该种情况下流水施工组织方式既不同于全等节拍流水施工方式,也不同于成倍节拍流水施工方式,我们称之为异节拍流水施工方式。异节拍流水施工方式的特点如下:

(1)同一施工过程流水节拍值相等;

(2)不同施工过程之间流水节拍值不完全相等,且相互间不完全成倍比关系(即不同于成倍节拍);

(3)专业工程队数与施工过程数相等(即 $N=n$)。

3. 流水步距的确定

图 3.21 所示间断式异节拍流水施工方式的流水步距确定比较简单,此处从略。而图 3.20 所示连续式异节拍流水施工方式,其流水步距的确定相对复杂,可分两种情形进行:

(1) 当 $t_i \leqslant t_{i+1}$ 时,$K_{i,i+1} = t_i$;

(2) 当 $t_i > t_{i+1}$ 时,$K_{i,i+1} = mt_i - (m-1)t_{i+1}$。

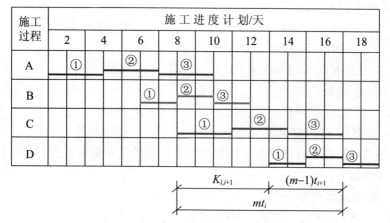

图 3.20 异节拍流水施工进度计划(连续式)

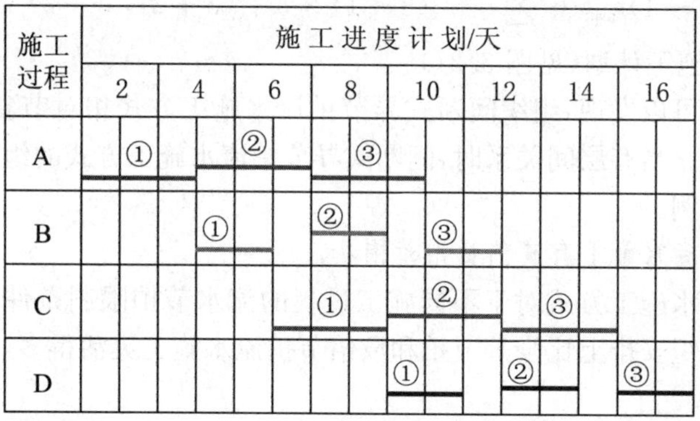

图 3.21 异节拍流水施工进度计划(间断式)

4. 流水工期的确定

$$T = \sum K_{i,i+1} + mt_n \quad (连续式)$$

$$T = (m-1)t_{max} + \sum t_i \quad (间断式)$$

说明:以上所说的流水步距和工期的确定均不含间歇时间和搭接时间的情

形,若有间歇时间和搭接时间则需将它们考虑进去(加上间歇时间,减去搭接时间),此处从略。

5.示例

例3.5 题意同例3.4。

解法一 根据题意知该施工组织方式为异节拍流水施工方式,组织连续式流水施工步骤如下:

(1)确定流水步距

$$K_{A,B} = mt_A - (m-1)t_B = 3 \times 3 - 2 \times 2 = 5(d)$$

$$K_{B,C} = t_B = 2(d)$$

$$K_{C,D} = 3 \times 3 - 2 \times 2 = 5(d)$$

(2)确定流水工期

$$T = (5 + 2 + 5) + 3 \times 2 = 18(d)$$

(3)绘制施工计划(见图3.20)。

解法二 根据题意知该施工组织方式为异节拍流水施工方式,组织间断式流水施工步骤如下:

(1)确定流水步距。

$$K_{A,B} = t_A = 3 \text{ d}; \quad K_{B,C} = t_B = 2 \text{ d}; \quad K_{C,D} = t_C = 3 \text{ d}$$

(2)确定流水工期

$$T = (m-1)t_{max} + \sum t_i = (3-1) \times 3 + (3 + 2 + 3 + 2) = 16 \text{ (d)}$$

(3)绘制施工计划(见图3.21)。

比较两图可以发现,组织间断式异节拍流水施工方式相对节省工期,实际中应用更为广泛。当有层间关系时,间断式异节拍流水施工方式的组织详见学习单元3.3中的实例。

6.异节拍流水施工方式的适用范围

异节拍流水施工方式对于不同施工过程的流水节拍限制条件较少,因此,在计划进度的组织安排上比全等节拍和成倍节拍流水施工灵活得多,实际应用最为广泛。

3.2.4　无节奏流水施工

1.示例

例3.6 某A、B、C三个施工过程,分三段施工,流水节拍值见表3.2。试组织流水施工。

表 3.2 例 3.6 流水节拍值

施工段　施工过程	①	②	③
A	1	4	3
B	3	1	3
C	5	1	3

解 由流水节拍的特征可以看出,不能组织有节奏流水施工。只好组织的图 3.22 所示流水施工进度计划。

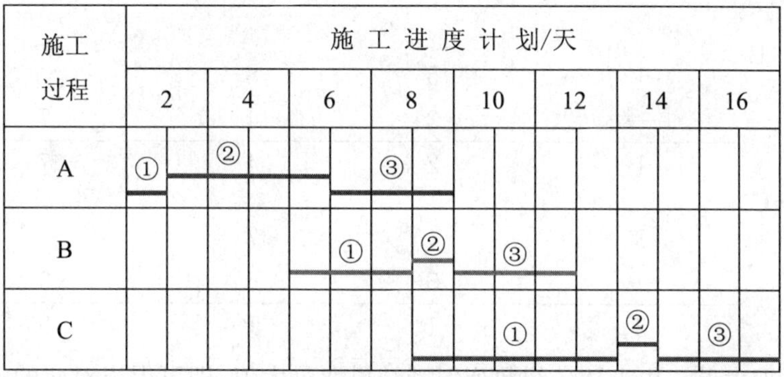

图 3.22 无节奏流水施工进度计划

2. 无节奏流水施工方式的特点

例 3.6 中,各施工过程的流水节拍不全等,不同的施工过程其流水节拍必不全等,流水节拍无规律性,此种流水施工方式我们称为无节奏流水施工方式。通过上述示例可以发现无节奏流水施工方式的特点如下:

(1) 同一施工过程的流水节拍值未必全等;

(2) 不同施工过程之间的流水节拍值不完全相等;

(3) 专业工程队数目与施工过程数相等(即 $N=n$);

(4) 各专业施工队能够连续施工,但工作面可能有闲置。

3. 流水步距的确定

无节奏流水施工方式的流水步距采用"潘特考夫斯基法"求解,"潘特考夫斯基法"即"累加-斜减-取大差"法,为求解流水步距的通用公式,下面以例 3.6 为例介绍其操作方法。

(1) 累加。将流水节拍值逐段累加,累加结果如表 3.3 所示。

表 3.3　例 3.6 流水节拍值累加结果

所在施工段 施工过程	①	②	③
A	1	5	8
B	3	4	7
C	5	6	9

(2) 斜减。斜减也称错位相减,即将上述相邻的累加数列错位相减,过程如下:

A−B

1	5	8	
—	3	4	7
1	2	4	−7

B−C

3	4	7	
—	5	6	9
3	−1	1	−9

(3) 取大差。由上述各组数列斜减结果取最大值,即可得出对应的流水步距 K 值,结果如下:

$$K_{A,B} = \max\{1,2,4,-7\} = 4(天)$$

$$K_{B,C} = \max\{3,-1,1,-9\} = 3(天)$$

说明:以上为不考虑间歇时间和搭接时间的情形,如有间歇或搭接时间应对相应的 K 值进行调整。

4. 流水工期的确定

仍以例 3.6 为例,进行求解。

$$T = \sum K_{i,i+1} + T_n = (4+3)+9 = 16(天)$$

于是,可以绘出流水施工进度计划如前面图 3.22 所示。

5. 无节奏流水施工方式的使用范围

无节奏流水施工方式的流水节拍没有时间约束,在施工计划安排上比较自由灵活,因此能够适应各种结构各异、规模不等、复杂程度不同的工程,具有广泛的应用性。在实际施工中,该施工方式较常见。

学习单元3.3 流水施工的应用

工作任务表

能力目标	主讲内容	学生完成任务
通过学习案例,使学生充分理解流水施工的组织方法,能够用于工程实际	流水施工方式组织案例	根据实例,完成单位工程流水施工方式的灵活组织与应用工作

流水施工是一种科学、有效的施工组织方式,在建筑工程施工中应尽量采取流水施工的组织方式,尽可能连续、均衡地进行施工,加快施工速度。实际上,每个建筑工程各有特色,不可能按同一定式进行流水施工。为了合理地组织流水施工,就要按照一定的程序进行组织安排。

3.3.1 流水施工的组织程序

合理组织流水施工,就是要结合各个工程的不同特点,根据实际工程的施工条件和施工内容,合理确定流水施工的各项参数。通常按照下列工作程序进行。

3.3.1.1 确定施工流水线,划分施工过程

施工流水线是指不同工种的施工队按照施工过程的先后顺序,沿着建筑产品的一定方向相继对其进行加工而形成的一条工作路线。由于建筑产品体型庞大和整体难分,在施工流水线终端所生产出来的常常并非是一个完整的建筑产品,而只是一个或大或小的部分,即一个分部(分项)工程,因此包含在一条流水线中的施工过程(专业施工队)的数目就并非是固定的。通常总是按分部(分项)工程这种假想的建筑"零件"分别组织多条流水线,然后再将这些流水线联系起来,例如一般民用住宅的建筑施工中,可以组织基础、主体结构、内装修、外装修等几条流水线。当然,流水线也可以划分得更细一些。总之,各流水线要适当地连接起来,等前一条流水线提供了一定的工作面后,后一条流水线即可插入,同时进行施工。

流水线中的所有施工活动,划分为若干个施工过程。制备类施工过程和运输类施工过程不占用施工对象的空间,不影响工期的长短,因此可以不列入施工进度计划。建造类施工过程占用施工对象的空间且影响工期,所以划分施工过程时

主要按照建造类施工过程来划分。

在实际工程中,如果某一施工过程工程量较少,并且技术要求也不高时,可以将它与相邻的施工过程合并,而不单列为一个施工过程。例如某些工程的垫层施工过程有时可以合并到挖土方施工过程中,由一个专业施工队完成,这样既可以减少挖土方和做垫层两个施工过程之间的流水步距,还可以避免开挖后基坑(槽)长时间的暴露、日晒雨淋,既缩短了工期,又保证了工程质量。

施工过程数目 n 的确定,主要的依据是工程的性质和复杂程度、所采用的施工方案、对建设工期的要求等因素。为了合理组织流水施工,施工过程数目 n 要确定的适当,施工过程划分的过粗或过细,都达不到良好的流水效果。

3.3.1.2　划分施工层,确定施工段

为了合理组织流水施工,需要按照建筑的空间情况和施工过程的工艺要求,确定施工层数量 r,以便在平面上和空间上组织连续、均衡的流水施工。划分施工层时,要求结合工程的具体情况,主要根据建筑物的高度和楼层来确定。例如砌筑工程的施工高度一般为 $1.2 \sim 1.4$ m,因此可按 $1.2 \sim 1.4$ m划分,而室内抹灰、木装饰、油漆和水电安装等装饰施工,可按结构楼层划分施工层。

合理划分施工段的原则前面已经介绍了。不同的施工流水线中,可以采取不同的划分方法,但在同一流水线中最好采用统一的划分方法。在划分施工段时,施工段数目要适当,过多或过少都不利于合理组织流水施工。

需要注意的是,组织划分施工层的流水施工时,为了保证专业施工队不但能够在本层的各个施工段上连续作业,而且在转入下一个施工层的施工段时,也能够连续作业,对于全等节拍流水施工方式而言,划分的施工段数目应满足 $m \geqslant n$。当无层间关系或无分层施工时,施工段划分不受此限制。

3.3.1.3　计算各施工过程在各个施工段上的流水节拍

施工层和施工段划分以后,就可以计算各施工过程在各个施工段上的流水节拍了。流水节拍的大小可以反映出流水施工速度的快慢、节奏的强弱和资源消耗的多少。若某些施工过程在不同的施工层上的工程量不尽相同,则可按其工程量分层计算。流水节拍的计算方法前面已经介绍,此处不再赘述。

3.3.1.4　确定流水施工组织方式和专业施工队数目

根据计算出的各个施工过程的流水节拍的特征、施工工期要求和资源供应条件,确定流水施工的组织方式,究竟是全等节拍流水施工或成倍节拍流水施工,还是分别流水施工。

按照确定的流水施工组织方式,得出各个施工过程的专业施工队数目。有

节奏流水施工和分别流水施工这两种组织方式,均按每个施工过程成立一个专业施工队;成倍节拍流水施工中,各施工过程对应的专业施工队数目是按照其流水节拍之间的比例关系来确定的。一般而言,分工协作是流水施工的基础,因此各个施工过程都有其对应的专业施工队。但是在可能的条件下,同一专业施工队在同一条流水线中,可以担任两个或多个施工过程的施工任务。例如在普通砖基础工程的流水线中,承担挖土的专业施工队在时间上能够连续时,可以接着去完成回填土的施工任务,支模板的木工队组也可以去完成拆模的工作。

在确定各专业施工队的人数时,可以根据最小施工段上的工作面情况来计算,一定要保证每一个工人都能够占据能充分发挥其劳动效率所必需的最小工作面,施工段上可容纳的工人数为

$$施工段上可容纳的工人数 = \frac{最小施工段上的工作面}{每个工人所需最小工作面}$$

需要注意的是,最小施工段上可容纳的工人数并非是决定专业施工队人数的唯一依据,它只决定了最多可以有多少人数,即使在劳动力不受限制的情况下,也还要考虑合理组织流水施工对每段作业时间的要求,从而适当分配人数。这样决定的人数可能会比最多人数少,但不能少到破坏合理劳动组织的程度,因为一旦破坏了这种合理的组织,就会大大降低劳动效率甚至无法正常工作。例如吊装工作,除了指挥以外,上下都需要摘钩和挂钩的工人;砌砖和抹灰除了技工以外,还必需配备供料的辅助工,否则就难以正常工作。

3.3.1.5　确定各施工过程之间的流水步距

根据施工方案和施工工艺的要求,按照不同流水施工组织方式的特点,采用相应的公式计算各施工过程之间的流水步距。

3.3.1.6　计算流水施工工期

按照不同流水施工组织方式的特点和相关参数计算流水施工的工期。

3.3.1.7　绘制施工进度计划表

按照各施工过程的顺序、流水节拍、专业施工队数目、流水步距和相关参数,绘制施工进度计划表。实际工程中,应注意在某些主导施工过程之间穿插和配合的施工过程也要适时、合理地编入施工进度计划表。例如框架结构主体流水施工中的搭脚手架和砌体工程等施工过程,按主体结构施工过程的进度计划,适时地将其编入施工进度计划表。

在组织流水施工时,其基本程序如图 3.23 所示。为了合理地组织好流水施工,还需要结合具体工程的特点,进行调整和优化。可能会对流水施工的组织程

序进行反复,从而组织最为合理的流水施工计划。

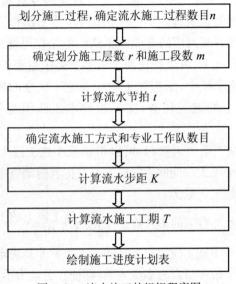

图 3.23　流水施工的组织程序图

3.3.2　流水施工的合理组织方法

3.3.2.1　组织单位工程综合流水施工

　　建筑产品的单件性特点,说明各单位工程的施工过程各不相同。但是就其整体而言,都是由若干个分项工程组成的。通常,单位工程流水施工组织工作主要是按照一般流水施工的方法,组织各分部(分项)工程内部的流水施工,然后将各分部(分项)工程之间相邻的分项工程,按流水施工的方法或根据工作面、资源供应、施工工艺情况以及对施工工期的要求,使其尽可能的搭接起来,组成单位工程的综合流水施工。其组织工作步骤如下:

　　1. 组织各分部(分项)工程流水施工

　　结合各分部(分项)工程的特点,确定各自流水施工的组织方式,按照合理组织流水施工的方法和步骤,分别组织各个分部(分项)工程的流水施工,计算出各个分部(分项)工程的流水施工工期。

　　2. 平衡流水施工速度

　　由于各个施工过程的复杂程度不同,流水施工组织方式不同,所以各自的施工速度很难统一,有快有慢。为了缩短单位工程的总工期,可以采取平衡其中某些分部(分项)工程的流水施工速度的方法。例如,对于成倍节拍流水施工,如果增加专业施工队的数目,某些流水节拍较长的施工过程的流水施工速度会加快;对于流水节拍较长的施工过程,还可以增加专业施工队的工作班次,使其流水施工速度加快。

当然,并不是所有施工过程的施工速度都可以调整、平衡,这需要结合各个施工过程的特点,以及相邻施工过程之间的工艺技术搭接要求。

例 3.7　某分部工程包括 A、B、C 三个施工过程,其流水节拍各自相等,流水节拍为:$t_A = 6$ d;$t_B = 2$ d;$t_C = 4$ d,划分为 5 个施工段进行施工,由此得出的流水施工进度计划表如图 3.24 所示,工期为 48 天。若在无其他条件限制的情况下,要将工期缩短到原工期一半以内,应该如何平衡其流水施工速度?

施工过程	施工 进 度 计 划/天																							
	2	4	6	8	10	12	14	16	18	20	22	24	26	28	30	32	34	36	38	40	42	44	46	48
A		①			②			③			④			⑤										
B														①	②	③	④	⑤						
C														①		②		③		④		⑤		

图 3.24　例 3.6 原方案流水施工进度计划表

解　(1)增加施工过程 A、C 的专业施工队(方案一):

将施工过程 A、C 分别设计为由 3 个和 2 个专业施工班组进行的成倍节拍流水施工,从而平衡其流水施工速度,工期缩短为 20 天,其施工进度计划表如图 3.25 所示。

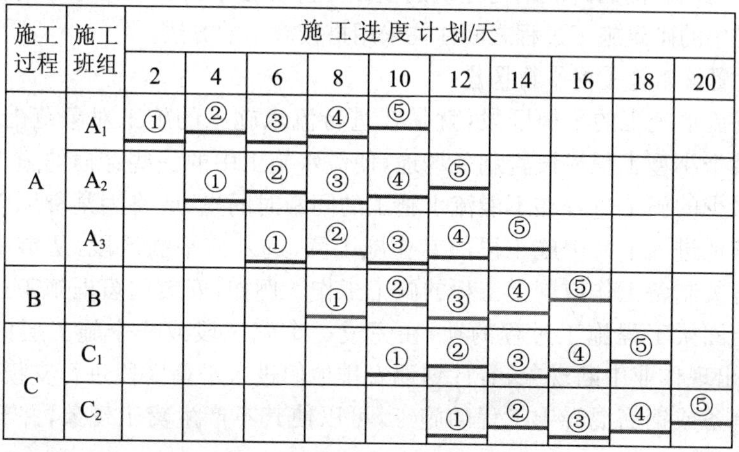

施工过程	施工班组	施 工 进 度 计 划/天									
		2	4	6	8	10	12	14	16	18	20
A	A₁	①	②	③	④	⑤					
	A₂		①	②	③	④	⑤				
	A₃			①	②	③	④	⑤			
B	B				①	②	③	④	⑤		
C	C₁					②		④		⑤	
	C₂						①		③		⑤

图 3.25　例 3.6 按方案 1 平衡后的流水施工进度计划表(增加工作队)

(2)增加施工过程 A、C 的专业施工班组的工作班次(方案二):

施工过程 A、C 分别采用三班和两班作业,由此工期缩短为 14 天,其施工进度计划表如图 3.26 所示。

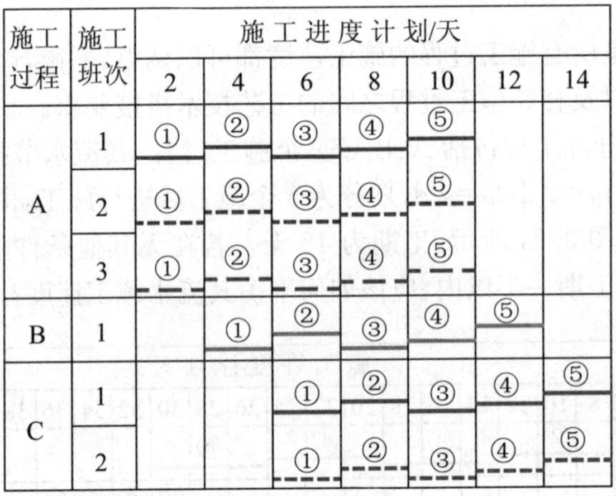

施工过程	施工班次	2	4	6	8	10	12	14
A	1	①	②	③	④	⑤		
A	2	①	②	③	④	⑤		
A	3	①	②	③	④	⑤		
B	1			①		④	⑤	
C	1				②	③	④	⑤
C	2				①	②	③	⑤

图 3.26　例 3.6 采用多班制作业平衡后的流水施工进度计划表

应予以说明:两班制或三班制作业,对于人工操作一般不宜采用,对于机械作业则可以采用。

3. 各分部工程间相邻的分项工程最大限度地搭接

当条件允许时,可以根据实际资源的供应情况和相邻施工过程之间的工艺技术搭接要求,对各分部工程间相邻的分项工程进行最大限度地、合理地搭接,尽可能地缩短工期。例如砖混结构建筑的基础分部工程中的回填土施工过程与主体分部工程中的砌筑施工过程之间往往采用搭接施工的方法。

4. 设置流水施工的平衡区段

设置流水施工的平衡区段,就是在进行流水施工的施工对象范围之外,同时开工某个小型工程或设置制备场地,使流水施工中的一些穿插的施工过程和劳动量很少的施工过程在不能流水施工的间断时间里,或将因某种原因不能按计划连续地进入下一个施工段的专业施工队,进入该平衡区段,从事本专业施工队的有关制备工作或同类工程的施工工作。例如,安装门窗框施工过程和钢筋混凝土圈梁工程施工过程的项,在完成一个施工段或一个施工层的任务之后,必然出现作业中断现象,有计划地安排他们进入平衡区段进行支模板、钢筋的加工制备或钢筋混凝土工程的施工,可以使其不产生窝工现象,并充分发挥专业特长。

3.3.2.2　组织群体工程大流水施工

在类似住宅小区的建筑工程施工中,往往存在建筑结构形式相同的同类建筑工程,将这些同类的建筑物组织成为群体工程大流水施工,是一种科学、合理的施工方法,能够取得较好的经济技术效果。它是以一幢建筑物为一个施工段,在各幢建筑物之间组织流水施工。

1. 合理组织群体工程大流水施工

群体工程大流水施工的组织步骤如下:

(1)编制一幢建筑物的施工进度计划。

按照编制单位工程施工进度计划的方法,将一幢建筑物作为一个施工段,编制其施工进度,并使各施工过程的持续时间为某一个数的倍数,以便按成倍节拍流水施工组织群体工程大流水施工。

(2)计算一幢建筑物的计划工期。

按编制的一幢建筑物的施工进度计划,计算其工期,即从第一个施工过程开始到最后一个施工过程完成的总持续时间。

(3)确定每组流水施工的建筑物的数量。

在给定了整个建筑群的施工期限,并计算出每幢建筑物的计划工期后,确定按组进行流水施工的各组中的建筑物数量,计算公式为

$$m = T/K_b - N + 1 = (T - T_1)/K_b + 1$$

式中:m 为每组流水施工所包含的建筑物数量;T 为整个建筑群的施工期限;K_b 为每组流水施工的流水步距,即为各施工过程中最小的流水节拍;N 为施工班组数之和;T_1 为每幢建筑物的施工工期。

(4)确定流水施工的组数。

由每组流水施工的建筑物数目,可以得出整个群体大流水施工所分的流水施工组数为

$$a = N_0/m$$

式中:a 为群体大流水施工所分组的数量;N_0 为整个建筑群中同类建筑物的数量;m 为每组流水施工所包含的建筑物数量。

如果 N_0 不是 m 的整数倍,应取整,所余部分不参与大流水施工(作为流水施工的平衡区段)。

(5)编制一组流水施工的进度计划表。

按照以上方法进行的流水施工,实际上是施工段数目为 m,流水节拍的最大公约数为 K_b 的成倍节拍流水施工。因此,可按成倍节拍流水施工方式编制施工进度计划表。

(6)编制群体工程大流水施工的总进度计划。

按照所分组的数目,编制群体工程大流水施工的总进度计划。

2. 示例

例3.8　某住宅小区内有12幢同类型的建筑物,每个单体建筑物的基础工

程由基础挖土、钢筋混凝土基础和回填土 3 个施工过程构成,要求所有基础工程在 21 天内完成,试组织群体工程大流水施工,编制施工进度计划。

解　(1)编制一幢建筑物的施工进度计划。

根据工程量和合理施工的要求,确定各施工过程的持续时间和施工进度计划表,如图 3.27 所示。

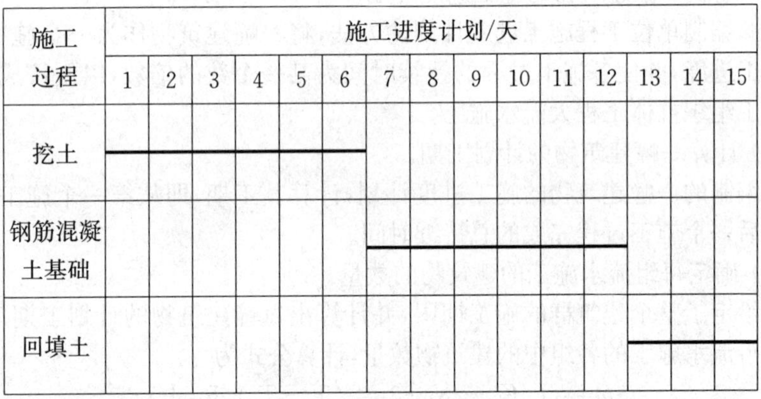

施工	施工进度计划/天														
过程	1	2	3	4	5	6	7	8	9	10	11	12	13	14	15
挖土															
钢筋混凝土基础															
回填土															

图 3.27　例 3.8 所述工程的施工进度计划表

(2)计算一幢建筑物的基础工程的施工工期。

$$T_1 = 6 + 6 + 3 = 15(天)$$
$$K = \min\{6,6,3\} = 3(天)$$

(3)确定每组流水施工的建筑物的数量。

$$m = (T - T_1)/K + 1 = (21 - 15)/3 + 1 = 3(幢)$$

(4)确定流水组数。

$$a = N_0/m = 12/3 = 4(组)$$

(5)编制一组基础工程流水施工进度计划表。

按照施工段数目为 3,流水节拍分别为 6 天、6 天、3 天,组织成倍节拍流水施工,各施工过程需成立的专业施工队数目分别为 2 个、2 个、1 个,即 $N=5$。于是,可得每一组基础工程流水施工工期为

$$T = (m + N - 1) \times K = (3 + 5 - 1) \times 3 = 21(天)$$

每一组建筑物基础工程流水施工进度计划表如图 3.28 所示。

(6)编制群体工程大流水施工的总进度计划表。

按照组数为 4,每组流水施工工期为 21 天,组织群体工程大流水施工,其总进度计划表见图 3.29。

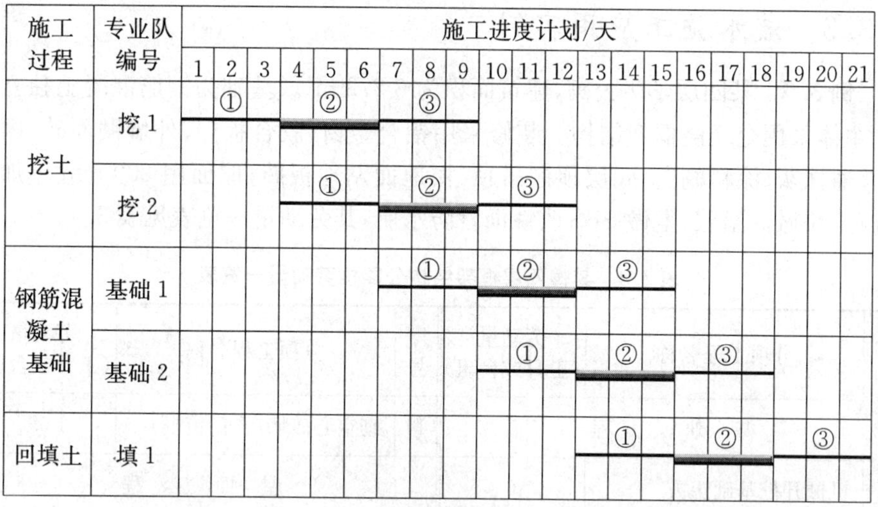

施工过程	专业队编号	施工进度计划/天																				
		1	2	3	4	5	6	7	8	9	10	11	12	13	14	15	16	17	18	19	20	21
挖土	挖1		①			②			③													
	挖2				①				②			③										
钢筋混凝土基础	基础1								①			②			③							
	基础2											①			②			③				
回填土	填1														①			②			③	

图 3.28　例 3.8 一组建筑物基础工程的流水施工进度计划表

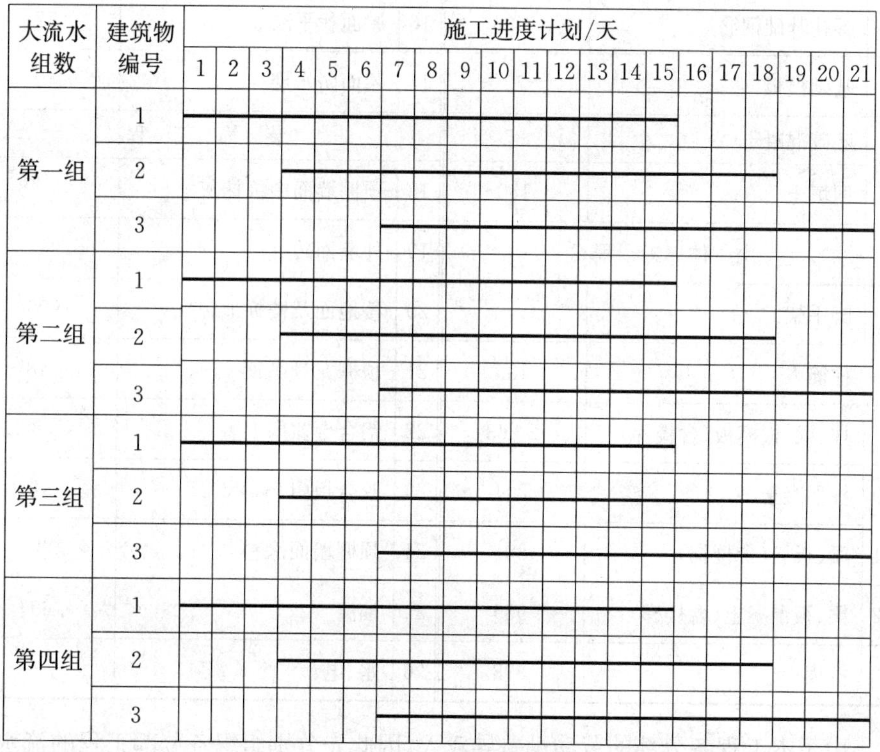

大流水组数	建筑物编号	施工进度计划/天																				
		1	2	3	4	5	6	7	8	9	10	11	12	13	14	15	16	17	18	19	20	21
第一组	1																					
	2																					
	3																					
第二组	1																					
	2																					
	3																					
第三组	1																					
	2																					
	3																					
第四组	1																					
	2																					
	3																					

图 3.29　例 3.8 群体基础工程大流水施工的施工总进度计划表

3.3.3　流水施工应用实例

例 3.9　某四层学生公寓,建筑面积为 3 278 m²。基础为钢筋混凝土独立基础,主体采用全现浇框架结构。装修采用铝合金窗、胶合板门、外墙贴面砖,内墙为普通抹灰、涂料刷白;底层顶棚吊顶,楼地面贴地板砖;屋面用 200 mm 厚加气混凝土块做保温层,上做 SBS 改性沥青防水层,其劳动量一览表见表 3.4。

表 3.4　某幢四层框架结构公寓楼劳动量一览表

序号	分项工程名称	劳动量（工日或台班）	序号	分项工程名称	劳动量（工日或台班）
	基 础 工 程		14	砌空心砖墙（含门窗框）	1 095
1	机械开挖基础土方	6		**屋 面 工 程**	
2	混凝土垫层	30	15	加气砼保温隔热层（含找坡）	236
3	绑扎基础钢筋	59	16	屋面找平层	52
4	基础模板	73	17	屋面防水层	49
5	基础混凝土	87		**装 饰 工 程**	
6	回填土	150	18	顶棚墙面中级抹灰	1 648
	主 体 工 程		19	外墙面砖	957
7	脚手架	—	20	楼地面及楼梯地砖	929
8	柱筋	135	21	顶棚龙骨吊顶	148
9	柱、梁、板模板（含楼梯）	2 263	22	铝合金窗扇安装	68
10	柱混凝土	204	23	胶合板门	81
11	梁、板筋（含楼梯）	801	24	顶棚墙面涂料	380
12	梁、板混凝土（含楼梯）	939	25	油漆	69
13	拆模	398	26	水、电	—

由于本工程各分部的劳动量差异较大,因此先分别组织各分部工程的流水施工,然后再考虑各分部之间的相互搭接施工。具体组织方法如下。

1. 基础工程

基础工程包括基槽挖土、混凝土垫层、绑扎基础钢筋、支设基础模板、浇筑基础混凝土、回填土等施工过程。其中基础挖土采用机械开挖,考虑到工作面及土方运输的需要,将机械挖土与其他手工操作的施工过程分开考虑,不纳入流水。混凝土垫层劳动量较小,为了不影响其他施工过程的流水施工,将其安排在挖土施工过程完成之后,也不纳入流水。

基础工程在平面上划分两个施工段组织流水施工($m=2$),在六个施工过程中,参与流水的施工过程有 4 个,即 $n=4$,组织全等节拍流水施工如下:

基础绑扎钢筋劳动量为 59 个工日,施工班组人数为 10 人,采用一班制施工,其流水节拍为

$$t_筋 = \frac{59}{2 \times 10 \times 1} = 3(天)$$

尝试组织全等节拍流水施工,即各施工过程的流水节拍均取 3 天,施工班组人数选择如下:基础支模板施工班组人数 $R_木 = \frac{73}{2 \times 3} = 12(人)$(可行);浇筑混凝土施工班组人数为 $R_{混凝土} = \frac{87}{2 \times 3} = 15(人)$(可行);回填土施工班组人数 $R_{回填} = \frac{150}{2 \times 3} = 25(人)$(可行)。

于是,可以计算流水工期为

$$T = (m+n-1)t = (2+4-1) \times 3 = 15(天)$$

考虑另外两个不纳入流水施工的施工过程——基槽挖土和混凝土垫层,其组织如下:

基槽挖土劳动量为 6 个台班,用一台机械二班制施工,则作业持续时间为

$$6/2 = 3(天)$$

混凝土垫层劳动量为 30 个工日,15 人采用一班制施工,其作业持续时间为

$$30/15 = 2(天)$$

于是,可得基础工程的工期为

$$T_基础 = 3+2+15 = 20(天)$$

2. 主体工程

主体工程包括立柱子钢筋,安装柱、梁、板模板,浇筑柱子混凝土,梁、板、楼梯钢筋绑扎,浇筑梁、板、楼梯混凝土,拆模板,砌空心砖墙等施工过程。具体流水节拍计算列表如表 3.5 所示。

表 3.5　某幢四层框架结构公寓主体工程流水节拍值

施工过程	劳动量	班组人数	班制	施工层数	施工段数	流水节拍/天
柱筋	135	17	1	4	2	1
柱、梁、板模板(含楼梯)	2 263	25	2	4	2	6
柱混凝土	204	14	2	4	2	1
梁、板筋(含楼梯)	801	25	2	4	2	2
梁、板混凝土(含楼梯)	939	20	3	4	2	2
拆模	398	25	1	4	2	2
砌空心砖墙(含门窗框)	1 095	25	1	4	2	3

说明:拆模施工过程计划须在梁、板混凝土浇捣养护 12 天后进行。

根据流水节拍特征,宜组织异节拍流水施工。由于主体工程有层间关系,此时要使(主导)施工过程能够实现连续施工,须满足主导施工过程流水节拍不小于与之相关联的其他施工过程流水节拍之和。主导施工过程组织流水施工,其他施工过程应根据施工工艺要求,尽量搭接施工即可。

主体工程的工期为

$$T_{主体} = 1 + 6 \times 8 + 1 + 2 + 2 + 12 + 2 + 3 = 71(天)$$

3. 屋面工程

屋面工程包括屋面保温隔热层、找平层和防水层三个施工过程。考虑屋面防水要求高,因此,施工时不分段,采用依次施工的组织方式,具体流水节拍计算列表如表 3.6 所示。

表 3.6　某幢四层框架结构公寓屋面工程流水节拍值

施工过程	劳动量	班组人数	班制	施工段数	流水节拍/天
屋面保温层(含找坡)	236	40	1	1	6
屋面找平层	52	18	1	1	3
屋面防水层	49	10	1	1	5

说明:屋面找平层完成后,安排 14 天的养护和干燥时间,之后方可进行屋面防水层的施工。

屋面工程流水施工工期为

$$T_{屋面} = 6 + 3 + 5 + 14 = 28(天)$$

4. 装饰工程

装饰工程包括顶棚墙面抹灰、外墙面砖、楼地面及楼梯地砖、一层顶棚龙骨吊顶、铝合金窗扇安装、胶合板门安装、内墙涂料、油漆等施工过程。装饰工程采用自上而下的施工流向。结合装饰工程的特点，把每一楼层视为一个施工段，共 4 个施工段（$m=4$）。具体流水节拍计算列表如表 3.7 所示。

表 3.7　某幢四层框架结构公寓装饰工程流水节拍值

施工过程	劳动量	班组人数	班制	施工段数	流水节拍/天
顶棚墙面中级抹灰	1648	60	1	4	7
外墙面砖	957	34	1	4	7
楼地面及楼梯地砖	929	33	1	4	7
一层顶棚龙骨吊顶	148	15	1	1	10
铝合金窗扇安装	68	6	1	4	3
胶合板门	81	7	1	4	3
顶棚墙面涂料	380	30	1	4	3
油漆	69	6	1	4	3

通过流水节拍值的计算，可以看出装饰工程施工除一层顶棚龙骨吊顶宜组织穿插施工，不参与流水作业外，其余施工过程宜组织异节拍流水施工。

装饰分部流水施工工期计算如下：

$$K_{外墙、抹灰} = K_{抹灰、地面} = 7(天)$$

$$K_{地面、窗扇} = 4 \times 7 - (4-1) \times 3 = 19(天)$$

$$K_{窗扇、门} = K_{门、涂料} = K_{涂料、油漆} = 3(天)$$

所以

$$T_{装饰} = (7+7+19+3+3+3) + 4 \times 3 = 54(天)$$

将以上 4 个分部工程进行合理穿插搭接，将脚手架及水、电视作辅助工作配合进行，即可完成本工程的流水施工进度计划安排，施工进度计划表见图 3.30。

序号	分部(分项)工程名称	劳动量(工日或合班)	每班人数	工作班制	持续时间	施工进度计划/天
	基础工程					
1	机械挖土	6	1	2	3	
2	混凝土垫层	30	15	1	2	
3	绑扎基础钢筋	59	10	1	6	
4	基础模板	73	12	1	6	
5	基础混凝土	87	15	1	6	
6	回填土	150	25	1	6	
	主体工程					
7	脚手架					
8	柱筋	135	17	1	8	
9	柱梁板模板	2263	25	2	48	
10	柱混凝土	204	14	2	8	
11	梁板钢筋(含梯)	801	25	2	16	
12	梁板混凝土(含梯)	939	20	3	16	
13	拆模	398	25	1	16	
14	砌墙(含门窗框)	1095	45	1	24	
	屋面工程					
15	屋面找坡保温层	236	40	1	6	
16	屋面找平层	52	18	1	3	
17	屋面防水层	47	10	1	5	
	装饰工程					
18	外墙面砖	957	34	1	28	
19	顶棚及墙面抹灰	1648	60	1	28	
20	楼地面及楼梯地砖	929	33	1	28	
21	一层顶棚龙骨吊顶	148	15	1	10	
22	铝合金窗扇安装	68	6	1	12	
23	胶合板门	81	7	1	12	
24	顶棚墙面涂料	380	30	1	12	
25	油漆	69	6	1	12	
26	水、电					

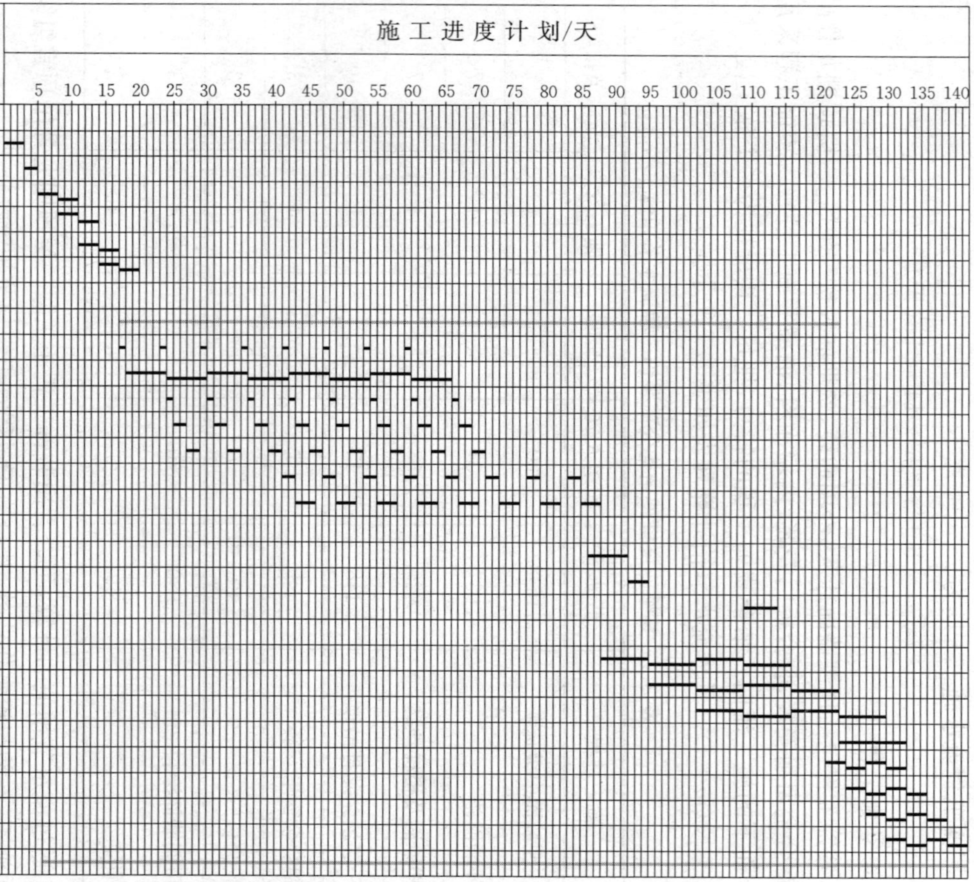

图 3.30　某四层框架结构公寓楼施工进度计划

训　练　题

一、简答题

1. 组织施工的方式有哪几种? 各有什么特点?

2. 流水施工的含义是什么?

3. 组织流水施工的条件是什么?

4. 流水施工的基本方式可以分为哪些? 各有什么特点?

5. 组织无节奏流水施工流水时,如果遇到了间歇时间或搭接时间该如何处理?

二、单项选择题

1. 工程项目最有效的科学组织方法是(　　)。

　　A. 平行施工　　　　B. 顺序施工　　　　C. 流水施工　　　　D. 依次施工

2. 在拟建工程任务十分紧迫、工作面允许以及资源保证供应的条件下,可以组织
(　　)。

　　A. 平行施工　　　　B. 顺序施工　　　　C. 流水施工　　　　D. 依次施工

3. 流水施工是由固定组织的工人,在若干个(　　)的施工区域中依次连续工作
的一种施工组织方法。

　　A. 工作性质相同　B. 工作性质不同　C. 工作时间相同　D. 工作时间不同

4. 在组织流水施工时,用来表达流水施工的时间参数通常包括(　　)。

　　A. 施工过程和施工段　　　　　　　B. 流水节拍和流水步距

　　C. 施工过程和流水强度　　　　　　D. 施工过程和流水步距

5. 在组织流水施工时,用来表达流水施工的时间参数不包括(　　)。

　　A. 施工过程和施工段　　　　　　　B. 流水节拍和流水步距

　　C. 间歇时间和搭接时间　　　　　　D. 流水工期

6. 在绘制流水施工进度计划时,需要用到的主要流水施工参数不包括(　　)。

　　A. 施工过程和施工段　　　　　　　B. 流水节拍和流水步距

　　C. 工作面和流水强度　　　　　　　D. 流水工期

7. 某分部工程由甲、乙、丙三个施工过程组成,采用一班制,分两段施工。每个施
工过程的工程量分别为 8A 平方米、8B 吨、4C 立方米,其产量定额分别为 A 平
方米/工日、B 吨/工日、C 立方米/工日。若每个施工过程的作业人数相等,则
该分部工程宜组织(　　)流水施工。

　　A. 无节奏　　　　B. 全等节拍　　　　C. 成倍节拍　　　　D. 都不是

8. 流水施工中,划分施工过程主要按(　　)划分。

　　A. 制备类　　　　B. 运输类　　　　　C. 建造类　　　　　D. 物资供应类

9. 流水施工的实质是(　　)。

　　A. 批量生产　　　　　　　　　　B. 专业化作业

　　C. 充分利用工作面,尽可能连续作业　D. 搭接作业

10. 某分部工程组织无节奏流水施工,如果甲和乙、乙和丙施工过程之间流水步
　　距分别为 5 d 和 3 d,丙施工过程的作业时间为 12 d,则该分部工程工期为
　　(　　)。

　　A. 8 d　　　　　　B. 12 d　　　　　　C. 15 d　　　　　　D. 20 d

11. 在编制单位工程施工进度计划时,(　　)不需要计算时间参数,只安排其进
　　行穿插作业。

　　A. 基础工程　　　B. 主体工程　　　C. 脚手架工程　　　D. 装饰工程

12. 已知某工程有五个施工过程,分成四段组织全等节拍流水施工,工期为 24
　　天,无技术间歇和组织间歇时间,则各施工过程之间的流水步距为(　　)天。

　　A. 1　　　　　　　B. 2　　　　　　　C. 3　　　　　　　D. 4

13. 某分部工程有甲、乙、丙三个施工过程,若分为四个施工段施工,流水节拍值
　　分别为 $t_甲=6$ d、$t_乙=3$ d、$t_丙=3$ d。若甲施工过程允许采用两班制,则该分部
　　工程流水施工工期为(　　)天。

　　A. 12　　　　　　B. 13　　　　　　C. 14　　　　　　D. 15

14. 某分部工程有 A、B、C 三个施工过程,若分为三个施工段施工,每段流水节拍
　　值分别为 $t_A=2$ d,$t_B=4$ d,$t_C=2$ d,无间歇和搭接时间。若组织流水施工,则
　　流水工期不可能为(　　)天。

　　A. 10　　　　　　B. 12　　　　　　C. 14　　　　　　D. 16

15. 某建筑工程经设计确定的施工过程为 A、B、C,施工段数为 4,每段流水节拍
　　值分别为 4 d、1 d、3 d,若从专业班组施工连续的角度考虑组织施工作业,则
　　流水施工工期为(　　)天。

　　A. 20　　　　　　B. 16　　　　　　C. 23　　　　　　D. 24

16. 某 2 层主体结构组织无间歇全等节拍流水施工,仅知道流水节拍值为 1 天、
　　单层施工工期为 5 天。请问该 2 层主体结构流水施工工期为(　　)天。

　　A. 10　　　　　　B. 9　　　　　　C. 8　　　　　　D. 5

三、计算题

1. 某工程有 A、B、C 三个施工过程,分四个施工段组织施工。如果流水节拍值均
　　为 3 天,试分别组织依次施工、平行施工及流水施工,计算工期并绘出施工进
　　度计划横道图。

2. 某分部工程有 A、B、C 三个施工过程,若分为四个施工段施工,每段流水节拍
　　值均为 2 d。请组织流水施工,计算工期并绘出横道图。

3. 某分部工程有甲、乙、丙三个施工过程,若分为四个施工段施工,每段流水节拍

值分别为 $t_甲 = 4$ d、$t_乙 = 2$ d、$t_丙 = 2$ d。请组织成倍节拍流水施工,计算工期并绘出横道图。

4. 某分部工程有 A、B、C 三个施工过程,若分为三个施工段施工,每段流水节拍值分别为 $t_A = 2$ d、$t_B = 1$ d、$t_C = 1$ d。请组织异节拍流水施工,求出流水步距和工期并绘出横道图。

5. 某建筑工程经设计确定的施工过程为 A、B、C、D,施工段数为 4,每段流水节拍值分别为 4 d、1 d、2 d 和 1 d,试分别绘出连续式和间断式施工方式的施工进度计划表,并进行比较。

6. 时间参数见题表 3.1,若施工过程 B 与 C 之间至少应间歇 2 天,试组织施工并绘制施工进度计划表。

题表 3.1　时间参数表

施工段	施工过程			
	A	B	C	D
①	1	2	4	3
②	3	4	1	4
③	4	3	3	2

学习任务 4　网络计划技术学习

【学习目标】

1. 了解网络计划技术的基本内容、应用原理和特点；

2. 熟悉网络图的绘制规则，能够顺利绘制网络图；

3. 熟悉网络计划时间参数的计算方法，能够正确计算时间参数；

4. 掌握时标网络图的绘制技术，能够识读时标网络图；

5. 掌握网络计划的优化方法；

6. 掌握网络计划技术的应用技巧，能够根据实际工程情况进行网络优化与动态调整，具备施工管理的关键能力。

学习单元 4.1　网络计划技术概述

‖ 工作任务表 ‖

能力目标	主讲内容	学生完成任务
通过学习训练，使学生熟悉网络计划技术的内容，理解网络计划技术的应用程序	网络计划技术的内容和应用程序	根据实例，完成双代号网络计划和单代号网络计划的区分

4.1.1　网络计划的概念

网络计划是指用网络图表达任务构成、工作顺序并加注工作时间参数的施工进度计划。其中，网络计划技术是指用网络计划对任务的工作进度进行安排和控制，以保证实现预定目标的科学的计划管理技术。而网络图是指由箭线和节点组成、用来表达工作流程的有向、有序的网状图形，包括单代号网络图和双代号网络图，见图 4.1。

顾名思义，单代号网络图是指以一个节点及其编号（即一个代号）表示工作的网络图；双代号网络图是指以两个代号表示工作的网络图。工程中最为常见的是双代号时标网络图,见图 4.1(c)。

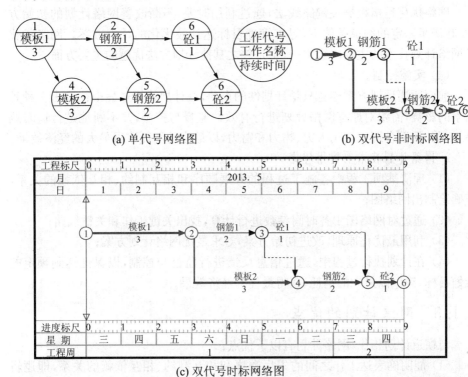

(a) 单代号网络图   (b) 双代号非时标网络图

(c) 双代号时标网络图

图 4.1 单代号、双代号网络图

4.1.2 网络计划技术的基本内容与应用程序

1. 网络计划技术的基本内容

(1) 网络图。

网络图是指网络计划技术的图解模型,是由节点和箭线组成的,用来表示工作流程的有向、有序网状图形。网络图的绘制是网络计划技术的基础工作。

(2) 时间参数。

在实现整个工程任务过程中,需要借助时间参数反映人、事、物的运动状态,包括各项工作的作业时间、开工与完工的时间、工作之间的衔接时间、完成任务的机动时间及工期等。

通过计算网络图中的时间参数,求出工程工期并找出关键路径和关键工作。关键工作完成的快慢直接影响着整个计划的工期,在计划执行过程中关键工作是管理的重点。

（3）网络优化。

网络优化是指根据关键路线法，通过利用时差，不断改善网络计划的初始方案，在满足一定的约束条件下，寻求管理目标达到最优化的计划方案。网络优化是网络计划技术的主要内容之一，也是较之其他计划方法优越的主要方面。

（4）实施控制。

前面所述计划方案毕竟只是计划性的东西，在计划执行过程中往往由于种种因素的影响，需要对原有网络计划进行有效的监督与控制，并不断地进行适时调整、完善，保证合理地使用人力、物力和财力，以最小的消耗取得最大的经济效果。

2. 网络计划技术的应用程序

（1）理清某项工程中各施工过程的开展顺序和相互制约、相互依赖的关系，正确绘制出网络图；

（2）通过对网络图中各时间参数进行计算，找出关键工作和关键线路；

（3）利用最优化原理，改进初始方案，寻求最优网络计划方案；

（4）在计划执行过程中，通过信息反馈进行监督与控制，以保证达到预定的计划目标，确保以最少的消耗，获得最佳的经济效果。

4.1.3　网络计划的优点

与横道计划相比，网络计划有以下优点：

（1）能明确表达工作之间的先后顺序和相互制约、相互依赖的关系，即逻辑关系表达明确。

（2）可通过时间参数计算，找出关键工作和关键线路，掌握关键工作的机动时间，有利于管理人员集中精力抓住施工中的主要矛盾，确保按期竣工，避免盲目抢工。

（3）可通过计算掌握非关键工作的机动时间，对其机动时间做到心中有数，有利于在工作中利用这些机动时间提高管理水平、优化资源、支持关键工作、调整工作进度和降低工程成本。

（4）网络计划能够提供项目管理所需要的许多信息，有利于加强管理。网络计划可以提供工期信息，工作的最早时间、最迟时间、总时差和自由时差等信息；网络计划通过优化可以提供可靠的资源和成本信息；网络计划通过统计工作的辅助，还可以提供管理效果信息。足够的信息量是管理工作得以有效进行的依据和支柱。这一特点使网络计划成为项目管理最典型、最有用的方法，它使项目管理的科学化水平大大提高。

（5）网络计划是应用计算机软件进行全过程管理的理想模型。绘图、计算、优化、检查、调整、统计、分析和总结等管理过程，都可以利用计算机软件完成。所以,在信息化时代,网络计划被发达国家公认为目前最先进的管理工具。

学习单元 4.2　双代号网络计划

工作任务表

能力目标	主讲内容	学生完成任务
通过学习训练,使学生掌握网络计划的绘制方法,能够熟练进行时间参数计算	双代号网络计划的绘制、时间参数计算	根据实例,完成双代号网络计划的绘制以及时间参数计算

4.2.1　双代号网络图的构成

双代号网络图由节点、箭线以及形成的线路构成。

1. 节点

节点用圆圈或其他形状的封闭图形画出,表示工作或任务的开始或结束,起联结作用,不消耗时间与资源。根据节点位置的不同,分为起点节点、终点节点和中间节点。

(1) 起点节点。起点节点是网络图的第一个节点,表示一项任务的开始。

(2) 终点节点。终点节点是网络图的最后一个节点,表示一项任务的完成。

(3) 中间节点。中间节点又包括箭尾节点和箭头节点。箭尾节点和箭头节点是相对于一项工作(不是任务)而言的,若节点位于箭线的箭尾即为箭尾节点;若节点位于箭线的箭头即为箭头节点。箭尾节点表示本工作的开始、紧前工作的完成;箭头节点表示本工作的完成、紧后工作的开始。

2. 箭线

箭线与其两端节点表示一项工作,有实箭线和虚箭线之分。实箭线表示的工作有时间的消耗或同时有资源的消耗,被称为实工作(见图 4.2);虚箭线表示的是虚工作(见图 4.3),它没有时间和资源的消耗,仅用以表达逻辑关系。

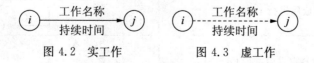

图 4.2　实工作　　　　　　图 4.3　虚工作

网络图中的工作可大可小,可以是单位工程也可以是分部(分项)工程。网络图中,工作之间的逻辑关系分为工艺逻辑关系和组织逻辑关系两种,具体表现为:紧前、紧后关系,先行、后续关系以及平行关系(如图4.4所示)。

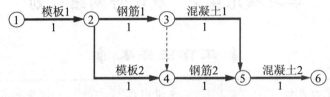

图 4.4 某砼工程双代号网络图

相对于某一项工作(称其为本工作)来讲,紧挨在其前边的工作称为紧前工作(如钢筋1是混凝土1的紧前工作,同时钢筋1也是钢筋2的紧前工作);紧挨在其后边的工作称为紧后工作(如混凝土1是钢筋1的紧后工作,同时,钢筋2也是钢筋1的紧后工作);与本工作同时进行的工作称为平行工作(如钢筋1和模板2互为平行工作);从网络图起点节点开始到达本工作之前为止的所有工作,称为本工作的先行工作;从紧后工作到达网络图终点节点的所有工作,称为本工作的后续工作。

3. 线路

网络图中,由起点节点出发沿箭头方向顺序通过一系列箭线与节点,到达终点节点的通路称为线路。其中,线路上总的工作持续时间最长的线路称为关键线路,关键线路上的工作称为关键工作,用粗箭线、红色箭线或双箭线画出。关键线路上的各工作持续时间之和,代表整个网络计划的工期。

4.2.2 双代号网络图的绘制(非时标网络计划)

1. 要正确表达逻辑关系

各工作之间逻辑关系的表示方法见表4.1。

表 4.1 各工作之间逻辑关系的表示方法

序号	各工作之间的逻辑关系	双代号表示方法
1	A、B、C 依次进行	○ —A→ ○ —B→ ○ —C→ ○
2	A 完成后进行 B 和 C	○ —A→ ○ —B→ ○ / —C→ ○
3	A 和 B 完成后进行 C	○ —A→ ○ —C→ ○ / ○ —B→

续表

序号	各工作之间的逻辑关系	双代号表示方法
4	A 完成后同时进行 B、C,B 和 C 完成后进行 D	
5	A、B 完成后进行 C 和 D	
6	A 完成后,进行 C;A、B 完成后进行 D	
7	A、B 活动分 3 段进行流水施工	

2. 遵守网络图的绘制规则

(1) 在同一网络图中,工作或节点的字母代号或数字编号,不允许重复(见图 4.5)。

(2) 在同一网络图中,只允许有一个起点节点和一个终点节点(见图 4.6)。

(3) 在网络图中,不允许出现循环回路(见图 4.7)。

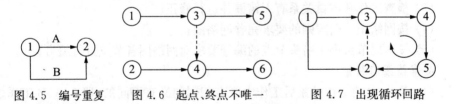

图 4.5 编号重复　　图 4.6 起点、终点不唯一　　图 4.7 出现循环回路

(4) 网络图的主方向是从起点节点到终点节点的方向,绘制时应尽量做到横平竖直。

(5) 严禁出现无箭头和双向箭头的连线(见图 4.8)。

(6) 代表工作的箭线,其首尾必须有节点(见图 4.9)。

(7) 绘制网络图时,应尽量避免箭线交叉。如有箭线交叉可采用过桥法处理(见图 4.10)。

(8) 当某一节点与多个(≥4 个)内向或外向箭线相连

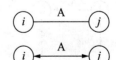

图 4.8 无箭头和双向箭头

时应采用母线法绘制(见图 4.11)。

另外,网络图中不应出现不必要的虚箭线(见图 4.12)。

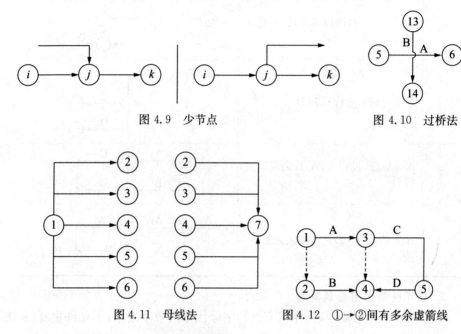

图 4.9　少节点　　　　　　　　　图 4.10　过桥法

图 4.11　母线法　　　　　　图 4.12　①→②间有多余虚箭线

3. 双代号网络图绘制方法与步骤

(1) 按网络图的类型,合理确定排列方式与布局;

(2) 从起始工作开始,自左至右依次绘制,直到全部工作绘制完毕为止;

(3) 检查工作和逻辑关系有无错漏并进行修正;

(4) 按网络图绘图规则的要求完善网络图;

(5) 按箭尾节点小于箭头节点的编号要求对网络图各节点进行编号。

4. 虚箭线的判定

(1) 若 A、B 两工作的紧后工作中既有相同的又有不同的,那么 A、B 工作之间须用虚箭线连接。且虚箭线的个数为:① 当只有一方有区别于对方的紧后工作时,用 1 个虚箭线(见图 4.13);② 当双方均有区别于对方的紧后工作时,用 2 个虚箭线(见图 4.13)。

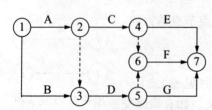

图 4.13　例 4.1 网络图绘制结果

(2) 若有 n 个工作同时开始、同时结束(即为并行工作),那么这 n 个工作之间

须用 $n-1$ 个虚箭线连接(见图 4.14 和图 4.15)。

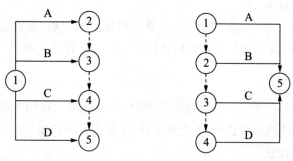

图 4.14　例 4.2 双代号网络图之一　　图 4.15　例 4.2 双代号网络图之二

5. 双代号网络图绘制示例

例 4.1　工作关系明细表如表 4.2 所示,试绘制双代号网络图。

表 4.2　例 4.1 工作关系明细表

本工作	A	B	C	D	E	F	G
紧前工作	—	—	A	A、B	C	C、D	D
紧后工作	C、D	D	E、F	F、G			

解　由虚箭线的判定(1)可以判断工作 A、B 间有 1 个虚箭线,工作 C、D 间有 2 个虚箭线,于是可画出网络图如图 4.13 所示。

例 4.2　工作关系明细表如表 4.3 所示,试绘制双代号网络图。

表 4.3　例 4.2 工作关系明细表

本工作	A	B	C	D
紧前工作	—	—	—	—
紧后工作	—	—	—	—

解　由虚箭线的判定(2)可以画出网络图如图 4.14 或图 4.15 所示。

4.2.3　双代号网络图的时间参数计算

4.2.3.1　基本时间参数

1. 工作持续时间

工作持续时间(duration)是指一项工作从开始到完成的时间,用 D_{i-j} 表示。工作持续时间 D_{i-j} 的计算,可采用公式计算法、三时估计法、倒排计划法等方法计算。

(1) 公式计算法。

公式计算法为单一时间计算法,主要是根据劳动定额、预算定额、施工方法、投入的劳动力、机具和资源量等资料进行确定的。计算公式如下:

$$D_{i-j} = \frac{Q}{S \cdot R \cdot n}$$

式中:D_{i-j} 为完成 $i-j$ 工作需要的持续时间;Q 为该项工作的工程量;R 为投入 $i-j$ 工作的人数或机械台数;S 为产量定额(机械为台班产量);n 为工作班制。

(2) 三时估计法。

由于网络计划中各项工作的可变因素多,若不具备一定的时间消耗统计资料,则不能确定出一个肯定的单一时间值。此时需要根据概率计算方法,首先估计出三个时间值,即最短、最长和最可能持续时间,再加权平均算出一个期望值作为工作的持续时间。这种计算方法叫做"三时估计法",其计算公式如下:

$$m = \frac{a + 4c + b}{6}$$

式中:m 为工作的平均持续时间;a 为最短估计时间(亦称乐观估计时间);b 为最长估计时间(亦称悲观估计时间);c 为最可能估计时间(完成某项工作最可能的持续时间)。

2. 工期

(1) 计算工期(calculated project duration)是指通过计算求得的网络计划的工期,用 T_c 表示。

(2) 要求工期(required project duration)是指任务委托人所提出的指令性工期,用 T_r 表示。

(3) 计划工期(planned project duration)是指根据要求工期和计算工期所确定的作为实施目标的工期,用 T_p 表示。

通常,$T_p \leqslant T_r$ 或 $T_p = T_c$。

4.2.3.2 工作的时间参数

(1) 工作的最早开始时间(earliest start time)是指各紧前工作全部完成后,本工作有可能开始的最早时刻,用 ES_{i-j} 表示。

(2) 工作的最早完成时间(earliest finish time)是指各紧前工作全部完成后,本工作有可能完成的最早时刻,用 EF_{i-j} 表示。

(3) 工作的最迟开始时间(latest start time)是指在不影响整个任务按期完成的前提下,工作必须开始的最迟时刻,用 LS_{i-j} 表示。

（4）工作的最迟完成时间（latest finish time）是指在不影响整个任务按期完成的前提下，工作必须完成的最迟时刻，用 LF_{i-j} 表示。

（5）工作的自由时差（free float）是指在不影响其紧后工作最早开始时间的前提下，本工作可以利用的机动时间，用 FF_{i-j} 表示。

（6）工作的总时差（total float）是指在不影响总工期的前提下，本工作可以利用的机动时间，用 TF_{i-j} 表示。

注意：以上所说工作均指的是实工作，虚工作本身不是工作不做时间参数计算，《工程网络计划技术规程》（JGJ/T 121）中的说法有误。

4.2.3.3　节点的时间参数

（1）节点的最早时间（earliest event time）是指双代号网络计划中，以该节点为开始节点的各项工作的最早开始时间，用 ET_i 表示。

（2）节点的最迟时间（latest event time）是指双代号网络计划中，以该节点为完成节点的各项工作的最迟完成时间，用 LT_i 表示。

4.2.3.4　非时标网络计划时间参数计算

1. 按工作计算法

按工作计算法是指以网络计划中的工作为对象计算工作的六个时间参数。下面以图 4.16 为例介绍一下按工作计算法计算时间参数的过程，并将计算结果标示于图 4.17 中。

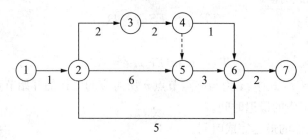

图 4.16　双代号网络计划

（1）计算工作的最早时间。

工作的最早时间即最早开始时间和最早完成时间。计算时应从网络计划的起点节点开始，顺箭线方向逐个进行计算。具体计算步骤为：

① 最早开始时间。

a. 以起点节点为开始节点的工作，其最早开始时间若未规定则为零。

b. 其他工作的最早开始时间：

若其紧前工作只有 1 个时

$$ES_{i-j} = EF_{h-i} = ES_{h-i} + D_{h-i}$$

若其紧前工作有 2 个或以上时

$$ES_{i-j} = \max\{EF_{紧前}\} = \max\{ES_{紧前} + D_{紧前}\}$$

式中：EF_{h-i}、$EF_{紧前}$ 为工作 $i-j$ 的紧前工作的最早完成时间；ES_{h-i}、$ES_{紧前}$ 为工作 $i-j$ 的紧前工作的最早开始时间；$D_{紧前}$ 为工作 $i-j$ 的紧前工作对应的持续时间。

以上求解工作最早开始时间的过程可以概括为"顺线累加,逢内取大"。

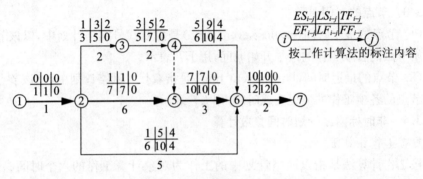

图 4.17　双代号网络计划计算结果

② 最早完成时间。

$$EF_{i-j} = ES_{i-j} + D_{i-j}$$

应指出

$$T_c = \max\{EF_{x-n}\} = 12。$$

通常 $T_p = T_c$ 式中：x 为与终点节点 n 所对应的工作的开始节点。

(2) 计算工作的最迟时间。

① 计算工作的最迟完成时间。

a. 以终点节点为结束节点的工作的最迟完成时间：

$$LF_{x-n} = T_p$$

b. 其他工作的最迟完成时间：

若只有 1 个紧后工作时

$$LF_{i-j} = LF_{紧后} - D_{紧后} = LS_{紧后}$$

若有 2 个或以上紧后工作时

$$LF_{i-j} = \min\{LF_{紧后} - D_{紧后}\} = \min\{LS_{紧后}\}$$

式中：x 为以终点节点为结束节点的对应工作的开始节点。

以上求解工作最迟完成时间的过程可以概括为"逆线递减,逢外取小"。其意思为逆着箭线方向将依次经过的工作的持续时间逐步递减,若是遇到外向节点(即有 2 个或以上箭线流出的节点,如图 4.16 中的节点②和节点④),则应取经过各外向箭线的所有线路上工作的持续时间的最小值,作为本工作的最迟完成时间。

可以看出:求解工作的最迟完成时间与求解工作的最早开始时间的过程是相反的。

② 计算工作的最迟开始时间。

$$LS_{i-j} = LF_{i-j} - D_{i-j}$$

(3) 计算工作的自由时差。

① 对于有紧后工作(紧后工作不含虚工作)的工作,其自由时差为

$$FF_{i-j} = ES_{\text{紧后}} - EF_{i-j} = ES_{\text{紧后}} - ES_{i-j} - D_{i-j} = LAG_{i-j, \text{紧后}}$$

若该工作有 2 个或以上紧后工作时,则应为

$$FF_{i-j} = \min\{LAG_{i-j, \text{紧后}}\}$$

式中:$LAG_{i-j, \text{紧后}}$ 为工作 $i-j$ 与其紧后工作之间的时间间隔,紧前、紧后两个工作之间的时间间隔等于紧后工作的最早开始时间减去本工作的最早完成时间,即 $LAG_{i-j, \text{紧后}} = ES_{\text{紧后}} - EF_{i-j}$。

② 对于无紧后工作的工作,即以终点节点为结束节点的工作,其自由时差为

$$FF_{x-n} = T_p - EF_{x-n} = T_p - ES_{x-n} - D_{x-n}$$

说明:以终点节点为结束节点的工作的自由时差含义同其总时差,即 $FF_{x-n} = TF_{x-n}$。

(4) 计算工作的总时差。

$$TF_{i-j} = LF_{i-j} - EF_{i-j} = LS_{i-j} - ES_{i-j}$$

(5) 确定关键工作和关键线路。

总时差为 0 的工作为关键工作如工作①→②、②→⑤、⑤→⑥、⑥→⑦。由关键工作形成的线路即为关键线路,见图 4.17。线路①→②→⑤→⑥→⑦为关键线路。

2. 按节点计算法

(1) 计算节点的最早时间和最迟时间。

① 节点最早时间。节点最早时间是指该节点具有代表性的最早时刻。

a. 起点节点最早时间 $ET_1 = 0$;

b. 其他节点最早时间 $ET_j = ET_i + D_{i-j}$。若该节点是内向节点,则

$$ET_j = \max\{ET_i + D_{i-j}\}$$

式中:ET_j 为工作 $i-j$ 的完成节点 j 的最早时间;ET_i 为工作 $i-j$ 的开始节

点 i 的最早时间；D_{i-j} 为工作 $i-j$ 的持续时间(若为虚工作，则持续时间为 0)。

可见，计算节点的最早时间可按照前面的方法——"顺线累加，逢内取大"进行计算。需要强调的是终点节点的最早时间应等于计划工期，即 $ET_n = T_p$。

② 节点最迟时间。节点最迟时间是指该节点具有代表性的最迟时刻。若迟于这个时刻，紧后工作就要推迟开始或直接影响工期，最终整个网络计划的工期就要延迟。

a. 终点节点的最迟时间。由于终点节点代表整个网络计划的结束，因此要保证计划总工期，终点节点的最迟时间应等于此工期，即 $LT_n = T_p$。

b. 其他节点的最迟时间 $LT_i = LT_j - D_{i-j}$。若该节点是外向节点，则

$$LT_i = \min\{LT_x - D_{i-j}\}$$

式中：LT_i 为工作 $i-j$ 的开始节点 i 的最迟时间；LT_j 为工作 $i-j$ 的完成节点 j 的最迟时间；D_{i-j} 为工作 $i-j$ 的持续时间(若为虚工作，则持续时间为 0)；x 为与 i 节点所对应(虚)工作的箭头节点。

计算节点的最迟时间可按照前面的方法——"逆线递减，逢外取小"进行。节点时间参数计算结果如图 4.18 所示。

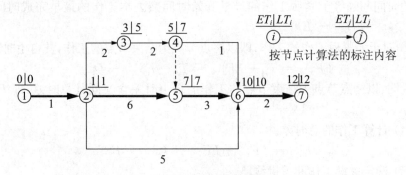

图 4.18　节点时间参数计算

(2) 采用节点的时间参数计算工作的时间参数。

① 利用节点计算工作的最早开始时间和最早完成时间

$$ES_{i-j} = ET_i$$
$$EF_{i-j} = ES_{i-j} + D_{i-j} = ET_i + D_{i-j}$$

② 利用节点计算工作的最迟完成时间和最迟开始时间

$$LF_{i-j} = LT_j$$
$$LS_{i-j} = LF_{i-j} - D_{i-j} = LT_j - D_{i-j}$$

③ 利用节点计算工作的自由时差

$$FF_{i-j} = \min\{LAG_{i-j,\text{紧后}}\} = \min\{ES_{\text{紧后}} - ES_{i-j} - D_{i-j}\}$$

$$= \min\{ES_{紧后}\} - ES_{i-j} - D_{i-j} = ET_j - ET_i - D_{i-j}$$

说明：当 $i-j$ 无紧后工作即 j 为终点节点时，上式仍然成立，此处证明从略。

④ 利用节点计算工作的总时差

$$TF_{i-j} = LF_{i-j} - EF_{i-j} = LT_j - (ES_{i-j} + D_{i-j}) = LT_j - ET_i - D_{i-j}$$

3. 图上计算法

利用节点时间和工作时间以及工作时差之间的位置关系直接从图上计算，如图 4.19 所示。

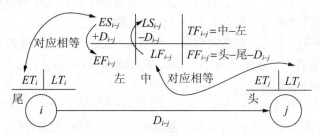

图 4.19 "图上计算法"直接计算工作时间参数

学习单元 4.3 单代号网络计划

▌ 工作任务表 ▌

能力目标	主讲内容	学生完成任务
通过学习训练,使学生了解单代号网络计划的含义,掌握时间参数计算技术	单代号网络计划的含义和时间参数计算方法	根据实例,完成单代号网络计划的时间参数计算

4.3.1 单代号网络图的构成

单代号网络图又称工作节点网络图，是网络计划的另一种表示方法。同双代号网络图一样，单代号网络图也是由节点、箭线以及线路构成。

1. 节点

单代号网络图中的每一个节点表示一项工作，节点宜用圆圈或矩形等封闭图形表示。节点所表示的工作名称、持续时间和工作代号等应标注在节点内，如图 4.20 所示。

图 4.20　单代号网络图中节点表示法

单代号网络图中一般的工作节点,有时间或资源的消耗。但是,当网络图中出现多项没有紧前工作的工作节点或多项没有紧后工作的工作节点时,应在网络图的两端分别设置虚拟的起点节点(S_t)或虚拟的终点节点(F_{in})。

单代号网络图中的节点必须编号。编号标注在节点内,其号码可间断,但严禁重复,箭线的箭尾节点编号应小于箭头节点的编号,一项工作必须有唯一的一个节点及相应的一个编号。

2. 箭线

单代号网络图中箭线仅用于表达逻辑关系,且绘制时无虚箭线。

由于单代号网络图绘制时没有虚箭线,所以单代号网络图绘制比较简单。

3. 线路

和双代号网络图一样,单代号网络图自起点节点向终点节点形成若干条通路。同样,持续时间最长的线路是关键线路。

4.3.2　单代号网络图的绘制

1. 绘制规则

单代号网络图的绘图规则与双代号网络图的绘图规则基本相同,但也有不同,主要区别如下:

(1) 起点节点和终点节点。

当网络图中有多项开始工作时,应增设一项虚拟工作(S_t),作为该网络图的起点节点,当网络图中有多项结束工作时,应增设一项虚拟工作(F_{in}),作为该网络图的终点节点。

(2) 无虚工作。

单代号网络图中,紧前工作和紧后工作直接用箭线表示,其逻辑关系不需要引入虚工作来表达。

2. 绘图方法

(1) 正确表达逻辑关系,常见的逻辑关系表示方法如表 4.4 所示;

(2) 箭线不宜交叉,否则采用过桥法;

(3) 其他同双代号网络图绘图方法。

表 4.4　单代号网络图常见的逻辑关系表示方法

序号	工作间的逻辑关系	单代号网络图
1	A 完成后进行 B， B 完成后进行 C	Ⓐ → Ⓑ → Ⓒ
2	A 完成后进行 B 和 C	Ⓐ → Ⓑ ↓ Ⓒ
3	A 和 B 完成后进行 C	Ⓐ → Ⓒ Ⓑ ↗
4	A、B 完成后进行 C 和 D	Ⓐ → Ⓒ Ⓑ → Ⓓ
5	A 完成后进行 C； A、B 完成后进行 D	Ⓐ → Ⓒ Ⓑ → Ⓓ
6	A、B 完成后进行 D； A、B、C 完成后进行 E； D、E 完成后进行 F	Ⓐ → Ⓓ → Ⓕ Ⓑ → Ⓔ Ⓒ
7	A、B 活动分成三段组织流水作业	Ⓐ₁ → Ⓐ₂ → Ⓐ₃ Ⓑ₁ → Ⓑ₂ → Ⓑ₃

例 4.3　根据表 4.5 提供的工作及逻辑关系，试绘制单代号网络图。

表 4.5　例 4.3 工作及逻辑关系表

工　作	A	B	C	D	E	F	G
紧后工作	B、C、D	E	G	—		—	—

绘制结果见图 4.21。

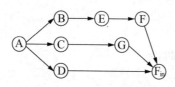

图 4.21　单代号网络图

4.3.3　单代号网络计划时间参数计算

单代号网络计划时间参数的计算方法基本上与双代号网络计划时间参数的计算方法相同。

1. 工作最早开始时间与最终完成时间的计算

工作最早开始时间和最早完成实际的计算应从网路计划的起点节点开始,顺箭线的方向按节点的编号从小到大的顺序依次进行。其步骤如下:

(1) 起点节点的最早开始时间 ES_i 未规定时取值为零,即

$$ES_i = 0$$

(2) 其他工作的最早开始时间 ES_j 为

$$ES_j = \max\{EF_i\} = \max\{ES_i + D_i\}$$

式中:ES_j 为工作 j 的最早开始时间;EF_i 为工作 j 的紧前工作 i 的最早完成时间;ES_i 为工作 j 的紧前工作 i 的最早开始时间;D_i 为工作 i 的持续时间。

(3) 工作的最早完成时间等于本工作的最早开始时间与其持续时间之和,即

$$EF_i = ES_i + D_i$$

2. 网络计划计算工期 T_c 的计算

网络计划的计算工期等于其终点节点所代表工作的最早完成时间,即

$$T_c = EF_n$$

式中:EF_n 为终点节点 n 的最早完成时间。

3. 相邻两工作 i 和 j 之间的时间间隔计算

相邻两工作之间的时间间隔是指其紧后工作的最早开始时间与本工作最早完成时间的差值,即

$$LAG_{i,j} = ES_j - EF_i$$

式中:$LAG_{i,j}$ 为工作 i 与工作 j 之间的时间间隔;ES_j 为工作 i 的紧后工作 j 的最早开始时间;EF_i 为工作 i 的最早完成时间。

4. 确定网络计划的计划工期

(1) 当已规定了要求工期时

$$T_p \leqslant T_r$$

(2) 当未规定要求工期时

$$T_p = T_c$$

5. 工作总时差的计算

工作总时差的计算应从网络计划的终点节点开始,逆箭线的方向按节点编号从小到大的顺序依次进行。当完成部分工作分期完成时,有关工作的总时差必须从分期完成的节点开始逆箭线方向逐项计算。

（1）网络计划终点节点 n 所代表工作的总时差应等于计划工期与计算工期之差，即

$$TF_n = T_p - T_c$$

当计划工期等于计算工期时，该工作的总时差为零。

（2）其他工作的总时差 TF_i 应等于本工作与其各紧后工作之间的时间间隔加上该紧后工作的总时差所得之和的最小值，即

$$TF_i = \min\{LAG_{i,j} + TF_j\}$$

式中：TF_j 为工作 i 紧后工作 j 的总时差。

当已知各项工作的最迟完成时间 LF_i 或最迟开始时间 LS_i 时，工作的总时差 TF_i 计算也可按下式进行

$$TF_i = LS_i - ES_i$$

或

$$TF_i = LF_i - EF_i$$

6. 工作自由时差的计算

（1）网络计划终点节点 n 所代表工作的自由时差等于计划工期与本工作的最早完成时间之差，即

$$FF_n = T_p - EF_n$$

式中：FF_n 为终点节点 n 所代表的工作的自由时差；T_p 为网络计划的计划工期；EF_n 为终点节点 n 所代表工作的最早完成时间（即计算工期）。

（2）其他工作的自由时差等于本工作与其紧后工作之间时间间隔的最小值，即

$$FF_i = \min\{LAG_{i,j}\}$$

7. 工作最迟完成时间和最迟开始时间的计算

工作最迟完成时间和最迟开始时间的计算应从网络计划的终点节点开始，逆箭线的方向按节点编号从小到大的顺序依次进行。当部分工作分期完成时，有关工作的最迟完成时间可从分期完成的节点开始逆箭线方向逐项计算。

（1）网络计划终点节点 n 所代表的工作的最迟完成时间等于该网络计划的计划工期，即

$$LF_n = T_p$$

分期完成工作的最迟完成时间应等于分期完成的时刻。

（2）其他工作的最迟完成时间等于该工作的各紧后工作最迟开始时间的最

小值,即

$$LF_i = \min\{LS_j\} = \min\{LF_j - D_j\}$$

式中:LS_j 为工作 i 的紧后工作 j 的最迟开始时间;LF_j 为工作 i 的紧后工作 j 的最迟完成时间;D_i 为工作 i 的紧后工作 j 的持续时间。

(3) 工作的最迟开始时间等本工作的最迟完成时间与其持续时间之差,即

$$LS_i = LF_i - D_i$$

工作最迟完成时间或最迟开始时间也可以利用工作最早完成时间或最早开始时间加上对应总时差计算,即 $LF_i = EF_i + TF_i, LS_i = ES_i + TF_i$。

8. 关键工作和关键线路的确定

(1) 关键工作的确定。

网络计划中机动时间最少的工作称为关键工作。因此,网络计划中工作总时差最小的工作也就是关键工作。当计划工期等于计算工期时,总时差为零的工作就是关键工作;当计划工期小于计算工期时,关键工作的总时差为负值,说明应研究更多措施以缩短计算工期;当计划工期大于计算工期时,关键工作的总时差为正值,说明计划已留有余地,进度控制变主动了。

(2) 关键线路的确定。

单代号网络计划中将相邻两项关键工作之间的间隔时间为零的工作连接起来,形成的自起点节点到终点节点的通路就是关键线路。

① 利用关键工作确定关键线路。如前所述,总时差最小的工作为关键工作。将这些关键工作相连,并保证两项关键工作之间的时间间隔为零而构成的线路就是关键线路。② 利用相邻两项工作之间的时间间隔确定关键线路。从网络计划的终点节点开始,按箭线的方向依次找出相邻两项工作之间时间间隔为零的线路就是关键线路。

4.3.4　单代号搭接网络计划

1. 基本概念

在上述单代号网络图中,工作之间的关系都是前面工作完成后,后面工作才能开始,这也是一般网络计划的正常连接关系。而在实际施工中,为充分利用工作面,前一工序完成一个施工段后,后一工序就可与前一工序搭接施工,称为搭接关系(如图 4.22 的横道图所示)。

要表示这一搭接关系,一般单代号网络图如图 4.23 所示。如果施工段和施工过程较多时,这样绘制出的网络图的节点、箭线会更多,计算也较为麻烦。为了简单直接地表示这种搭接关系,使编制网络计划得以简化,以节点表示工作、时距箭线表达工作间的逻辑关系,形成单代号搭接网络计划(如图 4.24 所示)。

2. 搭接关系

在单代号搭接网络图中,绘制方法、绘制规则同一般单代号网络图相同,不同的是工作间的搭接关系用时距关系表达。时距就是前后工作的开始或结束之间的时间间隔,可表达出五种搭接关系。

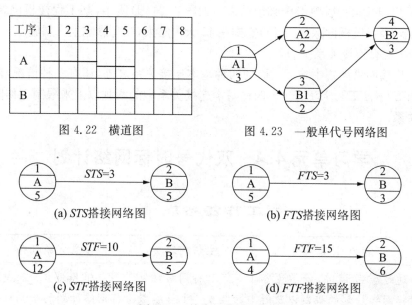

图 4.22   横道图   图 4.23   一般单代号网络图

(a) STS搭接网络图   (b) FTS搭接网络图

(c) STF搭接网络图   (d) FTF搭接网络图

图 4.24   单代号搭接网络图

(1) 开始到开始的关系($STS_{i,j}$)。

前面工作的开始到后面工作开始之间的时间间隔,表示前项工作开始后,要经过 STS 时距后,后项工作才能开始。如图 4.24(a)所示,某基坑挖土(A 工作)开始 3 天后,完成了一个施工段,垫层(B 工作)才可开始。

(2) 结束到开始的关系($FTS_{i,j}$)。

前面工作的结束到后面工作开始之间的时间间隔,表示前项工作结束后,要经过 FTS 时距后,后项工作才能开始。如图 4.24(b)所示,某工程窗油漆(A 工作)结束 3 天后,油漆干燥了,再安装玻璃(B 工作)。

当 FTS 时距等于零时,即紧前工作的完成到本工作的开始之间的时间间隔为零,这就是一般单代号网络图的正常连接关系,所以,我们可以将一般单代号网络图看成是单代号搭接网络图的一个特殊情况。

(3) 开始到结束的关系($STF_{i,j}$)。

前面工作的开始到后面工作的结束之间的时间间隔,表示前项工作开始后,经过 STF 时距后,后项工作必须结束。如图 4.24(c)所示,某工程梁模板(A 工作)开始后,钢筋加工(B工作)何时开始与模板没有直接关系,只要保证在 10 天内完成即可。

(4) 结束到结束的关系($FTF_{i,j}$)。

前面工作的结束到后面工作的结束之间的时间间隔,表示前项工作结束后,经过 FTF 时距后,后项工作必须结束。如图 4.24(d)所示,某工程楼板浇筑(A工作)结束后,模板拆除(B工作)安排在 15 天内结束,以免影响上一层施工。

(5) 混合连接关系。

在搭接网络计划中除了上面的四种基本连接关系之外,还有一种情况,就是同时由 STS、FTS、STF、FTF 四种基本连接关系中的两种以上来限制工作间的逻辑关系。

学习单元 4.4　双代号时标网络计划

工作任务表

能力目标	主讲内容	学生完成任务
通过学习训练,使学生掌握时标网络计划的编制以及时间参数计算	时标网络计划的绘制、时间参数计算	根据实例,完成时标网络计划的绘制及时间参数计算

4.4.1　双代号时标网络计划的绘制

1. 双代号时标网络计划的概念

双代号时标网络计划是吸取了横道计划的优点,以时间坐标(工程标尺)为尺度绘制的网络计划。在时标网络图中,用工作箭线的水平投影长度表示其持续时间的多少,从而使网络计划具备直观、明了的特点,更加便于使用。

2. 时标网络计划的绘制

常见时标网络图为早时标网络计划,宜采用标号法绘制。采用标号法可以迅速确定节点的标号值(即坐标或位置),同时还可以迅速地确定关键线路和计算工期,确保能够快速、正确地完成时标网络图的绘制。

节点标号的格式为(源节点,标号值)。下面仍以图 4.16 所示网络图为例说明标号法的操作步骤(结果见图 4.25),具体过程如下:

(1) 起点节点的标号值。起点节点的标号值为零。本例中节点①的标号值为零,即 $b_1=0$。

(2) 其他节点的标号值根据下式按照节点编号由小到大的顺序逐个计算:

$$b_j = \max\{b_i + D_{i-j}\} \quad \text{(顺线累加,逢内取大)}$$

式中:b_j 为工作 $i-j$ 的完成节点的标号值;b_i 为工作 $i-j$ 的开始节点的标号值;D_{i-j} 为工作 $i-j$ 的持续时间。

求解其他节点标号值的过程,可用"顺线累加,逢内取大"八个字来概括,即顺着箭线方向将流向待求节点的各个工作的持续时间累加在一起,若是该节点为内向节点(有 2 个或以上箭线流入的节点称为内向节点,如节点⑤和节点⑥),则应取各线路工作持续时间累加结果的最大值。

本例中,各节点的标号值为

$$b_2 = b_1 + D_{1-2} = 0 + 1 = 1$$
$$b_3 = b_2 + D_{2-3} = 1 + 2 = 3$$
$$b_4 = b_3 + D_{3-4} = 3 + 2 = 5$$
$$b_5 = \max\{b_2 + D_{2-5}, b_4 + D_{4-5}\} = \max\{1+6, 5+0\} = 7$$
$$b_6 = \max\{b_2 + D_{2-6}, b_4 + D_{4-6}, b_5 + D_{5-6}\} = 10$$
$$b_7 = b_6 + D_{6-7} = 10 + 2 = 12$$

(3) 终点节点的标号值。终点节点的标号值即为网络计划的计算工期。本例中终点节点⑥的标号值 12 即为该网络计划的计算工期。

(4) 确定网络计划的关键线路。通过标号计算,逆着箭线根据源节点,还可以确定网络计划的关键线路。如本例中,可以找出关键线路:①→②→⑤→⑥→⑦,标示于图 4.25。

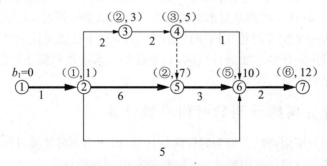

图 4.25 某双代号网络图的标号值

(5) 绘制时标网络图。通过采用标号法计算出各节点的标号值之后,根据标号值将各节点定位在时间坐标上,然后根据关键线路画出关键工作。非关键工作在连接时应根据其工作持续时间连接开始与结束节点,除去工作持续时间之后,时间刻度如有剩余,则画波形线。绘图结果见图4.26。

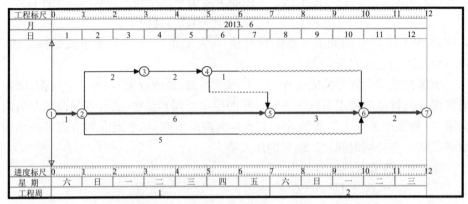

图 4.26　某双代号网络图之早时标网络图

3. 网络计划的绘制技巧

（1）双代号搭接网络计划。

在编制网络计划的过程中,常常会遇到搭接施工,此时可能很多人会认为应采用单代号网络计划来表达,但是若是要编制时标网络计划,用单代号网络计划又不可以,这时便会无从入手。下面介绍一些用双代号网络计划表达的搭接关系,如表 4.6 所示。

（2）分层分段流水施工网络计划。

在多层建筑的主体结构施工中,手工绘制流水施工网络计划几乎不可能,倘若是高层或超高层建筑,则更不可能。此时,通常需要借助专业软件进行绘制。图 4.27 是采用软件绘制的某流水施工网络计划。限于纸张大小这里所画流水施工网络计划为一 2 层 3 段施工网络计划,实际上,对于任意层任意段流水施工网络计划都可以用同样的方法进行绘制,只不过是流水段数和流水层数不同而已,建议读者自己尝试进行绘制。

4.4.2　时标网络计划的时间参数计算

实际工程上所用网络计划为时标网络计划,因此切不可忽视时标网络计划的时间参数计算。这里仍然以图 4.16 为例,进行时间参数计算。

1. 工作最早开始时间和最早完成时间

图 4.21 所示时标网络图为早时标网络图,早时标网络图即是以工作的最早时间进行绘制的。因此,工作箭线左端节点中心所对应的时标值（工程标尺）即为该工作的最早开始时间。工作箭线实线部分右端点所对应的时标值即为该工作

表 4.6　双代号网络计划表达的搭接关系

	横道图	双代号网络图

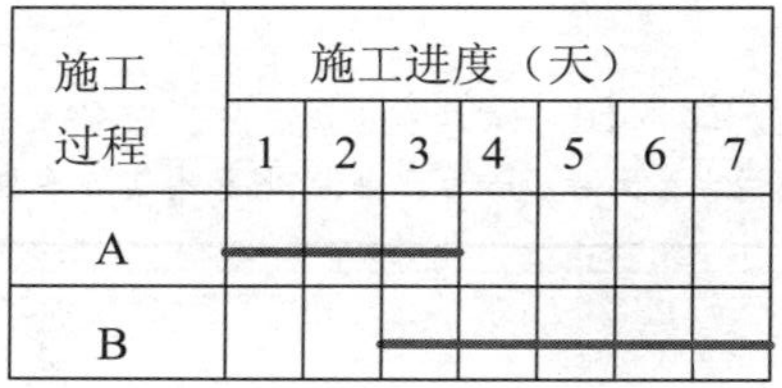

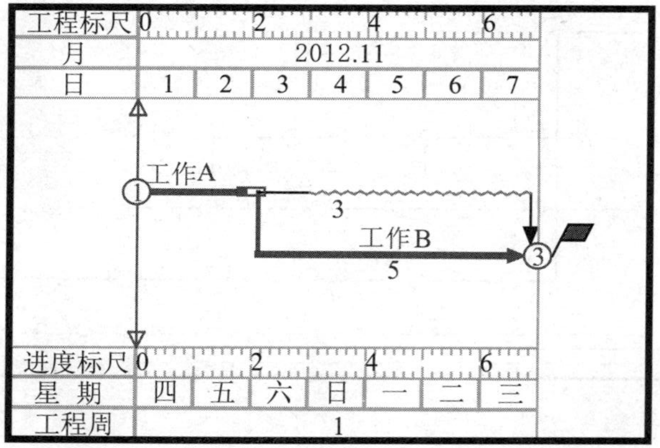

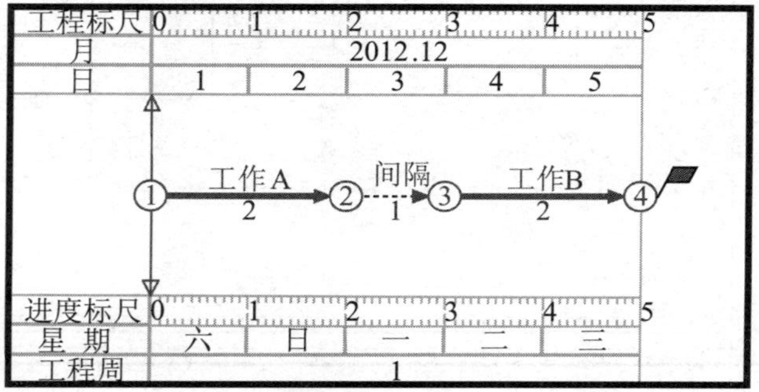

横道图（左一）

施工过程	施工进度（天）						
	1	2	3	4	5	6	7
A							
B							

双代号网络图（左二）

①—工作A 2—②—工作B 5—③
2012.11
工程标尺 0　1　2　3　4　5　6　7
进度标尺 0
星期　四　五　六　日　一　二　三
工程周

横道图（右一）

施工过程	施工进度计划/天				
	1	2	3	4	5
A					
B					

双代号网络图（右二）

①—工作A 2—②—间隔 1---③—工作B 2—④
2012.12
工程标尺 0　1　2　3　4　5
进度标尺 0
星期　六　日　一　二　三
工程周

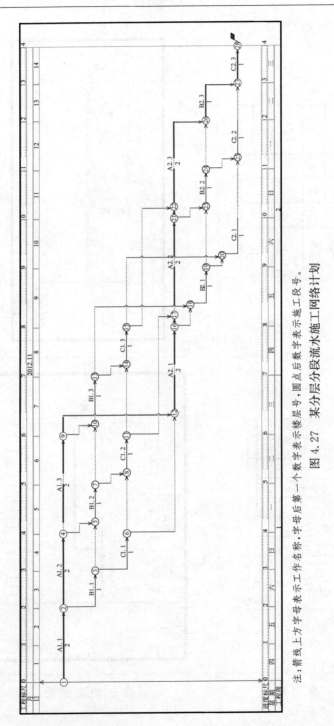

注：箭线上方字母表示工作名称，字母后第一个数字表示楼层号，圆点后后数字表示施工段号。

图 4.27　某分层分段流水施工网络计划

的最早完成时间。各工作(不包括虚工作)的最早开始时间和最早完成时间如表4.4所示。

2. 工作自由时差的确定

工作的自由时差可由计算确定,但是,对于早时标网络图工作的自由时差,也可以不进行计算,由图即可确定。工作的自由时差应为该工作箭线中波形线的水平投影长度。各工作的自由时差如表4.7所示。

表 4.7 时间参数表

工 作	时 间 参 数						
	D	ES	EF	FF	TF	LS	LF
①—②	1	0	1	0	0	0	1
②—③	2	1	3	0	3	4	6
②—⑤	6	1	7	0	0	1	7
②—⑥	5	1	6	4	4	5	10
③—④	1	3	4	0	3	6	7
④—⑥	1	4	5	5	5	9	10
⑤—⑥	3	7	10	0	0	7	10

3. 工作总时差的确定

工作总时差的判定应从网络计划的终点节点开始,逆着箭线方向依次进行。

以终点节点为箭头节点的工作,其总时差应等于计划工期与本工作最早完成时间之差,即

$$TF_{x-n} = T_P - EF_{x-n}$$

式中:TF_{x-n} 为以网络计划终点节点为完成节点的工作的总时差;T_P 为网络计划的计划工期;EF_{x-n} 为以网络计划终点节点 n 为箭头节点的工作的最早完成时间。

其他工作的总时差等于其紧后工作的总时差加本工作与该紧后工作之间的时间间隔所得之和的最小值,即

$$TF_{i-j} = \min\{TF_{紧后} + LAG_{i-j,紧后}\}$$

式中:$TF_{紧后}$ 为工作 $i-j$ 的紧后工作的总时差。

各工作的总时差如表4.7所示。

4. 工作最迟开始时间和最迟完成时间的确定

工作的最迟开始时间与最迟完成时间可以通过绘制迟时标网络图来确定。此外,也可以通过计算确定。

（1）工作的最迟开始时间。其值等于本工作的最早开始时间与其总时差之和，即

$$LS_{i-j} = ES_{i-j} + TF_{i-j}$$

（2）工作的最迟完成时间。其值等于本工作的最早完成时间与其总时差之和，即

$$LF_{i-j} = EF_{i-j} + TF_{i-j}$$

各工作的最迟开始时间和最迟完成时间计算结果如表 4.8 所示。

表 4.8　各工作的最迟时间参数表

工　　作	①—②	②—③	②—⑤	②—⑥	③—④	④—⑥	⑤—⑥
最迟开始时间(LS)	0	4	1	5	6	9	7
最迟完成时间(LF)	1	6	7	10	7	10	10

学习单元 4.5　网络计划优化

工作任务表

能力目标	主讲内容	学生完成任务
通过学习训练，使学生理解网络计划优化的内容和意义，并掌握网络计划优化的方法	网络计划优化的内容	根据实例，完成网络计划的优化

网络计划的优化是指在一定的约束条件下，按照既定目标对网络计划进行不断的完善与调整，直到寻找出满意的结果。根据既定目标的不同，网络计划优化的内容分为工期优化、资源优化和费用优化三个方面。

4.5.1　工期优化

1. 工期优化的基本原理

工期优化就是通过压缩计算工期，以达到既定工期目标，或在一定约束条件下，使工期最短的过程。

工期优化一般是通过压缩关键线路（关键工作）的持续时间来满足工期要求的。在优化过程中要保证被压缩的关键工作不能变为非关键工作，使之仍能够控制住工期。当出现多条关键线路时，如需压缩关键线路支路上的关键工作，必须

将各支路上对应关键工作的持续时间同步压缩某一数值。

2. 工期优化的方法与步骤

（1）找出关键线路，求出计算工期 T_c。

（2）根据要求工期 T_r，计算出应缩短的时间 $\Delta T = T_c - T_r$。

（3）缩短关键工作的持续时间，在选择应优先压缩工作持续时间的关键工作时，须考虑下列因素：

① 该关键工作的持续时间缩短后，对工程质量和施工安全影响不大；

② 该关键工作资源储备充足；

③ 该关键工作缩短持续时间后，所需增加的费用最少。

通常，优先压缩优选系数最小或组合优选系数最小的关键工作或其组合。

（4）将应优先压缩的关键工作的持续时间压缩至某适当值，并找出关键线路，计算工期。

（5）若计算工期不满足要求，重复上述过程直至工期满足要求或无法再缩短为止。

3. 工期优化示例

例 4.5　已知网络计划如图 4.28 所示。箭线下方括号外数据为该工作的正常持续时间，括号内数据为该工作的最短持续时间，各工作的优选系数见表 4.9。根据实际情况并考虑选择优选系数（或组合优选系数）最小的关键工作缩短其持续时间。假定要求工期为 $T_r = 19$ 天，试对该网络计划进行工期优化。

表 4.9　例 4.5 各工作的优选系数

工　作	A	B	C	D	E	F	G	H
优选系数	7	8	5	2	6	4	1	3

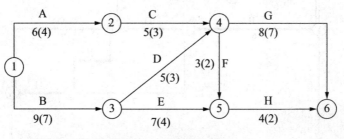

图 4.28　原始网络计划

解　（1）确定关键线路和计算工期。

原始网络计划的关键线路和工期 $T_c = 22$ 天，如图 4.29 所示。

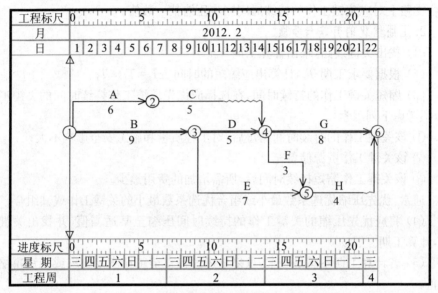

图 4.29　原始网络计划的关键线路和工期

（2）计算应缩短工期。

$$\Delta T = T_c - T_r = 22 - 19 = 3（天）$$

（3）将工作 G 的持续时间压缩 1 天，并确定关键线路和工期，如图 4.30 所示。

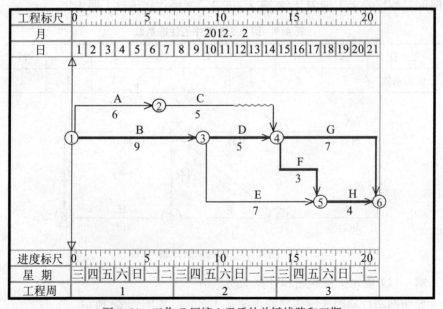

图 4.30　工作 G 压缩 1 天后的关键线路和工期

（4）继续压缩关键工作。

将工作D压缩1天,网络计划如图4.31所示。

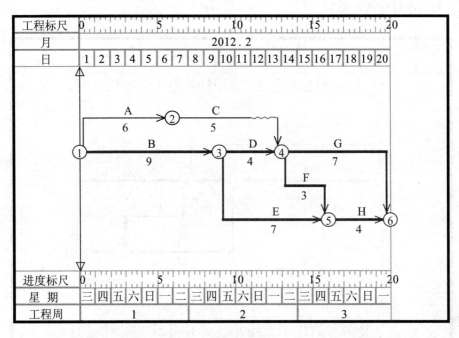

图4.31 工作D压缩1天后的关键线路和工期

（5）继续压缩关键工作。

将工作D、H同步压缩1天,此时计算工期为20－1＝19（天）,满足要求工期。最终优化结果见图4.32。

4.5.2 资源优化

计划执行过程中,所需的人力、材料、机械设备和资金等统称为资源。资源优化的目标是通过调整计划中某些工作的开始时间,使资源分布满足要求。

1. 资源有限-工期最短的优化

资源有限-工期最短的优化是指在满足有限资源的条件下,通过调整某些工作的作业开始时间,使工期不延误或延误最少。

（1）优化步骤与方法。

① 按照各项工作的最早开始时间安排进度计划,并计算网络计划每个时间单位的资源需用量。

② 从计划开始日期起,逐个检查每个时段(每个时间单位资源需用量相同的时间段)资源需用量是否超过资源限量。如果某个时段的资源需用量超过资源限量,则须进行计划的调整。

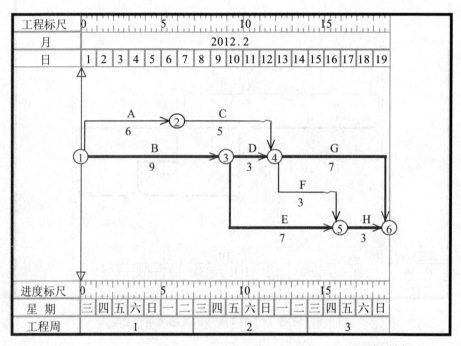

图 4.32 工作 D、H 同步压缩 1 天后的关键线路和工期(最终结果)

③ 分析超过资源限量的时段。如果在该时段内有几项工作平行作业,则采取将一项工作安排在与之平行的另一项工作之后进行的方法,以降低该时段的资源需用量。

对于两项平行作业的工作 m 和工作 n 来说,为了降低相应时段的资源需用量,现将工作 n 安排在工作 m 之后进行(如图 4.33 所示),则网络计划的工期增量为

$$\Delta T_{m,n} = EF_m + D_n - LF_n = EF_m - (LF_n - D_n) = EF_m - LS_n$$

这样,在有资源冲突的时段中,对平行作业的工作进行两两排序,即可得出若干个 $\Delta T_{m,n}$,选择其中最小的 $\Delta T_{m,n}$,将相应的工作 n 安排在工作 m 之后进行,既可降低该时段的资源需用量,又使网络计划的工期增量最小。

④ 对调整后的网络计划安排重新计算每个时间单位的资源需用量。

⑤ 重复上述步骤②~④,直至网络计划任意时间单位的资源需用量均不超

过资源限量。

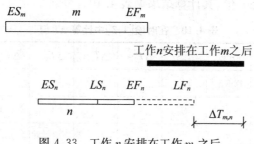

图 4.33　工作 n 安排在工作 m 之后

（2）优化示例。

例 4.6　已知某工程双代号网络计划如图 4.34 所示,图中箭线上方【】内数字为工作的资源强度,箭线下方数字为工作持续时间。假定资源限量 $R_a = 12$,试对其进行"资源有限-工期最短"的优化。

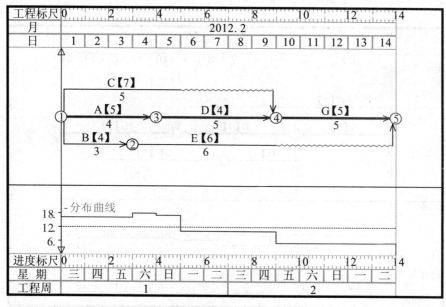

图 4.34　初始网络计划

解　① 计算网络计划每个时间单位的资源需用量,绘出资源需用量分布曲线,即图 4.34 下方所示曲线。

② 从计划开始日期起,经检查发现第一个时段[1,3]存在资源冲突,即资源需用量超过资源限量,故应首先对该时段进行调整。

③ 在时段[1,3]有工作C、工作A和工作B三项工作平行作业,利用式$\Delta T_{m,n}=EF_m-LS_n$计算 ΔT 值,其计算结果见表4.10。

表 4.10　在时段[1,3]中计算 ΔT 值

工作名称	工作序号	EF	LS	$\Delta T_{1,2}$	$\Delta T_{1,3}$	$\Delta T_{2,1}$	$\Delta T_{2,3}$	$\Delta T_{3,1}$	$\Delta T_{3,2}$
C	1	5	4	5	0				
A	2	4	0				0	−1	
B	3	3	5					−1	3

由表4.10可知工期增量 $\Delta T_{2,3}=\Delta T_{3,1}=-1$ 最小,说明将3号工作(工作B)安排在2号工作(工作A)之后或将1号工作(工作C)安排在3号工作(工作B)之后工期不延长。但从资源强度来看,应以选择将3号工作(工作B)安排在2号工作(工作A)之后进行为宜。因此,将工作B安排在工作A之后,调整后的网络计划如图4.35所示,工期不变。

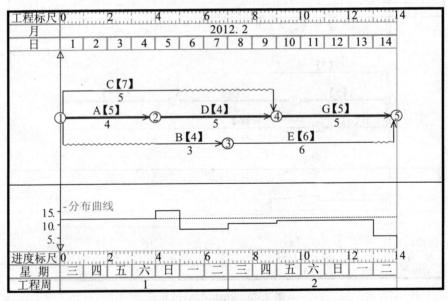

图 4.35　第一次调整后的网络计划

④ 重新计算调整后的网络计划每个时间单位的资源需用量,绘出资源需用量分布曲线如图4.35下方曲线所示。从图中可知,在第二个时段[5]存在资源冲突,故应该调整该时段。工作序号与工作代号见表4.11。

表 4.11 时段[5]的 $\Delta T_{m,n}$ 表

工作代号	工作序号	EF	LS	$\Delta T_{1,2}$	$\Delta T_{1,3}$	$\Delta T_{2,1}$	$\Delta T_{2,3}$	$\Delta T_{3,1}$	$\Delta T_{3,2}$
C	1	5	4	1	0				
D	2	9	4			5	4		
B	5	7	5					3	3

⑤ 在时段[5]有工作 C、D 和工作 B 三项工作平行作业。对平行作业的工作进行两两排序,可得出 $\Delta T_{m,n}$ 的组合数为 $3\times2=6$(个),见表 4.11。选择其中最小的 $\Delta T_{m,n}$,即 $\Delta T_{1,3}=0$,故将相应的工作 B 移到工作 C 后进行,因 $\Delta T_{1,3}=0$,工期不延长,如图 4.36 所示。

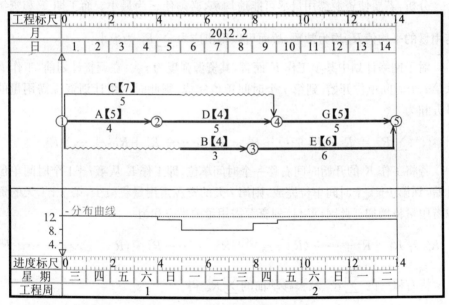

图 4.36 第二次调整后的网络计划(最终优化结果)

⑥ 重新计算调整后的网络计划每个时间单位的资源需要量,并绘出资源需用量分布曲线,如图 4.36 下方曲线所示。由于此时整个工期范围内的资源需用量均未超过资源限量,因此,图 4.36 所示网络计划即为优化后的最终网络计划,其最短工期为 14 d。

2. 工期固定-资源均衡的优化

在工期不变的条件下,尽量使资源需用量保持均衡。这样既有利于工程施工组织与管理,又有利于降低工程施工费用。

"工期固定-资源均衡"的优化方法有多种,这里仅介绍方差值最小法。

(1) 方差值最小法。

对于某已知网络计划的资源需用量,其方差为

$$\sigma^2 = \frac{1}{T}\sum_{t=1}^{T}(R_t - R_m)^2$$

式中:σ^2 为资源需用量方差;T 为网络计划的计算工期;R_t 为第 t 个时间单位的资源需用量;R_m 为资源需用量的平均值。

对上式进行简化可得

$$\sigma^2 = \frac{1}{T}\sum_{t=1}^{T}(R_t - R_m)^2 = \frac{1}{T}\sum_{t=1}^{T}R_t^2 - R_m^2$$

分析:若要使资源需用量尽可能地均衡,必须使 σ^2 为最小。而工期 T 和资源需用量的平均值 R_m 均为常数,故而可以得出应为 $\sum_{t=1}^{T}R_t^2$ 为最小。

对于网络计划中某项工作 K 而言,其资源强度为 r_K。在调整计划前,工作 K 从第 i 个时间单位开始,到第 j 个时间单位完成,则此时网络计划资源需用量的平方和为

$$\sum_{t=1}^{T}R_{t0}^2 = R_1^2 + R_2^2 + \cdots + R_i^2 + R_{i+1}^2 + \cdots + R_j^2 + R_{j+1}^2 + \cdots + R_T^2$$

若将工作 K 的开始时间右移一个时间单位,即工作 K 从第 $i+1$ 个时间单位开始,到第 $j+1$ 个时间单位完成,则第 i 天的资源需用量将减少,第 $j+1$ 天的资源需用量将增加。此时网络计划资源需用量的平方和为

$$\sum_{t=1}^{T}R_{t1}^2 = R_1^2 + R_2^2 + \cdots + (R_i - r_K)^2 + R_{i+1}^2 + \cdots + R_j^2 + (R_{j+1} + r_K)^2 + \cdots + R_T^2$$

将右移后的 $\sum_{t=1}^{T}R_{t1}^2$ 减去移动前的 $\sum_{t=1}^{T}R_{t0}^2$ 得

$$\sum_{t=1}^{T}R_{t1}^2 - \sum_{t=1}^{T}R_{t0}^2 = (R_i - r_K)^2 - R_i^2 + (R_{j+1} + r_K)^2 - R_{j+1}^2 = 2r_K(R_{j+1} + r_K - R_i)$$

如果上式为负值,说明工作 K 的开始时间右移一个时间单位能使资源需用量的平方和减小,也就使资源需用量的方差减小,从而使资源需用量更均衡。因此,工作 K 的开始时间能够右移的判别式是

$$\sum_{t=1}^{T}R_{t1}^2 - \sum_{t=1}^{T}R_{t0}^2 = 2r_K(R_{j+1} + r_K - R_i) \leqslant 0$$

由于 $r_K > 0$,因此上式可简化为

$$\Delta = (R_{j+1} + r_K - R_i) \leqslant 0$$

式中:Δ 为资源变化值 $\left[\left(\sum\limits_{t=1}^{T} R_{t1}^2 - \sum\limits_{t=1}^{T} R_{t0}^2 \right) / 2\ r_K \right]$。

在优化过程中,使用判别式 $\Delta = (R_{j+1} + r_K - R_i) \leqslant 0$ 的时候应注意以下几点:

① 如果工作右移 1 天的资源变化值 $\Delta \leqslant 0$,即 $(R_{j+1} + r_K - R_i) \leqslant 0$,说明可以右移;

② 如果工作右移 1 天的资源变化值 $\Delta > 0$,即 $(R_{j+1} + r_K - R_i) > 0$,并不说明工作不可以右移,可以在时差范围内尝试继续右移 n 天:

a. 当右移第 n 天的资源变化值 $\Delta_n < 0$,且总资源变化值 $\sum \Delta \leqslant 0$。即 $(R_{j+1} + r_K - R_i) + (R_{j+2} + r_K - R_{i+1}) + \cdots + (R_{j+n} + r_K - R_{i+n-1}) \leqslant 0$ 时,可以右移 n 天。

b. 当右移 n 天的过程中始终是总资源变化值 $\sum \Delta > 0$。即 $\sum \Delta > 0$ 时,不可以右移。

(2)"工期固定-资源均衡"的优化步骤和方法。

① 绘制时标网络计划,计算资源需用量。

② 计算资源均衡性指标,用均方差值来衡量资源均衡程度。

③ 从网络计划的终点节点开始,按非关键工作最早开始时间的先后顺序进行调整。

④ 绘制调整后的网络计划。

(3)工期固定-资源均衡优化示例(初始时标网络图见图 4.37)。

为了清晰地说明工期固定-资源均衡优化的应用方法,这里通过表格来反映优化过程,如表 4.12 所示。

表 4.12 工作 4-6 判别结果及优化过程

工 作	计算参数	判别式结果	能否右移
4-6	$R_{j+1} = R_{14+1} = 5$ $r_{4,6} = 5$ $R_i = R_{10} = 13$	$\Delta_1 = 5 + 5 - 13 < 0$	可右移 1 天
	$R_{j+1} = R_{15+1} = 5$ $r_{4,6} = 5$ $R_i = R_{11} = 13$	$\Delta_2 = 5 + 5 - 13 < 0$	可右移 1 天
结论	该工作可右移 2 天		

工作 4-6 右移 2 天后的优化结果,如图 4.38 所示。

下面看看工作 3-6,判别结果及优化过程如表 4.13 所示。

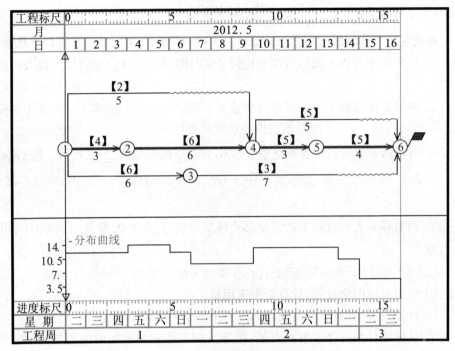

图 4.37 初始时标网络图

表 4.13 工作 3-6 判别结果及优化过程

工 作	计算参数	判别式结果	能否右移
3-6	$R_{j+1}=R_{13+1}=10$ $r_{3,6}=3$ $R_i=R_7=9$	$\Delta_1=10+3-9>0$	暂不明确, 继续往右看 1 天
	$R_{j+1}=R_{14+1}=10$ $r_{3,6}=3$ $R_i=R_8=9$	$\Delta_2=10+3-9>0$	不可右移
	$R_{j+1}=R_{15+1}=10$ $r_{3,6}=3$ $R_i=R_9=9$	$\Delta_3=10+3-9>0$	不可右移
结论	该工作不可右移		

由于工作 3-6 不可移动,原网络计划不变化,仍如图 4.38 所示。

下面再看看工作 1-4 ,判别结果及优化过程如表 4.14 所示。

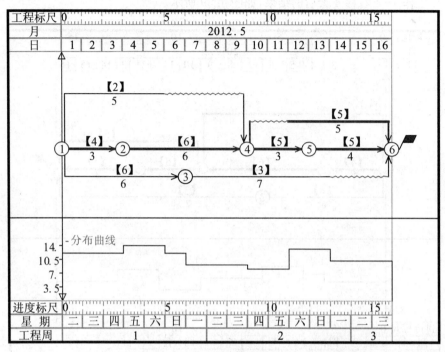

图 4.38 工作 4-6 右移 2 天后的进度计划及资源消耗计划

表 4.14 工作 1-4 判别结果及优化过程

工 作	计算参数	判别式结果	能否右移
1-4	$R_{j+1}=R_{5+1}=12$ $r_{1,4}=2$ $R_i=R_1=12$	$\Delta_1=12+2-12$ $=2$	暂不明确,继续往右看 1 天
	$R_{j+1}=R_{6+1}=9$ $r_{1,4}=2$ $R_i=R_2=12$	$\Delta_2=9+2-12$ $=-1<0$	$\Delta_1+\Delta_2=1>0$,继续往右看 1 天
	$R_{j+1}=R_{7+1}=9$ $r_{1,4}=2$ $R_i=R_3=12$	$\Delta_3=9+2-12$ $=-1<0$	$\Delta_1+\Delta_2+\Delta_3=0$,可右移 3 天
	$R_{j+1}=R_{8+1}=9$ $r_{1,4}=2$ $R_i=R_4=14$	$\Delta_4=9+2-14$ $=-3<0$	$\Delta_1+\Delta_2+\Delta_3+\Delta_4<0$,可右移 4 天
结论	该工作可右移 4 天		

工作 1-4 右移 4 天后的结果,如图 4.39 所示。

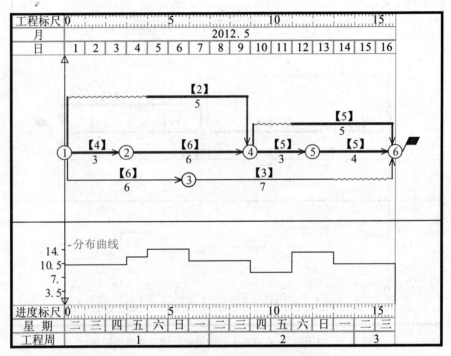

图 4.39 工作 1-4 右移 4 天后的进度计划及资源消耗计划(最终结果)

第一轮优化结束后,可以判断不再有工作可以移动,优化完毕,图 4.39 即为最终优化结果。

最后,比较优化前、后的方差值。

$$R_m = \frac{1}{16}(12 \times 3 + 14 \times 2 + 12 \times 1 + 9 \times 3 + 13 \times 4 + 10 \times 1 + 5 \times 2) = 8.9$$

优化前:

$$\sigma^2 = \frac{1}{T}\sum_{t=1}^{T}R_t^2 - R_m^2$$

$$= \frac{1}{16}(12^2 \times 3 + 14^2 \times 2 + 12^2 \times 1 + 9^2 \times 3 + 13^2 \times 4 + 10^2 \times 1 + 5^2 \times 2) - 8.9^2$$

$$= 127.31 - 118.81 = 8.5$$

优化后:

$$\sigma^2 = \frac{1}{T}\sum_{t=1}^{T}R_t^2 - R_m^2$$

$$= \frac{1}{16}(10^2 \times 3 + 12^2 \times 1 + 14^2 \times 2 + 11^2 \times 3 + 8^2 \times 2 + 13^2 \times 2 + 10^2 \times 3) - 8.9^2$$

$$= 122.81 - 118.81 = 4.0$$

方差降低率为 $\frac{8.5 - 4.0}{8.5} \times 100\% = 52.9\%$。

4.5.3　费用优化

1. 费用优化的概念

一项工程的总费用包括直接费用和间接费用。在一定范围内,直接费用随工期的延长而减少,而间接费用则随工期的延长而增加,总费用最低点所对应的工期(T_c)就是费用优化所要追求的最优工期(图 4.40 所示)。

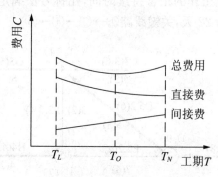

图 4.40　工期-费用关系图

2. 费用优化的步骤和方法

(1) 确定正常作业条件下工程网络计划的工期、关键线路和总直接费、总间接费及总费用。

(2) 计算各项工作的直接费率。直接费率的计算公式可按下式计算

$$\Delta D_{i-j} = \frac{CC_{i-j} - CN_{i-j}}{DN_{i-j} - DC_{i-j}}$$

式中:ΔD_{i-j} 为工作 $i-j$ 的直接费率;CC_{i-j} 为工作 $i-j$ 的持续时间为最短时,完成该工作所需直接费用;CN_{i-j} 为在正常条件下,完成工作 $i-j$ 所需直接费;DC_{i-j} 为工作 $i-j$ 的最短持续时间;DN_{i-j} 为工作 $i-j$ 的正常持续时间。

(3) 选择直接费率(或组合直接费率)最小并且不超过工程间接费率的关键工作作为被压缩对象。

(4) 将被压缩关键工作的持续时间适当压缩,当被压缩对象为一组工作(工作组合)时,将该组工作压缩同一数值,并找出关键线路。

（5）重新确定网络计划的工期、关键线路和总直接费、总间接费、总费用。

（6）重复上述步骤（3）～（5），直至找不到直接费率或组合直接费率不超过工程间接费率的压缩对象为止。此时即求出总费用最低的最优工期。

（7）绘制出优化后的网络计划。

3. 费用优化示例

例 4.7 已知网络计划如图 4.41 所示，图中箭线下方括号外数字为工作的正常持续时间（单位：天），括号内数字为最短持续时间；箭线上方括号外数字为工作按正常持续时间完成时所需直接费（单位：万元），括号内数字为按最短持续时间完成时所需直接费。该工程的间接费率为 1 万元/天。试进行网络计划费用优化。

解 （1）首先根据工作的正常持续时间，用标号法确定工期和关键线路（邮图 4.41）。计算工期为 22 天，关键线路①→③→④→⑥。

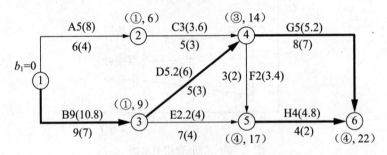

图 4.41 费用优化网络图

（2）计算各工作的直接费率，见表 4.15（单位：万元/天）。

表 4.15 例 4.7 直接费率表

工 作	A	B	C	D	E	F	G	H
直接费率	1.5	0.9	0.3	0.4	0.6	1.4	0.2	0.4

（3）计算总费用。

① 直接费总和为 5＋9＋3＋5.2＋2.2＋2＋5＋4＝35.4（万元）；

② 间接费总和为 22×1＝22（万元）；

③ 工程总费用为 35.4＋22＝57.4（万元）。

（4）费用优化。

① 通过压缩关键工作，可以列出表 4.16 所示优化方案。

表 4.16 例 4.7 优化方案一

序号	压缩工作	费率或组合费率	压缩时间	方案选取结果
1	B	0.9	2	
2	D	0.4	2	
3	G	0.2	1	√

工作 G 压缩 1 天后的网络图,如图 4.42 所示。

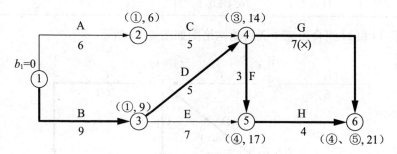

图 4.42 第一次优化后的网络图

② 第一次优化后,可求出工期为 22-1=21(天),关键线路如图 4.42 所示。通过压缩关键工作,可以列出如表 4.17 所示优化方案。

表 4.17 例 4.7 优化方案二

序号	压缩工作	费率或组合费率	压缩时间	方案选取结果
1	B	0.9	1	
2	D	0.4	1	√

工作 D 压缩 1 天后的网络图,如图 4.43 所示。

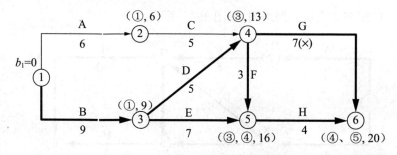

图 4.43 第二次优化后的网络图

③ 第二次优化后,可求出工期为 21-1=20(天),关键线路如图 4.43 所示。通过压缩关键工作,可以列出如表 4.18 所示优化方案。

表 4.18　例 4.7 优化方案三

序号	压缩工作	费率或组合费率	压缩时间	方案选取结果
1	B	0.9	2	
2	D 和 E	0.4+0.6	1	
3	D 和 H	0.4+0.4	1	√

工作 D 和 H 组合压缩 1 天后的网络图如图 4.44 所示。

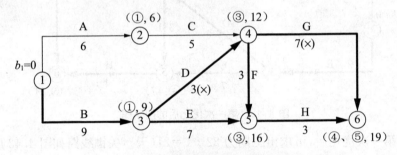

图 4.44　第三次优化后的网络图

④ 第三次优化后,可求出工期为 20-1=19(天),关键线路如图 4.44 所示。通过压缩关键工作,可以列出如表 4.19 所示优化方案。

表 4.19　例 4.7 优化方案四

序号	压缩工作	费　率	压缩时间	方案选取结果
1	B	0.9	1	√

工作 D 压缩 1 天后的网络图,如图 4.45 所示。

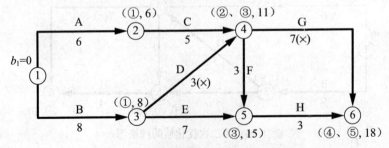

图 4.45　第四次优化后的网络图(最终结果)

⑤ 第四次优化后,可求出工期为 19－1＝18(天),关键线路如图 4.45 所示。通过查找关键线路可以看出没有可供选择的优化方案,优化过程结束,图 4.45 即为最终的优化结果。

主要优化过程见表 4.20。

表 4.20　例 4.7 主要优化过程

压缩次数	被压工作	直接费率或组合费率(万元/天)	费率差	缩短时间(天)	费用减少值(万元)	总工期(天)	总费用(万元)
0	—	—	—			22	57.4
1	G	0.2	0.8	1	0.8	21	56.6
2	D	0.4	0.6	1	0.6	20	56.0
3	D 和 H	0.4＋0.4＝0.8	0.2	1	0.2	19	55.8
4	B	0.9	0.1	1	0.1	18	55.7

结论:通过费用优化可以得出最终优化方案比原方案节省费用 57.4－55.7＝1.7(万元);节省工期 22－18＝4(天)。

学习单元 4.6　网络计划控制

▌工作任务表▐

能力目标	主讲内容	学生完成任务
通过学习训练,使学生掌握网络计划的检查和调整方法	网络计划控制技术	根据实例,完成网络计划的检查和调整

进度计划毕竟是人们的主观设想,在其实施过程中,会随着新情况的产生、各种因素的干扰和风险因素的作用而发生变化,使人们难以执行原定的计划。为此,必须掌握动态控制原理,在计划执行过程中不断地对进度计划进行检查和记录,并将实际情况与计划安排进行比较,找出偏离计划的信息;然后在分析偏差及其产生原因的基础上,通过采取措施,使之能正常实施。如果采取措施后,不能维持原计划,则需要对原进度计划进行调整或修改,再按新的进度计划实施。这样在进度计划的执行过程中不断进行检查和调整,以保证建设工程进度计划得到有效的实施和控制。

4.6.1　网络计划的检查

4.6.1.1　必须收集并记录网络计划的实际执行情况

通常，对于时标网络计划，应绘制实际进度前锋线记录计划实际执行情况。前锋线应自上而下地从计划检查的时间刻度出发，用直线段依次连接各项工作的实际进度前锋点，最后到达计划检查的时间刻度为止，形成折线。前锋线可用彩色线标画；不同检查时刻绘制的相邻前锋线可采用不同颜色标画。

1. 前锋线法的使用步骤

采用前锋线法进行实际进度与计划进度的比较，其步骤如下：

(1) 绘制时标网络计划图。工程项目实际进度前锋线在时标网络计划图上标示。为清楚起见，可在时标网络计划图的上方和下方各设一时间坐标。

(2) 绘制实际进度前锋线。一般从时标网络计划图上方时间坐标的检查日期开始绘制，依次连接相邻工作的实际进展位置点，最后与时标网络计划图下方坐标的检查日期相连接。

工作实际进展位置点的标定方法有两种：

① 按该工作已完成任务量比例进行标定：假设工程项目中各项工作均为匀速进展，根据实际进度检查时刻该工作已完成任务量占其计划完成总任务量的比例，在工作箭线上从左至右按相同的比例标定其实际进展位置点。

② 按尚需作业时间进行标定：当某些工作的持续时间难以按实物工程量来计算而只能凭经验估算时，可以先估算出检查时刻到该工作全部完成尚需作业的时间，然后在该工作箭线上从右向左逆向标定其实际进展位置点。

(3) 进行实际进度与计划进度的比较。前锋线可以直观地反映出检查日期有关工作实际进度与计划进度之间的关系。对某项工作来说，其实际进度与计划进度之间的关系可能存在以下三种情况：

① 工作实际进展位置点落在检查日期的左侧，表明该工作实际进度拖后，拖后时间为两者之差。

② 工作实际进展位置点与检查日期重合，表明该工作实际进度与计划进度一致。

③ 工作实际进展位置点落在检查日期的右侧，表明该工作实际进度超前，超前的时间为两者之差。

(4) 预测进度偏差对后续工作及总工期的影响。通过实际进度与计划进度的比较确定进度偏差后，还可根据工作的自由时差和总时差预测该进度偏差对后续工作及项目总工期的影响。由此可见，前锋线比较法既适用于工作实际进度与计划进度之间的局部比较，又可用来分析和预测工程项目整体进度状况。值得注意的是,以上比较是针对匀速进展的工作。

2. 示例

例 4.8　某工程项目时标网络计划如图 4.46 所示。该计划执行到第 6 天末检查实际进度时,发现工作 A 和工作 B 已经全部完成,工作 D、E 分别完成计划任务量的 80% 和 20%,工作 C 尚需 1 天完成,试用前锋线法进行实际进度与计划进度的比较。

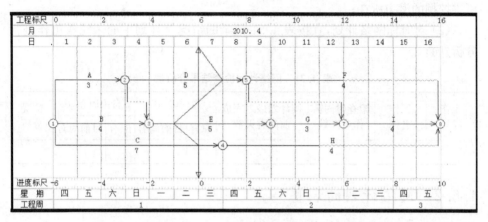

图 4.46　实际进度前锋线

解　根据第 6 天末实际进度的检查结果绘制前锋线,如图 4.46 中所示。通过比较可以看出:

① 工作 D 实际进度提前 1 天,可使其后续工作 F 的最早开始时间提前 1 天。

② 工作 E 实际进度滞后 1 天,将使其后续工作 G 的最早开始时间推迟 1 天,最终将影响工期,导致工期拖延 1 天。

③ 工作 C 实际进度正常,既不影响其后续工作的正常进行,也不影响总工期。

由于工作 G 的开始时间推迟,从而使总工期延长 1 天。综上所述,如果不采取措施加快进度,该工程项目的总工期将延长 1 天。

4.6.1.2　定期检查

对网络计划的检查应定期进行。检查周期的长短应根据计划工期的长短和管理的需要确定。必要时,可作应急检查,以便采取应急调整措施。

4.6.1.3　网络计划检查的内容

网络计划的检查必须包括以下内容:

(1) 关键工作进度;

(2) 非关键工作进度及尚可利用的时差;

（3）实际进度对各项工作之间逻辑关系的影响；

（4）费用资料分析。

4.6.1.4　检查结果的分析判断

对网络计划执行情况的检查结果，应进行以下分析判断：

（1）对时标网络计划，宜利用已画出的实际进度前锋线，分析计划的执行情况及其发展趋势，对未来的进度情况作出预测判断，找出偏离计划目标的原因及可供挖掘的潜力所在；

（2）对时标网络计划，宜按表 4.21 记录的情况对计划中的未完成工作进行分析判断。

表 4.21　网络计划检查结果分析表

工作编号	工作名称	检查时尚需作业天数	按计划最迟完成前尚有天数	总时差(d)		自由时差(d)		情况分析
				原有	目前尚有	原有	目前尚有	

4.6.2　网络计划的调整

4.6.2.1　网络计划的调整内容

网络计划的调整可包括下列内容：

（1）关键线路长度的调整；

（2）非关键工作时差的调整；

（3）增减工作项目；

（4）调整逻辑关系；

（5）重新估计某些工作的持续时间；

（6）对资源的投入作相应调整。

4.6.2.2　关键线路的长度调整

调整关键线路的长度，可针对不同情况选用下列不同的方法。

1. 延长某些工作的持续时间

对关键线路的实际进度比计划进度提前的情况，当不拟提前工期时，应选择资源占用量大或直接费用高的后续关键工作，适当延长其持续时间，以降低其资源强度或费用；当要提前完成计划时，应将计划的未完成部分作为一个新计划，重新确定关键工作的持续时间，按新计划实施。

2. 缩短某些工作的持续时间

对关键线路的实际进度比计划进度延误的情况，应在未完成的关键工作中，选择资源强度小或费用低的,缩短其持续时间。

这种方法的特点是不改变工作之间的先后顺序,通过缩短网络计划中关键线路上工作的持续时间来缩短工期,并考虑经济影响,实质是一种工期费用优化,通常优化过程需要采取一定的措施来达到目的,具体措施包括:

① 组织措施。如增加工作面,组织更多的施工队伍;增加每天的施工时间(如采用三班制等);增加劳动力和施工机械的数量等。

② 技术措施。如改进施工工艺和施工技术,缩短工艺技术间歇时间;采用更先进的施工方法,以减少施工过程的数量(如将现浇框方案改为预制装配方案);采用更先进的施工机械,加快作业速度等。

③ 经济措施。如实行包干奖励;提高奖金数额;对所采取的技术措施给予相应的经济补偿等。

④ 其他配套措施。如改善外部配合条件;改善劳动条件;实施强有力的调度等。

一般来说,不管采取哪种措施,都会增加费用。因此,在调整施工进度计划时,应利用费用优化的原理选择费用增加量最小的关键工作作为压缩对象。

4.6.2.3　非关键工作时差的调整

调整非关键工作的时差应在其时差的范围内进行。每次调整均必须重新计算时间参数,观察该调整对计划全局的影响。调整方法可采用下列方法之一:

(1) 将工作在其最早开始时间与其最迟完成时间范围内移动;

(2) 延长工作持续时间;

(3) 缩短工作持续时间。

4.6.2.4　增、减工作项目

增、减工作项目应符合下列规定:

(1) 不打乱原网络计划的逻辑关系,只对局部逻辑关系进行调整;

(2) 重新计算时间参数,分析对原网络计划的影响。当对工期有影响时,应采取措施,保证计划工期不变。

4.6.2.5　逻辑关系的调整

只有当实际情况要求改变施工方法或组织方法时才可进行。调整时应避免影响原定计划工期和其他工作的顺利进行。当工程项目实施中产生的进度偏差影响到总工期,且有关工作的逻辑关系允许改变时,不改变工作的持续时间,可以改变关键线路和超过计划工期的非关键线路上的有关工作之间的逻辑关系,达到缩短工期的目的。例如,将顺序进行的工作改为平行作业,对于大型建设工程,由于其单位工程较多且相互间的制约比较小,可调整的幅度比较大,所以容易采用平行作业的方法调整施工进度计划。而对于单位工程项目,由于受工作之间工艺关系的限制,可调整的幅度比较小,所以通常采用搭接作业以及分段组织流水作业等方法来调整施工进度计划,有效地缩短工期。但不管是平行作业还是搭接作业,建设工程单位时间内的资源需求量将会增加。

当发现某些工作的原持续时间有误或实现条件不充分时,应重新估算其持续时间,并重新计算时间参数。

当资源供应发生异常时,应采用资源优化方法对计划进行调整或采取应急措施,使其对工期的影响最小。

需要说明的是,网络计划的调整可定期或根据计划检查结果在必要时进行。

训 练 题

一、简答题

1. 什么是双代号网络图? 什么是单代号网络图?
2. 如何理解关键工作和关键线路?
3. 网络图中的节点表示什么? 箭线表示什么?
4. 虚箭线与实箭线有什么区别? 虚箭线有什么作用?
5. 简述网络图的绘制规则。
6. 双代号网络图中工作的时间参数有哪些? 分别表示什么意思?
7. 如何用网络图表达搭接施工?
8. 节点的最早时间、最迟时间是什么?
9. 通常我们所用的时标网络图为哪一种时标网络图? 如何绘制?

二、判断题

1. 若两工作既有相同的又有不同的紧后工作,则这两个工作间须用虚箭线连接。
                                                          (   )
2. 若网络图中某条线路为关键线路,则这条线路上的工作为关键工作。 (   )
3. 双代号网络图中,可以允许出现反向箭头。   (   )
4. 只有通过网络图的时间参数计算才能确定关键线路。   (   )
5. 与网络图相比,横道图具有简单、明了的优点。   (   )
6. 时标网络图中,关键线路上自始至终都没有出现波形线。   (   )
7. 双代号网络图中的实工作占用时间,但未必消耗资源。   (   )
8. 成倍节拍流水施工实际上是变相的全等节拍流水施工。   (   )
9. 横道图又称甘特图,同网络图相比具有简单、直观、便于优化等特点。 (   )
10. 用双代号网络图可以表达搭接关系。   (   )

三、单选题

1. 时标网络计划的基本符号不包括(   )。

　　A. 箭线　　　　　　　B. 波形线　　　　　C. 虚箭线　　　　　D. 点画线

2. 双代号网络计划中,某节点 j 的最早时间为 6 d,以其为终点节点的工作 $i-j$ 的总时差 $TF_{i-j}=5$ d,自由时差 $FF_{i-j}=3$ d,则该节点的最迟时间为(　　)。

　　A. 8 d　　　　　　　B. 9 d　　　　　　C. 11 d　　　　　D. 14 d

3. 当两个工作(　　),两工作间需用虚箭线。

　　A. 只有相同的紧后工作时

　　B. 只有不相同的紧后工作时

　　C. 既有相同又有不相同的紧后工作时

　　D. 出现不受约束的任何情况时

4. 某工作的自由时差 FF_m 与其紧后工作之间的时间间隔 $LAG_{m,x}$ 的关系为
(　　)。

　　A. $FF_m>LAG_{m,x}$　B. $FF_m<LAG_{m,x}$　C. $FF_m\geqslant LAG_{m,x}$　D. $FF_m\leqslant LAG_{m,x}$

5. 网络优化的目标中没有(　　)。

　　A. 工期　　　　　　　B. 费用　　　　　C. 资源　　　　　D. 工程量

6. 中间节点包括箭尾节点和箭头节点。其中,(　　)节点表示本工作的开始、紧前工作的完成;(　　)节点表示本工作的完成、紧后工作的开始。

　　A. 箭头、箭尾　　　B. 箭尾、箭头　　　C. 箭头、箭头　　　D. 箭尾、箭尾

7. 工作间逻辑关系如题表 4.1 所示,则下列判断正确的是(　　)。

题表 4.1　逻辑关系明细表

本工作	A	B	C	D	E	F	G	H
紧后工作	C、E	G、H	D、F	H	H	G	—	—

　　A. 该双代号网络图中有 4 个虚箭线　　B. 该双代号网络图中有 3 个虚箭线

　　C. 该双代号网络图中箭线有交叉　　　D. 该题逻辑关系有问题,无法绘制成图

8. 某网络计划在执行中发现 B 工作还需作业 5 d,但该工作至计划最早完成时间尚有 4 d,则该工作(　　)。

　　A. 正常　　　　　　　　　　　　　　B. 将使总工期拖延 1 d

　　C. 不会影响总工期　　　　　　　　D. 不能确定是否影响总工期

9. 某分部工程双代号网络图如题图 4.1 所示,其错误是(　　)。

　　A. 节点编号与逻辑关系不对　　　　B. 没有处理好箭线交叉

　　C. 起点节点、终点节点不唯一　　　D. 都不是

10. 如题图 4.2 所示的网络图中,节点⑥的标号值为(　　)。

　　A. 17　　　　　　　B. 18　　　　　　C. 19　　　　　　D. 都不对

11. 工作 B、C 均为工作 A 的紧后工作，$EF_B=8$、$LF_B=9$、$EF_C=7$、$LF_C=9$，工作 A 与 B、C 之间的时间间隔分别为 5 和 6。则 $TF_A=($ 　　　)。

A. 5　　　　　　B. 6　　　　　　C. 7　　　　　　D. 8

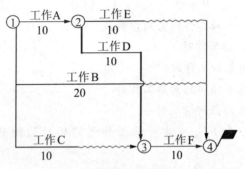

题图 4.1

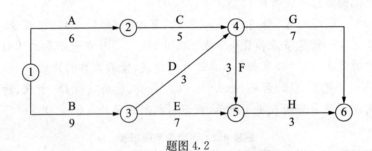

题图 4.2

四、计算题

1. 根据下表，计算工期并绘出双代号时标网络图。

题表 4.2　逻辑关系明细表

本 工 作	A	B	C	D	E	G	H
持续时间	9	4	2	5	6	4	5
紧前工作	—	—	—	B	B、C	D	D、E
紧后工作	—	D、E	E	G、H	H	—	—

2. 某分部工程有 A、B、C 三个施工过程，若分为三个施工段施工，流水节拍值分别为 $t_A=4\,\mathrm{d}$、$t_B=1\,\mathrm{d}$、$t_C=2\,\mathrm{d}$。请组织流水施工，计算工期，并分别绘出横道图和时标网络图。

3. 某施工网络计划如题图 4.3 所示，在施工过程中发生以下的事件：

工作 A 因业主原因晚开工 5 天；工作 B 承包商用了 21 天才完成；工作 H 由于

不可抗力影响晚开工3天;工作G由于业主方指令延误晚开工4天。试问,承包商可索赔的工期为多少天?

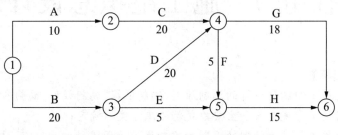

题图 4.3

4. 已知网络计划如题图 4.4 所示。箭线下方括号外数据为该工作的正常持续时间,括号内数据为该工作的最短持续时间,各工作的优选系数见题表 4.3。根据实际情况并考虑选择优选系数(或组合优选系数)最小的关键工作缩短其持续时间。假定要求工期为 $T_r = 22$ 天,试对该网络计划进行工期优化。

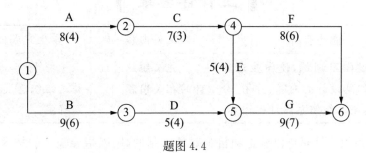

题图 4.4

题表 4.3　工作优选系数表

工　作	A	B	C	D	E	F	G	H
优选系数	7	8	5	2	6	4	1	3

学习任务 5 施工组织总设计编制

【学习目标】

1. 熟悉施工组织总设计的编制原则、编制依据、编制程序、编制内容和要求;

2. 掌握施工宏观部署和主要建筑物施工方案的确定;

3. 掌握施工总进度计划的编制和施工总平面图设计的原则、方法和步骤,初步具备施工组织总设计编制的基本技能。

学习单元 5.1 施工组织总设计概述

工作任务表

能力目标	主讲内容	学生完成任务
通过学习训练,使学生理解施工组织总设计的内容、作用、分类,熟悉施工组织总设计的内容	施工组织总设计的相关内容	根据实例,完成施工组织总设计的内容确定

施工组织设计是指以施工项目为对象编制的,用以指导施工的技术、经济和管理的综合性文件。施工组织设计按编制对象可分为施工组织总设计、单位工程施工组织设计和施工方案。施工组织总设计是以若干单位工程组成的群体工程或特大型项目为主要对象编制的施工组织设计,对整个项目的施工过程起统筹规划、重点控制的作用。从全局出发,为整个项目的施工做出全面的宏观部署,进行全工地性的施工准备工作,并为整个工程的施工建立必要的施工条件、组织施工力量和技术、保证物资资源供应、进行现场生产与临时生活设施规划。同时,为建设单位编制工程建设计划、为施工企业编制施工计划和为单位工程施工组织设计提供依据。施工组织总设计一般在初步设计或扩大初步设计被批准之后,由总承包单位的总工程师负责,会同建设、设计和分包单位的工程师共同编制。

5.1.1 施工组织总设计的编制内容

施工组织总设计的主要内容包括:编制依据;建设项目的工程概况;总体施工

部署;施工总进度计划;总体施工准备与主要资源配置计划;主要施工方法;施工总平面图布置。

　　编制施工组织总设计时,应注意:① 只有拟订施工方案后,方可进行施工进度计划的编制,因为施工进度的安排须依据施工方案进行;② 编制施工总进度计划后才可编制资源需求量计划,因为资源需求量计划要反映各种资源在时间上的需求;③ 在确定施工总体部署和拟定施工方案时,两者联系紧密,往往可以交叉进行。

5.1.2　施工组织总设计的编制原则

　　施工组织总设计的编制必须遵循工程建设程序,并应符合下列原则:

　　(1) 遵守现行有关法律、法规、规范和标准;

　　(2) 符合施工合同或招标文件中有关工程进度、质量、安全、环境保护、造价等方面的要求;

　　(3) 积极开发、使用新技术和新工艺,推广应用新材料和新设备,科学地确定施工方案,制订措施,提高质量,确保安全,缩短工期,降低成本;

　　(4) 坚持科学的施工程序和合理的施工顺序,采用流水施工和网络计划等方法,科学配置资源,合理布置现场,采取季节性施工措施,实现均衡施工,达到合理的技术经济指标;

　　(5) 采取技术和管理措施,推广建筑节能和绿色施工;

　　(6) 科学地安排季节性施工项目,采取季节性施工措施,保证全年施工的连续性和均衡性;

　　(7) 与质量、环境和职业健康安全三个管理体系有效结合。

5.1.3　施工组织设计的编制依据

　　施工组织设计的编制依据主要有:

　　(1) 与工程建设有关的法律、法规和文件;

　　(2) 国家现行的有关标准和技术经济指标;

　　(3) 工程所在地区行政主管部门的批准文件,建设单位对施工的要求;

　　(4) 工程施工合同或招标投标文件;

　　(5) 工程设计文件;

　　(6) 工程施工范围内的现场条件,工程地质及水文地质、气象等自然条件;

　　(7) 与工程有关的资源供应情况;

　　(8) 施工企业的生产能力、机具设备状况、技术水平等。

5.1.4　施工组织设计的编制和审批

施工组织设计的编制和审批应符合下列规定：

(1) 施工组织设计应由项目负责人主持编制，可根据需要分阶段编制和审批。

(2) 施工组织总设计应由总承包单位技术负责人审批；单位工程施工组织设计应由施工单位技术负责人或技术负责人授权的技术人员审批；施工方案应由项目技术负责人审批；重点、难点分部(分项)工程和专项工程施工方案应由施工单位技术部门组织相关专家评审，施工单位技术负责人批准。

(3) 由专业承包单位施工的分部(分项)工程或专项工程的施工方案，应由专业承包单位技术负责人或技术负责人授权的技术人员审批；有总承包单位时，应由总承包单位项目技术负责人核准备案。

(4) 规模较大的分部(分项)工程和专项工程的施工方案应按单位工程施工组织设计进行编制和审批。

学习单元 5.2　工程概况

‖ 工作任务表 ‖

能力目标	主讲内容	学生完成任务
通过学习训练，使学生掌握施工组织总设计中的工程概况的编制技术	施工组织总设计工程概况的编制	根据实例，完成施工组织总设计工程概况的编制

工程概况是对整个建设项目或建筑群体的总说明和总分析，是对拟建建设项目或建筑群体所作的一个简明扼要的文字介绍，还可附设建设项目设计的总平面图，主要建筑的平面、立面、剖面示意图及辅助表格等形式作为文字介绍不足的补充。

工程概况应包括项目主要情况和项目主要施工条件等。

5.2.1　项目主要情况

应包括下列内容：

(1) 项目名称、性质、地理位置和建设规模。其中，需要说明的是，项目性质可分为工业和民用两大类,应简要介绍项目的使用功能;建设规模可包括项目的占地总面积、投资规模(产量)、分期分批建设范围等;通常以表格形式表达。

(2)项目的建设、勘察、设计和监理等相关单位的情况。主要说明建设项目的建设、勘察、设计、总承包和分包单位名称,以及建设单位委托的建设监理单位名称及其监理班子组织状况。

(3)项目设计概况。简要介绍项目的建筑面积、建筑高度、建筑层数、结构形式、建筑结构及装饰用料、建筑抗震设防烈度、安装工程和机电设备的配置等情况。

(4)项目承包范围及主要分包工程范围。

(5)施工合同或招标文件对项目施工的重点要求。

(6)其他应说明的情况。

5.2.2　项目主要施工条件

应包括下列内容:

(1)项目建设地点气象状况。

应简要介绍项目建设地点的气温、雨、雪、风和雷电等气象变化情况以及冬、雨期的期限和冬季土的冻结深度等情况。

(2)项目施工区域地形和工程水文地质状况。

应简要介绍项目施工区域地形变化和绝对标高,地质构造、土的性质和类别、地基土的承载力,河流流量和水质、最高洪水和枯水期的水位,地下水位的高低变化、含水层的厚度、流向、流量和水质等情况。

(3)项目施工区域地上、地下管线及相邻的地上、地下建(构)筑物情况。

(4)与项目施工有关的道路、河流等状况。

(5)当地建筑材料、设备供应和交通运输等服务能力状况。

主要说明:地方建筑生产企业及其产品供应状况;主要材料和生产工艺设备供应状况;地方建筑材料品种及其供应状况;地方交通运输方式及其服务能力状况;地方供水、供电、供热和电信服务能力状况;社会劳动力和生活服务设施状况;以及承包单位信誉、能力、素质和经济效益状况。

(6)当地供电、供水、供热和通信能力状况。

应根据当地供电、供水、供热和通信状况,按照施工需求,描述相关资源提供能力及解决方案。

(7)其他与施工有关的主要因素。

5.2.3　工程概况编写常见形式

工程概况编写时需要着重阐明以下几点内容。

1. 建设项目的特点

它是对拟建工程项目的主要特征的描述,其内容包括:① 建设地点、工程性质、建设规模、总占地面积、总建筑面积、总投资额、总工期、分期分批施工的项目和施工期限;② 主要工种工程量、设备安装及其吨位,建筑安装工作量、工厂区与生活区的工程量;③ 生产流程和工艺特点;④ 建筑结构类型与特点,新技术与新材料的应用情况。

2. 建设地区特征

主要介绍建设地区的自然条件和技术经济条件,其内容包括:① 地形、地貌、水文、地质和气象等自然条件;② 建设地区的施工能力、劳动力、生活设施和机械设备情况;③ 交通运输及当地能提供给工程施工使用的水、电供应和其他动力供应情况;④ 地方资源供应情况。

3. 施工条件及其他

① 施工条件主要是指建设项目开工所应具备的条件,主要说明:施工企业的生产能力,技术装备和管理水平,主要设备、材料、特殊物质等的供应情况,征地拆迁情况等。② 其他方面情况主要包括有关建设项目的决议和协议,上级主管部门或建设单位对施工的某些要求,土地的征用范围、数量和居民搬迁时间等与建设项目施工有关的重要情况。

在编写好工程概况之后,即可针对施工组织总设计中的施工部署、施工总进度计划及施工总平面图设计等需要解决好的重大问题进行编写。

学习单元5.3 总体施工部署

▌ 工作任务表 ▌

能力目标	主讲内容	学生完成任务
通过学习训练,理解总体施工部署的含义,熟悉总体施工部署的内容	总体施工部署内容	根据实例,完成总体施工部署的内容确定

总体施工部署是对整个建设项目从全局上进行的统筹规划和全面安排,它主要解决工程施工中的重大战略问题,是施工组织总设计的核心,也是编制施工总进度计划、设计施工总平面图以及各种供应计划的基础。因此,总体施工部署正确与否,是直接影响建设项目进度、质量和成本三大目标能否实现的关键。

5.3.1　对项目总体施工做出部署

施工组织总设计应对项目总体施工做出下列宏观部署：

1. 确定项目施工总目标

根据施工合同、招标文件以及本单位对工程管理目标的要求，对项目实施过程做出的统筹规划和全面安排，明确项目施工的进度、质量、安全、环境和成本等目标。

2. 根据项目施工总目标的要求，确定项目分阶段(期)交付的计划

建设项目通常是由若干个相对独立的投产或交付使用的子系统组成，如大型工业项目有主体生产系统、辅助生产系统和附属生产系统之分，住宅小区有居住建筑、服务性建筑和附属性建筑之分；可以根据项目施工总目标的要求，将建设项目划分为分阶段(期)投产或交付使用的独立交工系统。在保证工期的前提下，实行分阶段(期)建设，既可使各具体项目迅速建成，尽早投入使用，又可在全局上实现施工的连续性和均衡性，减少暂设工程数量，降低工程成本。

3. 确定项目分阶段(期)施工的合理顺序及空间组织

根据已经确定的项目分阶段(期)交付计划，合理地确定每个单位工程的开竣工时间，划分各参与施工单位的工作任务，明确各单位之间分工与协作的关系，确定综合的和专业化的施工组织，保证先后投产或交付使用的系统都能够正常运行。

一般大中型工业建设项目(如：冶金联合企业、化工联合企业、火力发电厂等)都是由许多工厂或车间组成的，每个车间都不是孤立的，它们分别组成若干个生产系统，应在保证工期的前提下分期分批建设。在建造时，需要分几期施工，各期工程包括哪些项目，要根据生产工艺要求、建设部门要求、工程规模大小和施工难易程度、资金状况、技术资源情况等确定。同一期工程应是一个完整的系统，以保证各生产系统能够按期投入生产。对于大中型民用建设项目(如居民小区)，一般也应按年度分批建设。这样，在保证工期的前提下，实行分期分批建设既可使各具体项目迅速建成，尽早投入使用，又可在全局上取得施工的连续性和均衡性，减少暂设工程数量，降低工程成本，充分发挥基本建设投资的效果。

根据建设项目总目标的要求，确定项目分阶段(期)施工的合理顺序及空间组织，主要应考虑以下几个方面：

(1) 在分期分批施工项目划分上应统筹安排、保证重点、兼顾其他，确保工程项目按期投产。

应优先考虑的项目有：① 按生产工艺要求，需先期投入生产或起主导作用的工程项目；② 工程量大、施工难度大、工期长的项目；③ 运输系统、动力系统，如厂

内外道路、铁路和变电站等；④ 供施工使用的工程项目，如各种加工厂、混凝土搅拌站等施工附属企业和其他为施工服务的临时设施；⑤ 生产上需先期使用的机修车间、办公楼、家属宿舍及生活设施等。

（2）在安排工程顺序时，所有工程项目均应按先地下后地上；先深后浅；先干线后支线的原则进行安排。如地下管线和筑路的程序，应先铺管线，后筑路。

（3）应考虑季节对施工的影响。如大规模土方工程和深基础施工应尽量避开雨季；寒冷地区应尽量使房屋在入冬前封闭，最好在冬季转入室内作业和设备安装。

5.3.2　对项目施工的重点和难点进行简要分析

对于一般的、常见的、工人熟悉的、工程量小的以及对施工全局和工期无多大影响的分部（分项）工程，只要提出若干注意事项和要求就可以了。而对于下列一些项目的施工则应进行简要的分析。

（1）工程量大，在单位工程中占重要地位，对工程质量起关键作用的分部（分项）工程。如基础工程、钢筋混凝土工程等隐蔽工程。

（2）施工技术复杂、施工难度大或采用新技术、新工艺、新材料、新结构的分部（分项）工程。如大体积混凝土结构施工、早拆模体系、无粘结预应力混凝土等。

（3）施工人员不太熟悉的特殊结构，专业性很强、技术要求很高的工程。如仿古建筑、大跨度空间结构、大型玻璃幕墙、薄壳、悬索结构等。

5.3.3　明确总承包单位项目管理组织机构形式

项目管理组织机构形式应根据施工项目的规模、复杂程度、专业特点、人员素质和地域范围来确定，大中型项目宜设置矩阵式项目管理组织，远离企业管理层的大中型项目宜设置事业部式项目管理组织，小型项目宜设置直线职能式项目管理组织。

5.3.3.1　矩阵式项目管理组织

1. 矩阵式项目管理组织的构成

矩阵式项目管理组织的构成如图 5.1 所示。

2. 特征

（1）按照职能原则和项目原则结合起来建立的项目管理组织，既能发挥职能部门的纵向优势又能发挥项目组织的横向优势，多个项目组织的横向系统与职能部门的纵向系统形成了矩阵结构。

（2）企业专业职能部门是相对长期稳定的，项目管理组织是临时性的。职能部门负责人对项目组织中本单位人员负有组织调配、业务指导、业绩考察责任。

项目经理在各职能部门的支持下,将参与本项目组织的人员在横向上有效地组织在一起,为实现项目目标协同工作,项目经理对其有权控制和使用,在必要时可对其进行调换或辞退。

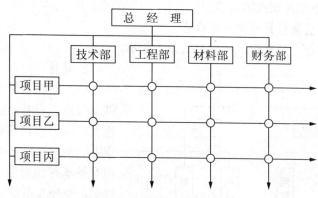

图 5.1　矩阵式项目管理组织

(3) 矩阵中的成员接受原单位负责人和项目经理的双重领导,可根据需要和可能为一个或多个项目服务,并可在项目之间调配,充分发挥专业人员的作用。

3. 优点

(1) 兼有部门控制式和工作队式两种项目组织形式的优点,将职能原则和项目原则结合融为一体,而实现企业长期例行性管理和项目一次性管理的一致。

(2) 能通过对人员的及时调配,以尽可能少的人力实现多个项目管理的高效率。

(3) 项目组织具有弹性和应变能力。

4. 缺点

(1) 矩阵式项目管理组织的结合部多,组织内部的人际关系、业务关系、沟通渠道等都较复杂,容易造成信息量膨胀,引起信息流不畅或失真,需要依靠有力的组织措施和规章制度规范管理。若项目经理和职能部门负责人双方产生重大分歧难以统一时,还需企业领导出面协调。

(2) 项目组织成员接受原单位负责人和项目经理的双重领导,当领导之间发生矛盾,意见不一致时,当事人将无所适从,影响工作。在双重领导下,若组织成员过于受控于职能部门时,将削弱其在项目上的凝聚力,影响项目组织作用的发挥。

(3) 在项目施工高峰期,一些服务于多个项目的人员,可能会应接不暇而顾此失彼。

5. 适用范围

(1) 大型、复杂的施工项目,需要多部门、多技术、多工种配合施工,在不同施工阶段,对不同人员有不同的数量和搭配需求,宜采用矩阵式项目管理组织形式。

（2）企业同时承担多个施工项目时，各项目对专业技术人才和管理人员都有需求。在矩阵式项目管理组织形式下，职能部门就可根据需要将有关人员派到一个或多个项目上去工作，可充分利用有限的人才对多个项目进行管理。

5.3.3.2　事业部控制式项目组织

1. 事业部式项目管理组织的构成

事业部式项目管理组织构成如图5.2所示。

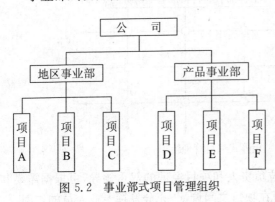

图5.2　事业部式项目管理组织

2. 特征

（1）企业下设事业部，事业部可按地区设置，也可按建设工程类型或经营内容设置，相对于企业，事业部是一个职能部门，但对外享有相对独立经营权，可以是一个独立单位。

（2）事业部中的工程部、开发部或对外工程公司的海外部下设项目经理部。项目经理由事业部委派，一般对事业部负责，经特殊授权时，也可直接对业主负责。

3. 优点

（1）事业部式项目管理组织能充分调动发挥事业部的积极性和独立经营作用，便于延伸企业的经营职能，有利于开拓企业的经营业务领域。

（2）事业部式项目管理组织形式，能迅速适应环境变化，提高公司的应变能力。既可以加强公司的经营战略管理，又可以加强项目管理。

4. 缺点

（1）企业对项目经理部的约束力减弱，协调指导机会减少，以致有时会造成企业结构松散。

（2）事业部的独立性强，企业的综合协调难度大，必须加强制度约束和规范化管理。

5. 适用范围

（1）适合大型经营型企业承包施工项目时采用。

（2）远离企业本部的施工项目，海外工程项目。

（3）适宜在一个地区有长期市场或有多种专业化施工力量的企业采用。

5.3.3.3　直线职能式项目管理组织

1. 构成

直线职能制式项目组织的构成如图5.3所示。

2. 特征

将企业管理机构和人员分为两类,一类是直线指挥人员,他们拥有对下级指挥和命令的权力并对主管工作负责;另一类是参谋人员和职能机构,他们是直线指挥人员的参谋和助手,无权对下级发布命令进行指挥。

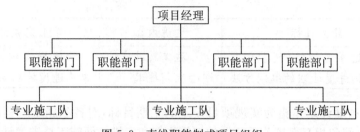

图 5.3　直线职能制式项目组织

3. 优点

保持了直线制式权力集中和统一指挥的优点;各级行政领导有了相应的参谋和助手,可以发挥专业管理职能机构和人员的作用。

4. 缺点

组织机构过多强调直线集中指挥,而专业职能机构的作用未能充分发挥,各专业职能之间的联系较差,不利于职能机构之间的沟通,不利于协调解决问题。

5. 适用范围

适用于独立的项目和中小型施工项目。

5.3.4　对项目施工中开发和使用的新技术、新工艺做出部署

根据现有的施工技术水平和管理水平,对项目施工中开发和使用的新技术、新工艺应做出规划,并采取可行的技术、管理措施来满足工期和质量等要求。

5.3.5　对主要分包单位的资质和能力提出明确要求

由于建筑工程涉及专业较多,一个施工单位很难完成全部专业工程的施工,根据工程施工的需要,施工单位将部分专业工程项目分包给专业施工队伍承建,或者建设单位直接将部分专业工程项目直接分包给专业施工队伍承建,分包单位的资质就成为保证项目目标能否实现的一个重要因素。因此,应对分包单位进行严格控制并管理分包单位的资质,应对其资质和能力提出明确要求。要审查分包单位的企业背景、生产技术实力及过去的施工经验与业绩,审查该分包单位管理和操作人员的岗位资格。

学习单元5.4 施工总进度计划

‖ 工作任务表 ‖

能力目标	主讲内容	学生完成任务
通过学习训练,使学生掌握施工总进度计划的编制方法	施工总进度计划的编制技术	根据实例,完成施工总进度计划的编制

施工进度计划是指为实现项目设定的工期目标,对各项施工过程的施工顺序、起止时间和相互衔接关系所做的统筹策划和安排。而施工总进度计划是以整个拟建项目交付使用的时间为目标而确定的控制性施工进度计划,是施工组织总设计的中心工作,也是施工部署在时间上的体现,对资源需要量计划的编制、全场性暂设工程的组织及施工总平面图的设计具有重要的决定作用。正确编制施工总进度计划是保证各个建设工程以及整个建设项目按期交付使用,充分发挥投资效益,降低建筑工程成本的重要条件。

施工总进度计划是施工组织总设计应重点编好的第二项内容,其编制的关键是如何合理、得当地组织好各工程项目的"顺序和时间",并力求达到优化。"组织"工作的得力,主要看"时间"是否利用合理,"顺序"是否得当。施工总进度计划的主要内容应包括:编制说明,施工总进度计划表(图),分期(分批)实施工程的开工、竣工日期,工期一览表等。施工总进度计划应按照项目总体施工部署的安排进行编制,可采用网络图或横道图表示,并附必要说明。施工总进度计划宜优先采用网络计划,网络计划应按国家现行标准《网络计划技术》(GB/T 13400.1~13400.3)及行业标准《工程网络计划技术规程》(JGJ/T 121)的要求编制。

施工总进度计划应依据施工合同、施工进度目标、有关技术经济资料,并按照总体施工部署确定的施工顺序和空间组织等进行编制。

5.4.1 列出工程项目一览表并计算工程量

施工总进度计划主要起控制总工期的作用,因此在列工程项目一览表时,项目划分不宜过细。通常按分期分批投产顺序和工程开展程序列出工程项目,一些附属项目、辅助工程及临时设施可以合并列出。

根据批准的总承建工程项目一览表,按工程的开展顺序和单位工程计算主要实物工程量。此时计算工程量的目的是为了选择施工方案和主要的施工、运输机械;初步规划主要施工过程的流水施工;估算各项目的完成时间;计算劳动力及技术物资的需要量。因此,工程量只需粗略地计算即可。

计算工程量,可按初步(或扩大初步)设计图纸并根据各种定额手册进行计算:

(1) 万元、十万元投资工程量、劳动力及材料消耗扩大指标。这种定额规定了某一种结构类型建筑,每万元或十万元投资中劳动力和主要材料消耗量。根据图纸中的结构类型,即可估算出拟建工程分项需要的劳动力和主要材料消耗量。

(2) 概算指标或扩大结构定额。这两种定额都是预算定额的进一步扩大(概算指标以建筑物的每 100 m³ 体积为单位;扩大结构定额以每 100 m² 建筑面积为单位)。查定额时,分别按建筑物的结构类型、跨度、高度分类,查出这种建筑物按拟定单位所需的劳动力和各项主要材料的消耗量,从而推出拟建项目所需的劳动力和材料消耗量。

(3) 已建房屋、构筑物的资料。在缺少定额手册的情况下,可采用已建类似工程实际材料、劳动力消耗量,按比例估算。由于和拟建工程完全相同的已建工程毕竟是少见的,因此,在利用已建工程的资料时,一般都应进行必要的调整。

除建设项目本身外,还必须计算主要的全工地性工程的工程量,例如铁路及道路长度、地下管线长度、场地平整面积。这些数据可以从建筑总平面图上求得。

按上述方法计算出的工程量填入统一的工程量汇总表,见表 5.1。

表 5.1　工程项目一览表

工程分类	工程项目名称	结构类型	建筑面积	幢数	概算投资	主要实物工程量								
						场地平整	土方工程	铁路铺设	道路	地下管线	…	砖石工程	…	装饰工程	…
			m²	个	万元	m²	m³	km	km	km		m³		m²	
全工地性工程															
主体项目															
辅助项目															
临时建筑															
…															
合计															

5.4.2　确定各单位工程的施工期限

影响单位工程施工期限的因素很多,如施工技术、施工方法、建筑类型、结构特征、施工管理水平、机械化程度、劳动力和材料供应情况、现场地形、地质条件、气候条件等。由于施工条件的不同,各施工单位应根据具体条件对各影响因素进行综合考虑,确定工期的长短。此外,也可参考有关的工期定额来确定各单位工程的施工期限。

5.4.3 分期(分批)实施工程的组织安排

在确定了施工期限、施工程序和各系统的控制期限后,就需要对每一分期(分批)实施工程的开工、竣工时间进行具体确定。通常通过对各分期(分批)实施工程的工期进行分析之后,应考虑下列因素确定开工、竣工时间以及相互搭接关系。

1. 保证重点,兼顾一般

同一时期进行的项目不宜过多,以免人力、物力的分散。

2. 满足连续性、均衡性施工的要求

尽量使劳动力和技术物资消耗量在施工全程上均衡,以避免出现使用高峰或低谷;组织好大流水作业,尽量保证各施工段能同时进行作业,达到施工的连续性,以避免施工段的闲置。为实现施工的连续性和均衡性,需留出一些后备项目,如宿舍、附属或辅助项目、临时设施等,作为调节项目,穿插在主要项目的流水中。

3. 综合安排,一条龙施工

做到土建施工、设备安装、试生产三者在时间上的综合安排,每个项目和整个建设项目的安排上合理化,争取一条龙施工,缩短建设周期,尽快发挥投资效益。

4. 分期分批建设,发挥最大效益

在第一期工程投产的同时,安排好第二期以及后期工程的施工,在有限条件下,保证第一期工程早投产,促进后期工程的施工进度。

5. 认真考虑施工总平面图的空间关系

建设项目的各单位工程的分布,一般在满足规范的要求下,为了节省用地,布置比较紧凑,从而也导致了施工场地狭小,使场内运输、材料堆放、设备拼装、机械布置等产生困难。故应考虑施工总平面的空间关系,对相邻工程的开工时间和施工顺序进行调整,以免互相干扰。

6. 认真考虑各种条件限制

在考虑各单位工程开工、竣工时间和相互搭接关系时,还应考虑现场条件、施工力量、物资供应、机械化程度以及设计单位提供图纸等资料的时间、投资等情况,同时还应考虑季节、环境的影响。总之,全面考虑各种因素,对各单位工程的开工时间和施工顺序进行合理调整。

5.4.4 安排施工进度

施工总进度计划可以用横道图表达,也可以用网络图表达。由于施工总进度计划只起控制作用,因此不必搞得过细。一般常用的施工进度计划表,见表5.2。

施工总进度计划完成后,把各项工程的工作量加在一起,即可确定某时间建设项目总工作量的大小,工作量大的高峰期,资源需求就多,可根据情况,调整一些单位工程的施工速度或开工、竣工时间,以避免高峰时的资源紧张,也能保证整个工程建设时期工作量达到均衡。

表 5.2　施工总进度计划表

序号	工程名称	建筑面积（m²）	施工进度																			
			2011 年										2012 年									
			3	4	5	6	7	8	9	10	11	12	1	2	3	4	5	6	7	8	9	10	11
1	主厂房	1860																					
2	控制楼	540																					
3	储料仓	415																					
…																							
n	单身宿舍	2700																					

5.4.5　总进度计划的调整与修正

施工总进度计划表绘制完后,将同一时期各项工程的工作量加在一起,用一定的比例画在施工总进度计划的底部,即可得出建设项目工作量动态曲线。若曲线上存在较大的高峰或低谷,则表明在该时间里各种资源的需求量变化较大,需要调整一些单位工程的施工速度或竣工时间,以便消除高峰或低谷,使各个时期的工作量尽可能达到均衡。

在编制了各个单位工程的施工进度以后,有时也需要对施工总进度计划进行必要的调整;在实施过程中,也应随着施工的进展及时做必要的调整;对于跨年度的建设项目,还应根据年度国家基本建设投资情况,对施工进度计划予以调整。

学习单元 5.5　总体施工准备与主要资源配置计划

▌ 工作任务表 ▐

能力目标	主讲内容	学生完成任务
通过学习训练,使学生掌握总体施工准备与主要资源配置计划编制方法	总体施工准备与主要资源配置计划的编制	根据实例,完成总体施工准备与主要资源配置计划的编制

总体施工准备应包括技术准备、现场准备和资金准备等。技术准备包括施工过程所需技术资料的准备、施工方案编制计划、试验检验及设备调试工作计划等;现场准备包括现场生产、生活等临时设施,如临时生产、生活用房,临时道路,临时材料堆放场,临时用水、用电和供热、供气等的计划;资金准备应根据施工总进度计划编制资金使用计划。其中技术准备、现场准备和资金准备应满足项目分阶段(期)施工的需要。主要资源配置计划应包括劳动力配置计划和物资配置计划等。

5.5.1　劳动力配置计划

劳动力配置计划应包括下列内容:

(1) 确定各施工阶段(期)的总用工量;

(2) 根据施工总进度计划确定各施工阶段(期)的劳动力配置计划。

劳动力需要量计划是规划临时建筑和组织劳动力进场的依据,合理的劳动力配置计划可减少劳务作业人员不必要的进、退场或避免窝工状态,进而节约施工成本。编制劳动力需要量计划时,根据各单位工程分工种工程量,查预算定额或有关资料即可求出各单位工程重要工种的劳动力需要量。将各单位工程所需的主要劳动力汇总,即可得出整个建筑工程项目劳动力需要量计划,填入指定的劳动力需要量表,见表5.3。

5.5.2　物资配置计划

物资配置计划应根据总体施工部署和施工总进度计划确定主要物资的计划总量及进、退场时间。物资配置计划是组织建筑工程施工所需各种物资进、退场的依据,科学合理的物资配置计划既可保证工程建设的顺利进行,又可降低工程成本。

物资配置计划的内容应包括:材料、构件及半成品需要量计划和施工机具需要量计划。

1. 材料、构件及半成品需要量计划

根据工种工程量汇总表和总进度计划的要求,查概算指标即可得出各单位工程所需的物资需要量,从而编制出物资需要量计划,见表5.4。

2. 施工机具需要量计划

根据施工进度计划,主要建筑物施工方案和工程量,套用机具产量定额,即可得到主要机具需要量,辅助机具可根据安装工程概算指标求得,从而编制出机具需要量计划,见表5.5。

表 5.3　建设项目施工劳动力汇总表

序号	工种名称	劳动量(工日)	全工地性工程						生活用房		仓库,加工厂等暂设工程	用工时间														
			主厂房	辅助车间	道路	铁路	给水排水管道	电气工程	永久性住宅	临时性住宅		年								年						
												5	6	7	8	9	10	11	12	1	2	3	4	5	6
	瓦工、木工、钢筋工……																								

表 5.4　建设项目各种物资需要量计划

序号	类别	材料名称	单位	全工地性工程						生活设施		其他暂设工程	需要量计划												
				主厂房	辅助车间	道路	铁路	给排水管道工程	电气工程	永久性住宅	临时性住宅		年								年				
													5	6	7	8	9	10	11	12	1	2	3	4	5
1	构件类	预制桩 预制梁 ……																							
2	主要材料	钢筋 水泥 ……																							
3	半成品类	砂浆 混凝土 ……																							

表 5.5　施工机具需要量计划

序号	机具名称	型号	生产效率	数量	需要量计划															
					年								年							
					5	6	7	8	9	10	11	12	1	2	3	4	5	6	7	8

学习单元5.6　主要施工方法

‖ 工作任务表 ‖

能力目标	主讲内容	学生完成任务
通过学习训练,使学生理解施工组织总设计中主要施工方法制订的要点	主要施工方法的制订要求	根据实例,完成主要施工方法的制订

　　施工组织总设计要制订一些单位(子单位)工程和主要分部(分项)工程所采用的施工方法,这些工程通常是建筑工程中工程量大、施工难度大、工期长,对整个项目的完成起关键作用的建(构)筑物以及影响全局的主要分部(分项)工程。

　　制订主要工程项目施工方法的目的是为了进行技术和资源的准备工作,同时也为了施工进程的顺利开展和现场的合理布置,对施工方法的确定要兼顾技术工艺的先进性和可操作性以及经济上的合理性。

　　主要施工方法是指单位工程中主要分部(分项)工程或专项工程的施工手段和工艺,属于施工方案的技术方面的内容。

5.6.1　主要施工方法的内容

　　拟订主要的操作过程和方法,包括施工机械的选择、提出质量要求和达到质量要求的技术措施、制订切实可行的安全施工措施等。

5.6.2 确定主要施工方法的重点

确定主要施工方法应从单位工程施工全局出发,着重考虑影响整个工程施工的主要分部(分项)工程的施工方法。而对于一般的、常见的、工人熟悉的、工程量小的以及对施工全局和工期无多大影响的分部(分项)工程,只要提出若干注意事项和要求就可以了,不必详细拟订施工方法。

5.6.3 确定主要施工方法应遵循的原则

(1) 要反映主要分部(分项)工程或专项工程拟采用的施工手段和工艺,具体反映施工中的工艺方法、工艺流程、操作要点和工艺标准以及对机具的选择与质量检验等内容。

(2) 施工方法的确定应体现先进性、经济性和适用性。施工方法的确定应着重于各主要施工方法的技术经济比较,力求达到技术上先进,施工上方便、可行,经济上合理的目的。

(3) 在编写深度方面,要对每个分项工程的施工方法进行宏观的描述,要体现宏观指导性、原则性,其内容应表达清楚,决策要简练。

5.6.4 确定主要施工方法的要点

单位工程施工的主要施工方法不但包括各主要分部(分项)工程施工方法的内容(如土方工程、基础、砌体、模板、钢筋、混凝土、结构安装、装饰、垂直运输和设备安装等),还包括测量放线、脚手架和季节性施工等专项施工方法。

(1) 测量放线。

施工测量是建筑工程施工中的基础工作,是各施工阶段中的先导性工序,是保证工程的平面位置、高程、竖向和几何形状符合设计要求和施工要求的依据。

① 平面控制测量。说明轴线控制的依据及引至现场的轴线控制点位置;确定地下部分平面轴线的投测方法;确定地上部分平面轴线的投测方法。

② 高程控制测量。建立高程控制网,说明标高引测的依据及引至现场的标高的位置;确定高程传递的方法;明确垂直度控制的方法。

③ 说明对控制桩的保护要求。

④ 明确测量控制精度。

⑤ 沉降观测。当设计或相关标准有明确要求时,或当施工中需要进行沉降观测时,应确定观测部位、观测时间及精度要求。沉降观测工作一般由建设单位委托有资质的专业测量单位完成,由施工单位配合。

⑥ 质量保证要求。提出保证施工测量质量的要求。

(2) 土石方工程。

① 挖土方法。根据土方量大小,确定采用人工挖土还是机械挖土。当采用人工挖土时,应按进度要求确定劳动力人数,分区分段施工。当采用机械挖土时,应选择机械挖土的方式,再确定挖土机的型号、数量,机械开挖方向与路线,人工如何配合修整基底、边坡。

② 地面水、地下水的排除方法。确定排水沟渠、集水井、井点的布置及所需设备的型号、数量。

③ 挖深基坑方法。应根据土质类别及场地周围情况确定边坡的放坡坡度或土壁的支撑形式和打设方法,确保安全。

④ 石方施工。确定石方的爆破方法及所需机具材料。

⑤ 地形较复杂的场地平整。进行土方平衡计算,绘制平衡调配表。

⑥ 确定运输方式、运输机械型号及数量。

⑦ 土方回填的方法、填土压实的要求及机具选择。

⑧ 地基处理的方法(换填地基、夯实地基、挤密桩地基、注浆地基等)及相应的材料、机具、设备。

(3) 基础工程。

① 浅基础。垫层、钢筋混凝土基础施工的技术要求。

② 地下防水工程。应根据防水方法(混凝土结构自防水、水泥砂浆抹面防水、卷材防水、涂料防水),确定用料要求和相关技术措施等。

③ 桩基。明确施工机械型号、入土方法和入土深度控制、检测、质量要求等。

④ 当基础的深浅不同时,应确定基础施工的先后顺序、标高控制、质量安全措施等。

⑤ 各种变形缝。确定留设方法及注意事项。

⑥ 混凝土基础施工缝。确定留置位置及技术要求。

(4) 钢筋混凝土工程。

① 模板的类型和支模方法的确定。根据不同的结构类型、现场施工条件和企业实际施工设备,确定模板种类、支撑方法和施工方法,并分别列出采用的项目、部位、数量,明确加工制作的分工,对于复杂工程还需进行模板设计及绘制模板放样图。

② 钢筋的加工、运输和安装方法的确定。明确构件厂或现场加工的范围;明确除锈、调直、切断、弯曲成型方法;明确钢筋施加预应力方法;明确焊接方法或机械连接方法;明确钢筋运输和安装方法;明确相应机具设备型号、数量。

③ 混凝土搅拌和运输方法的确定。若当地有预拌混凝土供应时,首先应采用预拌混凝土,否则,应根据混凝土工程量大小,合理选用搅拌方式,是集中搅拌

还是分散搅拌;选用搅拌机型号、数量;进行配合比设计;确定掺合料、外加剂的品种数量;确定砂石筛选、计量和后台上料方法;确定混凝土运输方法。

④ 混凝土的浇筑。确定浇筑顺序、施工缝位置、分层高度、工作班制、浇捣方法、养护制度及相应机械工具的型号、数量。

⑤ 冬期或高温条件下浇筑混凝土。应制订相应的防冻或降温措施,落实测温工作,明确外加剂品种、数量和控制方法。

⑥ 浇筑大体积混凝土。应制订防止温度裂缝的措施,落实测量孔的设置和测温记录等工作。

⑦ 有防水要求的特殊混凝土工程。应事先做好防渗等试验工作,明确用料和施工操作等要求,加强检测控制措施,保证质量。

⑧ 装配式单层工业厂房的牛腿柱和屋架等大型的在现场预制的钢筋混凝土构件,应事先确定柱与屋架现场预制平面布置图。

(5) 砌体工程。

① 砌体的组砌方法和质量要求,皮数杆的控制要求,施工段和劳动力组合形式等。

② 砌体与钢筋混凝土构造柱、梁、圈梁、楼板、阳台、楼梯等构件的连接要求。

③ 配筋砌体工程的施工要求。

④ 砌筑砂浆的配合比计算,原材料要求及拌制和使用时的要求。

(6) 结构安装工程。

① 选择吊装机械的类型和数量。需根据建筑物外形尺寸,所吊装构件外形尺寸、位置、重量、起重高度,工程量和工期,现场条件,吊装工地拥挤的程度与吊装机械通向建筑工地的可能性,工地上可能获得吊装机械的类型等条件来确定。

② 确定吊装方法。安排吊装顺序、机械位置和行驶路线以及构件拼装办法及场地。

③ 有些跨度大的建筑物的构件吊装,应认真制订吊装工艺,设定构件吊点位置,确定吊索的长短及夹角大小、起吊和扶正时的临时稳固措施、垂直度测量方法等。

④ 构件运输、装卸、堆放办法以及所需的机具设备型号、数量和对运输道路的要求。

⑤ 吊装工程准备工作内容。起重机行走路线压实加固;各种吊具临时加固及其对所需的电焊机等要求以及吊装有关技术措施。

(7) 屋面工程。

① 屋面各个分项工程(如卷材防水屋面一般有找坡找平层、隔汽层、保温层、防水层、保护层或使用面层等分项工程,刚性防水屋面一般有隔离层、刚性防水层

等分项工程)的各层材料,特别是防水材料的质量要求、施工操作要求。

② 屋盖系统的各种节点部位及各种接缝的密封防水施工。

③ 屋面材料的运输方式。

(8) 外墙保温工程。

① 说明采用外墙保温类型及部位。

② 主要的施工方法及技术要求。

③ 明确外墙保温板施工完成后的现场试验要求。

④ 明确保温材料进场要求和材料性能要求。

(9) 装饰工程。

① 明确装饰工程进入现场施工的时间、施工顺序和成品保护等具体要求,结构、装修、安装穿插施工,缩短工期。

② 较高级的室内装修应先做样板间,通过设计、业主、监理等单位联合认定后,再全面开展工作。

③ 对于民用建筑需提出室内装饰环境污染控制办法。

④ 室外装修工程应明确脚手架设置,饰面材料应有防止渗水、防止坠落及金属材料防锈蚀的措施。

⑤ 确定分项工程的施工方法和要求,提出所需的机具设备的型号、数量。

⑥ 提出各种装饰装修材料的品种、规格、外观、尺寸、质量等要求。

⑦ 确定装修材料逐层配套堆放的数量和平面位置,提出材料储存要求。

⑧ 保证装饰工程施工防火安全的方法。如:材料的防火处理、施工现场防火、电气防火、消防设施的保护。

(10) 脚手架工程。

① 明确内外脚手架的用料、搭设、使用、拆除方法及安全措施,外墙脚手架大多从地面开始搭设,根据土质情况,应有防止脚手架不均匀下沉的措施。

② 应明确特殊部位脚手架的搭设方案。如施工现场的主要出入口处,脚手架应留有较大空间,便于行人或车辆进出,空间两边和上边均应用双杆处理,并局部设置剪刀撑,加强与主体结构的拉接固定。

③ 室内施工脚手架宜采用轻型的工具式脚手架,拆装方便省工,成本低。较高、跨度较大的厂房屋顶的顶棚喷刷工程宜采用移动式脚手架,省工又不影响其他工程。

④ 脚手架工程还需确定安全网挂设方法、四口五临边防护方案。

(11) 现场水平垂直运输设施。

① 确定垂直运输量,有标准层的需确定标准层运输量。

② 选择垂直运输方式及其机械型号、数量、布置、安全装置、服务范围、穿插

班次,明确垂直运输设施使用中的注意事项。

③ 选择水平运输方式及其设备型号、数量。

④ 确定地面和楼面上水平运输的行驶路线。

(12) 特殊项目。

特殊项目是指采用新技术、新材料、新结构的项目;大跨度空间结构、水下结构、基础、大体积混凝土施工、大型玻璃幕墙、软土地基等项目。

① 选择施工方法,阐明施工技术关键所在(当难以用文字说清楚时,可配合图表进行描述)。

② 拟订质量、安全措施。

(13) 季节性施工。

当工程施工跨越冬期或雨期时,就必须制订冬期施工措施或雨期施工措施。施工措施应根据工程部位及施工内容和施工条件的不同进行制订。

① 冬(雨)期施工部位。说明冬(雨)期施工的具体项目和所在的部位。

② 冬期施工措施。根据工程所在地的冬季气温、降雪量不同,工程部分及施工内容不同,施工单位建筑施工组织的条件不同,制订不同的冬期施工措施。

③ 雨期施工措施。根据工程所在地的雨量、雨期及工程的特点(如深基础、大土方量、施工设备、工程部位)制订雨期施工措施。

有关季节性施工的内容应在季节性专项施工方案中细化。

学习单元 5.7　施工总平面布置

工作任务表

能力目标	主讲内容	学生完成任务
通过学习训练,使学生理解施工总平面布置的内容、方法	施工总平面布置技术	根据实例,完成施工总平面布置

施工总平面图是对拟建项目施工现场的总体平面布置图,是施工组织总设计的关键性工作,也是施工部署在空间上的反映,对指导现场进行有组织、有计划的文明施工,节约施工用地,减少场内运输,避免相互干扰,降低工程费用具有重大的意义。

施工总平面图是施工组织总设计应重点编好的第三项内容,其编制的关键是如何从建设项目的全局出发,科学、合理地解决好施工组织的空间问题和施工"投资"问题。它的技术性、经济性都很强,还涉及许多政策和法规问题,如占地、环保、安全、消防、用电、交通等。施工总平面图的绘制比例为 1:1000～1:2000。

5.7.1　设计原则、依据和内容

施工总平面图设计的原则、依据和内容与单位工程施工平面图设计基本相同,但两者考虑的范围和深度不同,施工总平面图设计侧重于宏观和全局性,单位工程施工平面图设计则侧重于具体和细部。这里就施工总平面图设计的原则、依据和内容做简单阐述。

1. 施工总平面布置应符合的原则

(1) 平面布置科学合理,施工场地占用面积少;

(2) 合理组织运输,减少二次搬运;

(3) 施工区域的划分和场地的临时占用应符合总体施工部署和施工流程的要求,减少相互干扰;

(4) 充分利用既有建(构)筑物和既有设施为项目施工服务,降低临时设施的建造费用;

(5) 临时设施应方便生产和生活,办公区、生活区和生产区宜分离设置;

(6) 符合节能、环保、安全和消防等要求;

(7) 遵守当地主管部门和建设单位关于施工现场安全文明施工的相关规定。

2. 施工总平面图设计的依据

包括:设计资料;建设地区的自然条件和经济技术条件;建设项目的建设概况;物资需求资料;各构件加工厂、仓库、临时性建筑的位置和尺寸。

3. 施工总平面图设计的内容

(1) 项目施工用地范围内的地形状况;

(2) 全部拟建的建(构)筑物和其他基础设施的位置;

(3) 项目施工用地范围内的加工设施、运输设施、存贮设施、供电设施、供水供热设施、排水排污设施、临时施工道路和办公、生活用房等;

(4) 施工现场必备的安全、消防、保卫和环境保护等设施;

(5) 相邻的地上、地下既有建(构)筑物及相关环境。

5.7.2　设计步骤

设计全工地性施工总平面图,首先应解决大宗材料进入工地的运输方式。如铁路运输需将铁轨引入工地,水路运输需考虑增设码头、仓储和转运问题,公路运输需考虑运输路线的布置问题等等。

1. 场外交通的引入

(1) 铁路运输。

一般大型工业企业都设有永久性铁路专用线,通常将其提前修建,以便为工程项目施工服务。由于铁路的引入,将严重影响场内施工的运输和安全,因此,一般将铁路先引入到工地两侧,当整个工程进展到一定程度,工程可分为若干个独立施工区域时,才可以把铁路引到工地中心区。此时,各铁路对每个独立的施工区都不应有干扰,位于各施工区的外侧。

(2) 水路运输。

当大量物资由水路运输时,就应充分利用原有码头的吞吐能力。当原有码头能力不足时,应考虑增设码头,其码头的数量不应少于两个,且宽度应大于 2.5 m,一般用石子或钢筋混凝土结构建造。

一般码头距工程项目施工现场有一定距离,故应考虑在码头建仓储库房以及从码头运往工地的运输问题。

(3) 公路运输。

当大量物资由公路运进现场时,由于公路布置较灵活,一般将仓库、加工厂等生产性临时设施布置在最方便、最经济合理的地方,而后再布置通向场外的公路线。

2. 仓库与材料堆场的布置

仓库和堆场的布置应考虑下列因素:

(1) 尽量利用永久性仓库,节约成本;

(2) 仓库和堆场位置距使用地尽量接近,减少二次搬运;

(3) 当有铁路时,尽量布置在铁路线旁边,并且留够装卸路线,而且应设在靠工地一侧,避免内部运输跨越铁路;

(4) 根据材料用途设置仓库和堆场。① 砂、石、水泥等在搅拌站附近;② 钢筋、木材、金属结构等在加工厂附近;③ 油库、氧气库等布置在僻静、安全处;④ 设备尤其是笨重设备应尽量在车间附近;⑤ 砖、瓦和预制构件等直接使用材料应布置在施工现场吊车半径范围之内。

3. 加工厂布置

加工厂类型一般包括:混凝土搅拌站、构件预制厂、钢筋加工厂、木材加工厂金属结构加工厂等。布置这些加工厂时,应主要考虑来料加工和成品、半成品运往需要地点的总运输费用最小,且加工厂的生产和工程项目施工互不干扰。

(1) 搅拌站布置:根据工程的具体情况可采用集中、分散或集中与分散相结合三种方式布置。当现浇混凝土量大时,宜在工地设置混凝土搅拌站,当运输条件好时,以采用集中搅拌最有利;当运输条件较差时,则宜采用分散搅拌。

（2）预制构件加工厂布置：一般建在空闲地带，既能安全生产，又不影响现场施工。

（3）钢筋加工厂布置：根据不同情况，采用集中或分散布置。对于冷加工、对焊、点焊的钢筋网等宜集中布置，设置中心加工厂，其位置应靠近构件加工厂；对于小型加工件，利用简单机具即可加工的钢筋，可在靠近使用地分散设置加工棚。

（4）木材加工厂布置：根据木材加工的性质、加工的数量，采用集中或分散布置。一般原木加工批量生产的产品等加工量大的应集中布置在铁路、公路附近；简单的小型加工件可分散布置在施工现场，设几个临时加工棚。

（5）金属结构、焊接、机修等车间的布置：应尽量集中布置在一起，以适应生产上相互间密切联系的需要。

4. 内部运输道路布置

根据各加工厂、仓库及各施工对象的相对位置，对货物周转运行图进行反复研究，区分主要道路和次要道路，进行道路的整体规划，以保证运输畅通，车辆行驶安全，造价低。在内部运输道路布置时应考虑：

（1）尽量利用拟建的永久性道路。将它们提前修建，或先修路基，铺设简易路面，项目完成后再铺路面。

（2）保证运输畅通。道路应设两个以上的进出口，避免与铁路交叉，一般厂内主干道应设成环形，其主干道应为双车道，宽度不小于 6 m，次要道路为单车道，宽度不小于 3.5 m。

（3）合理规划拟建道路与地下管网的施工顺序。在修建拟建永久性道路时，应考虑路下的地下管网，避免将来重复开挖，尽量做到一次性到位，节约投资。

5. 临时性房屋布置

临时性房屋一般有：办公室、汽车库、职工休息室、开水房、浴室、食堂、商店、俱乐部等。布置时应考虑：

（1）全工地性管理用房（办公室、门卫等）应设在工地入口处。

（2）工人生活福利设施（商店、俱乐部、浴室等）应设在工人较集中的地方。

（3）食堂可布置在工地内部或工地与生活区之间。

（4）职工住房应布置在工地以外的生活区，一般距工地 500～1 000 m 为宜。

6. 临时水电管网的布置

临时性水电管网布置时，尽量利用可用的水源、电源。一般排水干管和输电线沿主干道布置；水池、水塔等储水设施应设在地势较高处；总变电站应设在高压电入口处；消防站应布置在工地出入口附近，消火栓沿道路布置；过冬的管网要采取保温措施。

综上所述，外部交通、仓库、加工厂、内部道路、临时房屋、水电管网等布置应系统考虑,多种方案进行比较,当确定之后采用标准图例绘制在总平面图上。

5.7.3　相关计算

5.7.3.1　仓库面积的确定

确定某一种建筑材料的仓库面积,与该种建筑材料需储备的天数、材料的需要量及仓库每平方米能储存的数量等因素有关,而储备天数又与材料的供应情况、运输能力等条件有关。因此,应结合具体情况确定最经济的仓库面积。

确定仓库面积时,必须将有效面积和辅助面积同时加以考虑。有效面积是材料本身占用的净面积,它是根据每平方米的存放数量来决定的。辅助面积是考虑仓库所有通道及用以装卸作业所必须的面积,仓库的面积一般按下式计算

$$F = \frac{P}{q \times K_1}$$

式中:F 为仓库面积;P 为材料储备量,$P = T_c \times QK/T$(T_c 为储备期天数,见表 5.6;Q 为材料、半成品总的需要量;K 为材料需要量不均衡系数,见表 5.6;T 为有关项目施工的总工日);q 为仓库每 m² 面积能存放的材料、半成品和制品的数量;K_1 为仓库面积有效利用系数(考虑人行道和车道所占面积,见表 5.6)。

表 5.6　计算仓库面积的有关系数

序号	材料及半成品名称	单位	储备天数/T_c	不均衡系数/K	每 m² 储存数量/q	有效利用系数/K_1	仓库类型	备注
1	水泥	t	30~60	1.3~1.5	1.5~1 9	0.65	封闭式	仓高 10~12 m
2	生石灰	t	30	1.4	1.7	0.7	棚	堆高 2 m
3	砂子(人工堆放)	m³	15~30	1.4	1.5	0.7	露天	堆高 1~1.5 m
4	砂子(机械堆放)	m³	15~30	1.4	2.5~3	0.8	露天	堆高 2.5~3 m
5	石子(人工堆放)	m³	15~30	1.5	1.5	0.7	露天	堆高 1~1.5 m
6	石子(机械堆放)	m³	15~30	1.5	2.5~3	0.8	露天	堆高 2.5~3 m
7	块石	m³	15~30	1.5	1.5	0.7	露天	堆高 1 m
8	钢筋(直条)	t	30~60	1.4	2.5	0.6	露天	占全部钢筋的 80%,堆高 0.5 m
9	钢筋(盘圆)	t	30~60	1.4	0.9	0.6	库或棚	占全部钢筋的 20%,堆高 1 m
10	钢筋成品	t	10~20	1.5	0.07~0.1	0.6	露天	
11	型钢	t	45	14	1.5	0.6	露天	堆高 0.5 m

序号	材料及半成品名称	单位	储备天数/T_c	不均衡系数/K	每 m^2 储存数量/q	有效利用系数/K_1	仓库类型	备　注
12	金属结构	t	30	1.4	0.2~0.3	0.6	露天	
13	原木	m^3	30~60	1.4	1.3~1.5	0.6	露天	堆高 2 m
14	成材	m^3	30~45	1.4	0.7~0.8	0.5	露天	堆高 1 m
15	废木料	m^3	15~20	1.2	0.3~0.4	0.5	露天	废木料约占锯木量的 10%~15%
16	门窗扇	m^2	30	1.2	45	0.6	露天	堆高 2 m
17	门窗框	m^2	30	1.2	20	0.6	露天	堆高 2 m
18	砖	块	15~30	1.2	0.7~0.8	0.6	露天	堆高 1.5~2 m
19	模板整理	m^2	10~15	1.2	1.5	0.65	露天	
20	木模板	m^2	10~15	1.4	4~6	0.7	露天	
21	泡沫混凝土制品	m^3	30	1.2	1	0.7	露天	堆高 1 m

仓库面积也可按表 5.7,由下式确定:

$$F = \Phi m$$

式中:Φ 为系数;m 为计算基础数。

表 5.7　按系数计算仓库面积表

序号	名称	计算基础数/m	单位	系数/Φ
1	仓库(综合)	按全员(工地)	m^2/人	0.7~0.8
2	水泥库	按当年用量的 40%~50%	m^2/t	0.7
3	其他仓库	按当年工作量	m^2/t	2~3
4	五金杂品库	按年建安工作量计算 按在建建筑面积计算	m^2/万元 m^2/100m^2	0.2~0.3 0.5~1
5	土建工具库	按高峰年(季)平均人数	m^2/人	0.1~0.2
6	水暖器材库	按年在建建筑面积	m^2/100 m^2	0.2~0.4
7	电器器材库	按年在建建筑面积	m^2/100 m^2	0.3~0.5
8	化工油漆危险品库	按年建安工作量	m^2/万元	0.1~0.15
9	跳板、模板库	按年建安工作量	m^2/万元	0.5~1

5.7.3.2　办公及福利设施的面积确定

在考虑临时建筑物的数量前,先要确定使用这些房屋的人数。在人数确定后,可计算临时建筑物所需的面积,计算公式如下:

$$F = N\phi_1$$

式中:F 为临时建筑物面积;N 为使用人数;ϕ_1 为面积指标(见表 5.8)。

表 5.8　行政、生活、福利临时建筑物面积参考指标

序号	临时房屋名称	指标使用方法	面积指标/ϕ_1
1	办公室	按使用人数 m²/人	3~4
2	单层通铺宿舍	按高峰年(季)平均人数 m²/人	2.5~3
3	双层床宿舍	扣除不在工地住人数 m²/人	2.0~2.5
4	单层床宿舍	扣除不在工地住人数 m²/人	3.5~4
5	家属宿舍	m²/户	16~25
6	食堂	按高峰年平均人数 m²/人	0.5~0.8
7	开水房		10~40
8	厕所	按工地平均人数 m²/人	
9	工人休息室	按工地平均人数 m²/人	0.15
10	其他公共用房	根据实际需要确定	0.32~0.51

5.7.3.3　工地临时供水设计

工地临时供水设计包括:确定用水量、选择水源、设计临时给水系统三部分。

1. 用水量计算

(1)工程施工用水量。

$$q_1 = K_1 \sum \frac{Q_1}{T_1} \cdot \frac{N_1}{b} \times \frac{K_2}{8 \times 3600}$$

式中:q_1 为施工用水量;K_1 为未预见的施工用水系数(1.05~1.15);Q_1 为年(季)度工程量(以实物计量单位表示);N_1 为施工用水定额(见表 5.9);K_2 为施工用水不均衡系数(见表 5.10);T_1 为年(季)度有效工作日;b 为每天工作班次(班)。

(2)施工机械用水量。

$$q_2 = K_1 \sum Q_2 N_2 \frac{K_3}{8 \times 3600}$$

式中:q_2 为施工机械用水量;K_1 为同上;Q_2 为同一种机械台数;N_2 为施工机械用水定额,见《施工手册》;K_3 为施工机械用水不均衡系数(见表 5.10)。

表 5.9　　施工用水(N_1)参考定额

序　号	用水对象	单　位	耗水量 N_1(L)	
1	浇筑混凝土全部用水	m³	1700～2400	
2	搅拌普通混凝土	m³	250	
3	搅拌轻质混凝土	m³	300～350	
4	搅拌泡沫混凝土	m³	300～400	实测数据
5	搅拌泡沫混凝土	m³	300～350	
6	混凝土自然养护	m³	200～400	
7	混凝土蒸汽养护	m³	500～700	
8	冲洗模板	m³	5	
9	搅拌机冲洗	台班	600	
10	人工冲洗石子	m³	1000	
11	机械冲洗石子	m³	600	
12	洗砂	m³	1000	实测数据
13	砌砖工程全部用水	m³	150～250	
14	砌石工程全部用水	m³	50～80	
15	粉刷工程全部用水	m³	30	
16	砌耐火砖砌体	m³	100～150	
17	砖浇水	千块	200～250	包括砂浆搅拌
18	硅酸盐砌块浇水	m³	300～350	
19	抹面	m³	4～6	
20	现浇楼地面	m³	190	
21	搅拌砂浆	m³	300	
22	石灰消化	m³	3000	不包括调制用水
23	上水管道工程	L/m	98	
24	下水管道工程	L/m	1130	
25	工业管道工程	L/m	35	

（3）施工现场生活用水量。

$$q_3 = \frac{P_1 \cdot N_3 \cdot K_4}{b \times 8 \times 3600}$$

式中：q_3 为施工现场生活用水量；P_1 为施工现场高峰期生活用水；N_3 为施工现场生活用水定额（一般为 20~60 L/(人·班)）；K_4 为施工现场生活用水不均衡系数（见表 5.10）；b 为每天工作班数。

表 5.10 施工用水不均衡系数

	用水名称	系数
K_2	施工工程用水 生产企业用水	1.5 1.25
K_3	施工机械、运输机械用水 动力设备用水	2.0 1.05~1.10
K_4	施工现场生活用水	1.3~1.5
K_5	居民区生活用水	2.00~2.50

（4）生活区生活用水量。

$$q_4 = \frac{P_2 \cdot N_4 \cdot K_5}{24 \times 3600}$$

式中：q_4 为生活区生活用水量；P_2 为生活区居民人数；N_4 为生活区昼夜全部生活用水定额，每一居民每昼夜为 100~120 L，随地区和有无室内卫生设备而变化，各分项用水参考定额见表 5.11；K_5 为生活区生活用水不均衡系数（见表 5.10）。

表 5.11 生活用水量（N_4）参考表

序号	用水对象	单 位	耗水量
1	生活用水（盥洗、饮用）	L/人·日	20~40
2	食堂	L/人·次	10~20
3	浴室（淋浴）	L/人·次	40~60
4	淋浴带大池	L/人·次	50~60
5	洗衣房	L/kg 干衣	40~60
6	理发室	L/人·次	10~25

（5）消防用水量。

消防用水量（q_5）见表 5.12。

表 5.12　消防用水量(q_5)

序号	用水名称	火灾同时发生次数	单位	用水量
1	居民区消防用水 5 000 人以内 10 000 人以内 25 000 人以内	一次 二次 二次	L/s L/s L/s	10 10～15 15～20
2	施工现场消防用水 施工现场在 $25×10^4$ m² 以内 每增加 $25×10^4$ m² 递增	一次 一次	L/s L/s	10～15 5

(6) 总用水量计算。

当 $(q_1+q_2+q_3+q_4) \leqslant q_5$ 时，$Q=q_5+\dfrac{1}{2}(q_1+q_2+q_3+q_4)$。

当 $(q_1+q_2+q_3+q_4) > q_5$ 时，$Q=q_1+q_2+q_3+q_4$。

当工地面积小于 $5×10^4 \cdot$ m²，并且 $(q_1+q_2+q_3+q_4) < q_5$ 时，则 $Q=q_5$。

最后算出的总用水量还应增加 10%，以补偿不可避免的水管漏水损失。

2. 配水管径计算

在计算出工地的总需水量后，可计算配水管径，公式如下：

$$D = \sqrt{\frac{4Q \times 1\,000}{\pi v}}$$

式中：D 为配水管直径(mm)；Q 为耗水量(L/s)；v 为管网中水流速度(m/s)，见表 5.13。

表 5.13　临时水管经济流速表

管　径	流速(m/s)	
	正常时间	消防时间
1. 支管 $D < 100$ mm	2	—
2. 消防用水管道 $D=100～200$ mm	1.3	>3.0
3. 消防用水管道 $D > 300$ mm	1.5～1.7	2.5
4. 生产用水管道 $D > 300$ mm	1.5～2.5	3.0

5.7.3.4　工地临时供电设计

1. 工地总用电量计算

建筑工地临时供电包括动力用电与照明用电两种，总用电量可按下式计算

$$P = 1.05 \sim 1.10 \left[K_1 \frac{\sum P_1}{\cos\varphi} + K_2 \sum P_2 + K_3 \sum P_3 + K_4 \sum P_4 \right]$$

式中：P 为供电设备总需要容量（kVA）；P_1 为电动机额定功率（kW）；P_2 为电焊机额定容量（kVA）；P_3 为室内照明容量（kW）；P_4 为室外照明容量（kW）；$\cos\varphi$ 为电动机的平均功率因数（在施工现场最高为 $0.75\sim0.78$，一般为 $0.65\sim0.75$）；K_1、K_2、K_3、K_4 为需要系数（见表 5.14）。

表 5.14　需要系数 K 值

用电名称	数量	需要系数		备注
		K	数值	
电动机	3～10 台 11～30 台 30 台以上	K_1	0.7 0.6 0.5	如施工中需要电热时,应将其用电量计算进去。为使计算结果接近实际,各项动力和照明用电,应根据不同工作性质分类计算
加工厂动力设备			0.5	
电焊机	3～10 台 10 台以上	K_2	0.6 0.5	
室内照明		K_3	0.8	
室外照明		K_4	1.0	

单班施工时，用电量计算可不考虑照明用电。由于照明用电量所占的比重较动力用电量要少得多，因此在估算总用电量时可以简化，只要在动力用电量之外再加 10% 作为照明用电量即可。

2. 确定变压器

变压器的功率按下式计算：

$$W = K \times \left[\frac{\sum P}{\cos\varphi} \right]$$

式中：W 为变压器的容量（kVA）；K 为功率损失系数，计算变电所容量时，$K=1.05$，计算临时发电站时，$K=1.1$；$\sum P$ 为变压器服务范围内的总用电量（kVA）；$\cos\varphi$ 为功率因数，一般采用 0.75。

3. 确定配电导线截面积

配电导线要正常工作，必须具有足够的机械强度、耐受电流通过所产生的温升并且使得电压损失在允许范围内。因此，选择配电导线有以下三种方法。

（1）按机械强度确定导线必须具有足够的机械强度以防止受拉或机械损伤而折断。在各种不同敷设方式下，导线按机械强度要求所必需的最小截面可参考《施工手册》。

（2）按允许电流选择导线必须能承受负载电流长时间通过所引起的温升。

① 三相四线制线路上的电流可按下式计算：

$$I = \frac{P}{\sqrt{3} \times v \times \cos\varphi}$$

② 二线制线路可按下式计算：

$$I = \frac{P}{v \times \cos\varphi}$$

式中：I 为电流值（A）；P 为功率（W）；v 为电压（V）；$\cos\varphi$ 为功率因数，临时管网取 0.7～0.75。

（3）按允许电压降确定。

导线上引起的电压降必须在一定限度之内。配电导线的截面可用下式计算：

$$S = \frac{\sum P \times L}{C \times \varepsilon}$$

式中：S 为导线截面（mm^2）；P 为负载的电功率或线路输送的电功率（kW）；L 为送电线路的距离（m）；ε 为允许的相对电压降（即线路电压损失）（%），照明允许电压降为 2.5%～5%，电动机电压降不超过±5%；C 为系数，视导线材料、线路电压及配电方式而定。

所选用的导线截面应同时满足以上三项要求，以求得的三个截面中的最大者为准，从电线产品目录中选用线芯截面。一般在道路工地和给排水工地作业线比较长，导线截面由电压降选定；在建筑工地配电线路比较短，导线截面可由容许电流选定；在小负荷的架空线路中往往由机械强度选定。

学习单元 5.8　主要技术经济指标

▌工作任务表▌

能力目标	主讲内容	学生完成任务
通过学习训练，使学生掌握技术经济指标计算的方法，熟悉技术经济指标的种类	技术经济指标计算的内容	根据实例，完成主要的技术经济指标计算

为了评价施工组织总设计各个方案的优劣，以便确定最优方案，通常采用以下技术经济指标进行评价。

5.8.1　施工总工期

施工总工期是指项目从正式开工到全部投产使用所持续的时间。应计算的指标有:

(1) 施工准备期:从施工准备开始到主要项目开工为止的时间。

(2) 一期项目投产期:从主要项目开工到第一批项目投产的全部时间。

(3) 单位工程工期:指建筑群中各单位工程从开工到竣工的全部时间。

将上述三项指标与常规工期对比。

5.8.2　项目施工总成本

(1) 项目降低成本总额:

$$降低成本总额 = 承包总成本 - 计划总成本$$

(2) 降低成本率:

$$降低成本率 = \frac{降低成本总额}{承包总成本}$$

5.8.3　项目施工总质量

项目施工总质量是施工组织总设计中确定的质量控制目标。

$$质量优良品率 = \frac{优良工程个数(或面积)}{施工项目总个数(或面积)}$$

5.8.4　建筑项目施工安全指标

以发生安全事故的频率控制数表示。

5.8.5　项目施工效率

(1) 全员劳动生产率(元/(人·年))。

(2) 单位竣工面积用工量:它反映劳动的使用和消耗水平(工日/m²)。

(3) 劳动力不均衡系数,其计算方法如下:

$$劳动力不均衡系数 = \frac{施工高峰期人数}{施工期平均人数}$$

5.8.6　临时工程

(1) 临时工程投资比例

$$临时工程投资比例 = \frac{全部临时工程投资}{建安工程总值}$$

(2) 临时工程费用比例

$$临时工程费用比例=\frac{临时工程投资-回收费+租用费}{建安工程总值}$$

5.8.7　材料使用指标

(1) 主要材料节约量:利用施工组织措施,实现三大材料(钢材、木材、水泥)的节约量。

主要材料节约量=预算用量-施工组织设计计划用量

(2) 主要材料节约率

$$主要材料节约率=\frac{主要材料节约量}{主要材料预算用量}$$

5.8.8　综合机械化程度

$$综合机械化程度=\frac{机械化施工完成工作量}{总工作量}$$

5.8.9　预制化程度

$$预制化程度=\frac{工厂及现场预制工作量}{总工作量}$$

将上述指标与同类型工程的技术经济指标比较,即可反映出施工组织总设计的实际效果,并作审批的依据。

学习单元 5.9　施工组织总设计简例

工作任务表

能力目标	主讲内容	学生完成任务
通过学习训练,使学生系统理解或掌握施工组织总设计的内容、统制技术	施工组织总设计简例	根据实例,完成施工组织总设计简例的分析评价

5.9.1　项目概况

本工程位于某市开发区内。工程占地面积 12 500 m², 总建筑面积 65 090 m²。

其中,地上建筑面积 53 090 m²,为科技市场及科技研发产业用房;地下建筑面积 12 000 m²,为车库及设备用房。建筑物地上 30 层,总高度 110 m。

基础为由 80 cm 厚抗压板,30 cm 厚混凝土板墙和 40 cm 厚人防叠合板组成的箱形基础。基础以下为 1 m 厚混凝土垫层,基础埋深 9.6 m,外做 JIA 防水层。

主体为现浇柱、预制梁板框架-剪力墙结构,按地震烈度 8 级设防。外墙为条形挂板。柱采用标准节点。现浇柱混凝土强度等级为 C30,达到 5 MPa 时方能安装预制梁板;预制梁下须加临时支撑,待叠合梁混凝土强度达到设计要求 100% 后方可拆除。现浇柱四角主筋连接采用电渣压力焊。外饰面采用白色和灰色仿古全瓷砖,一至五层干挂花岗岩。室内柱、大厅墙面贴大理石。室内地面采用高档地面砖(地砖规格:走廊 800 mm×800 mm;房间内 500 mm×500 mm)。内隔墙大部分采用轻钢龙骨石膏板墙贴塑料壁纸,砖墙或混凝土墙抹灰后贴塑料壁纸或刷乳胶漆。顶棚大部分为轻钢龙骨石膏板吊顶,厕所、开水间等房间为白瓷砖墙裙。

5.9.2 施工目标

1. 工期目标

计划 2010 年 9 月 1 日开工,2012 年 11 月 30 日结束,工期为两年零三个月。

2. 质量目标

确保省优质工程;力争国家优质工程"鲁班奖"。

3. 成本目标

保证工程的成本比预期成本降低 3.8%。

4. 安全生产目标

坚持"安全第一,预防为主"的方针,保证一般事故频率小于 1.5‰,工亡率为零,在施工期间杜绝一切重大安全质量事故。

5. 文明施工和环保目标

强化施工现场科学管理,满足现场环保要求,创一流水平,建成市级文明样板工地。

6. 科技进步目标

将本工程列为本企业科技示范工程。科技进步效益率达 1.5‰。

7. 服务目标

建造业主满意工程。

5.9.3 管理组织

本工程根据其特点,在现场成立了项目经理部,实施总承包管理模式。由项目经理、项目主任工程师、项目经济师组成。负责对工程的领导、决策、指挥、协调、控制等事宜,对工程的进度、成本、质量、安全和现场文明等负全部责任。管理组织机构,如图 5.4 所示。

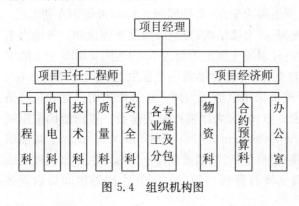

图 5.4　组织机构图

1. 各科室职责

(1) 工程科,负责施工的全面过程控制,严格控制分项工程施工工序,落实技术交底,严把质量进度关,保证工程目标实现。

(2) 机电科,负责施工机械的选购和采用,施工用电线路的铺设以及机电安装工程等的施工。

(3) 技术科,编制施工组织设计,制订并监督实施技术措施和质量改进措施,负责并解决施工工程中发生的技术问题,负责办理设计变更和洽商,以及技术资料的整理归档。

(4) 质量科,负责制订质量保证体系,对施工中的工程质量进行严格控制,严格进行质量检查和质量状况分析。

(5) 安全科,负责工程安全保卫、消防工作,保证工程的顺利进行。

(6) 物资科,负责采购供应合格产品、半成品等材料,负责进场物资的验收保护和发放。

(7) 合约预算科,负责施工项目的合同管理以及预算、索赔和核算等工作。

(8) 办公室,协调经理部各职能科室,质量体系综合管理和成本核算和管理。

2. 人员职责

(1) 项目经理职责。

① 项目经理是工程项目总负责人,向上级主管负责。

② 贯彻公司经营方针,制订项目目标,全面履行工程承包合同规范的责任。

③ 组织机构的建立和人员安排及确定职责范围。

④ 对公司质量保证手册和有关程序文件的贯彻执行。

⑤ 负责经理部内部责任状的签订。

⑥ 负责分包工程合同的签订。

⑦ 负责工程施工款项的审批,工程款的回收。

⑧ 负责工程的安全生产。

(2) 主任工程师职责。负责质量体系的运行和管理,审批"项目质量计划",

参与编制总进度计划,审定分部、分项计划,与业主或其代表协调解决工作中的问题,负责材料质量检验和试验,对施工工艺和工程质量进行检查和监督,对不合格处进行更正,主持有关工程技术、质量问题会议,负责对工程的最终检验和试验的组织工作。

(3)经济师职责。负责项目经济事务,确定工程量,核定工程款项,对各分包单位和供货方签订经济合同,核定价格和数量,监督审查财务、材料部门的工作,并负责项目施工中的成本控制。

(4)主要部门负责人员职责。主要部门负责人员职责如表 5.15 所示。

表 5.15 主要科室人员职责表

人员	主要职责
技术科主管	1. 认真执行施工规范,操作规程和各项规章制度和有关规定; 2. 负责编制单位工程施工方案。制订技术措施和实施优质工程措施; 3. 负责图纸会审,组织技术人员、工长学习图纸,负责向工人班组进行技术交底; 4. 负责检查单位工程测量定位,抄平放线,沉降测量,参与隐蔽工程验收和分部(分项)工程评定; 5. 负责组织施工中的砂浆、混凝土的试块制作、养护、保管、送试、材料测定及二次化验; 6. 负责技术资料的积累,整理齐全完备; 7. 负责质量安全有关技术事宜,及时处理不合格工程; 8. 负责检查材料是否合格
工程科主管	1. 在项目经理指导下,对单位工程所划分的工程的区段的管理工作负责; 2. 对单位的质量检查、安全、进度负责至班组; 3. 负责编制本单位施工组织设计,以及贯彻和监督; 4. 负责劳动力的管理工作,并提出每月的劳动力需要量计划,并负责分包管理工作
办公室主管	1. 协调各科室,进行综合管理; 2. 根据项目特点,以预算成本为项目基础,确定项目目标成本,并对目标成本进行有效的分解,编制工程成本降低计划,制订有效的工程成本预测控制方案; 3. 对降低成本措施的实施效果进行动态考评,负责组织分阶段工程成本的经济活动进行分析,提出各阶段成本报告期的工程成本; 4. 在工程竣工后及时提供项目考核的全套资料与数据,并接受有关部门的审定
物资科主管	1. 负责按施工进度计划申报材料使用计划,落实材料半成品的对外加工订货的数量和供应时间; 2. 按材料技术要求,对材料的规格、数量和质量进行把关验收; 3. 统筹安排现场物资管理工作,按平面布置设计进行储存; 4. 落实机械设备进场计划,材料使用计划和构件供货计划,做好材料进场工作; 5. 加强材料管理,开展限额领料,降低消耗,节约材料

5.9.4　施工方案

1. 基础工程

（1）土方工程。

槽底标高－9.60 m，室外自然地坪－1.0 m，实际挖土深度 8.60 m，分两层开挖，第一层挖深 3.6 m，第二层挖深 5.0 m。第一层土挖完后，在槽四周打钻孔护坡桩，养护至设计强度的 80% 后挖第二层土方。挖土坡度 1∶0.75。室外管网中距建筑物较近的管沟须与基槽同时开挖。

（2）防水层。

防水层施工顺序为先做立墙后做底板，立墙的砌砖、找平层和 JIA 防水层须一次做完，防水层为防水布外涂 2 cm 厚 JIA 防水砂浆。

（3）箱形基础。

水平方向划分四个施工段组织流水施工，如图 5.5 所示。

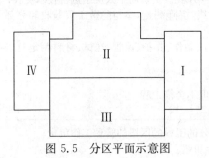

垂直方向划分四个施工层组织流水施工：第一施工层混凝土浇筑至底板斜面以下 3 cm；第二施工层浇至架空层预制板下皮；第三施工层浇至人防叠合板下皮；第四施工层浇至技术层现浇框架。

混凝土为 C30，在一个施工段内要求连续浇筑，具体浇筑顺序由施工队编制混凝土分项工程施工工艺卡。

图 5.5　分区平面示意图

2. 结构工程

（1）模板工程。

主要采用钢木组合式模板，板材采用 18 mm 厚九层胶合板；龙骨采用 5 cm×10 cm 方木，紧固件采用 ϕ12 或 ϕ14 螺栓，配套用 ϕ20PVC 塑料管；支撑系统及包箍采用 ϕ48 钢管脚手架及活动钢管顶撑。模板边沿要求顺直方正，拼缝严密，板缝不大于 1.5 mm。立模前，板面应清理干净，并刷一道隔离剂。所有柱和剪力墙模板，在底部开 200 cm×200 cm 的检查口，以便在混凝土浇筑过程前检查模内，确保无杂物，无积水，方可封闭检查口。

（2）钢筋工程。

钢筋的做法在翻样图纸中注明，施工人员须遵照执行。钢筋采用现场预制，整体吊装就位绑扎。剪力墙钢筋就位绑扎，梁板钢筋现场预制，整体就位绑扎。

（3）混凝土工程。

本工程结构混凝土采用现捣，五层以下混凝土强度等级为 C40，属于高强混凝土。

混凝土需要现场进行试块制作和试验。根据所选用的水泥品种、砂石级配、粒径、含泥量和外加剂等进行混凝土预配,最后得出优化配合比,试配结果通过项目经理部审核后,提前报送到工程管理方和监理工程师审查合格后,方准许进行混凝土生产和浇筑。

本工程顶板混凝土采用混凝土输送泵(现场常备 2 台混凝土泵)集中浇筑。

墙体和柱混凝土主要利用混凝土泵浇筑,同时利用塔吊进行辅助浇筑。在进行墙柱混凝土浇筑时,严格控制浇筑厚度(每层浇筑厚度不得超过 50 cm)及混凝土捣制时间,杜绝蜂窝、孔洞。留置在梁部位的水平施工缝、标高要严格准确控制,不得过低和超高并形成一个水平面,以利于下一步梁板施工,同时保证质量。梁板混凝土浇筑方向平行于次梁方向推进,随打随抹。梁由一端开始,用赶浆法浇筑混凝土,标高控制用水准仪抄平,把楼面+0.5 m 标高线用红色油漆标注在柱、墙体钢筋上,用拉线、刮杆找平。为了避免发生离析现象,混凝土自上而下浇筑时,其自由落差不宜超过 2 m,如高度超过 2 m,应设串桶、溜槽。为了保证混凝土结构良好的整体性,应连续进行浇筑,如遇到意外,浇筑间隙时间应控制在上一次混凝土初凝前将混凝土灌注完毕。灌注每层墙柱结构混凝土时,为避免脚部产生蜂窝现象,混凝土浇筑前在底部应先铺一层 5~10 cm 厚同强度等级混凝土的水泥砂浆。

混凝土浇筑后,应及时进行养护。混凝土表面压平后,先在混凝土表面洒少量水,然后覆盖一层塑料薄膜,在塑料薄膜上覆盖两层阻燃草帘(根据需要增减)进行养护,草帘要覆盖严密,防止混凝土暴露,确保混凝土与环境温差不大于25 ℃,养护过程设专人负责。

(4) 预制构件安装。

由两台 TQ60/80 塔式起重机承担预制构件的安装。预制梁的焊接用 1.8 m高架子,标准层里脚手架采用金属提升架,非标准层里采用钢管脚手架。外脚手架采用插口架子。预制构件安装就位后,采取临时加固措施,主要是对构造柱和条形挂板的加固。

3. 装修工程

室内抹灰非标准层采用双排钢管脚手架,标准层采用金属提升架。吊顶搭满堂红脚手架。室外装修采用双排钢管架子与双层吊篮架子结合使用。垂直运输用高层龙门架和两台外用电梯。

柱子、剪力墙和预制梁板等混凝土表面抹灰前,应检查混凝土的表面。施工时先将混凝土表面凿平,清除油污。大面积抹灰前,应先进行试验,确认能保证质量后再施工,抹灰后注意浇水养护。

地面基层要清理干净履行验收手续后方可施工,有地漏的地面施工时须找好泛水。不同做法的地面在门扇下面接缝,接缝处要平整。

5.9.5　施工进度计划

1. 网络计划

工期采用四级网络进行控制。一级网络为总进度计划;二级网络为三个月滚动计划,二级网络最终要达到一级网络的目标;三级网络为月施工计划,按照二级网络的要求进行细化;四级网络为周计划,按照三级网络进行编制。对于总承包单位编制的三级网络计划,各主要分包单位还要编制进一步细化的网络施工计划,报总承包单位审批。根据扩大初步设计图纸及有关的资料,编制总控制性网络计划,如图 5.6 所示。其总控制性横道计划,如图 5.7 所示。

2. 施工配套保证计划

此计划是完成专业工程计划与总控制计划的关键,牵涉到参与本工程的各个方面,其主要内容包括:

(1) 图纸计划。

此计划要求设计单位提供分项工程施工所必需的图纸的最迟期限,这些图纸主要包括:结构施工图、建筑施工图、钢结构图、玻璃幕墙安装施工详图、机电预留预埋件详图、机电系统图、电梯图、智能化弱电系统图、精装修施工图以及室外总图等。其中施工详图、综合图和特殊专业图等由各专业分包商进行二次深化完成,并由设计方审批认可。

(2) 方案计划。

此计划要求的是拟编制的施工组织设计或施工方案的最迟提供期限。"方案先行,样板引路"是保证工期和质量的法宝,通过方案和样板制订出合理的工序,有效的施工方法和质量控制标准。在进场后,编制各专业的系列化方案计划,与工程施工进度配套。

(3) 分供方和专业承包商计划。

此计划要求的是在分项工程开工前所必需的供应商、专业分包商合约最迟签订期限。由于本工程的工期较短和专业承包商较多,所以对分供方和专业分包方的选择是极其重要的工作。在此计划中充分体现对分供方和专业分包商的发标、资质审查、考察、报审和合同签订期限。在进场后,我们将编制各分工方和专业承

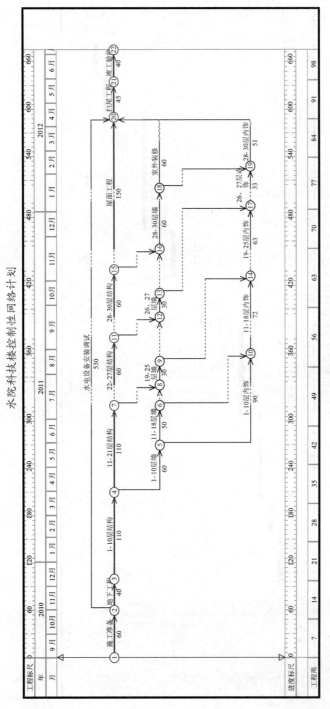

图 5.6　控制性网络计划

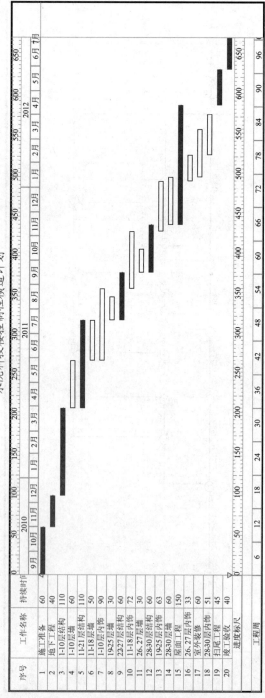

图 5.7 控制性横道计划

包商计划,与工程施工进度配套。

(4) 设备、材料及大型施工机械进出场计划。

此计划主要是对各分项工程所必须使用的材料、机械设备的进出场期限进行编列。对于特殊加工制作和国外供应的材料和设备应充分考虑其加工周期和供应周期。为保证室外工程尽早插入,对塔吊以及部分临建设施等制订出最迟退场或拆除期限。为保证此项计划,进场后应编制细致可行的退场拆除方案,为现场创造良好的场地条件。

(5) 质量检验验收计划。

分部(分项)工程验收是保证下一分部(分项)工程的前提,其验收必须及时,结构验收必须分段进行。此项验收计划需业主或业主代表、监理方、设计方和质量监督部门密切配合。

5.9.6 施工质量计划

本工程围绕质量体系,强化工序质量,以确保实现工程达到预期质量目标。

1. 质量方针

本工程的质量方针是质量就是生命,质量重于一切。

2. 质量目标

本工程的质量目标是确保成为省优质工程,并力争获得国家优质工程"鲁班奖"。

3. 质量控制的指导原则

(1) 首先建立完善的质量保证体系,配备高素质的项目管理和质量管理人员,强化"项目管理,以人为本"。

(2) 严格过程控制和程序控制,开展全面质量管理,实现 ISO9000 要求,树立"过程精品","业主满意"的质量意识,使该工程成为具有代表性的优质工程。

(3) 制订质量目标,将目标层层分解,质量责任、权力彻底落实到位,严格奖罚制度。

(4) 建立严格而实用的质量管理和控制办法、实施细则,在工程项目上坚决贯彻执行。

(5) 严格样板制、三检制、工序交接制、质量检查和审批制等制度。

(6) 广泛深入开展质量职能分析、质量讲评,大力推行"一案三工序"的管理措施,即"质量设计方案、监督上工序、保证本工序、服务下工序"。

(7) 大力加强图纸会审、图纸深化设计、详图设计和综合配套图的设计和审核工作,通过确保设计图纸的质量来保证工程施工质量。

4. 质量管理组织机构设置

建立由项目经理领导,由主任工程师策划、组织实施,现场经理和安装经理中间控制,区域和专业责任工程师检查监督的管理系统,形成项目经理部、各专业承包商、专业化公司和施工作业队组的质量管理网络。

项目质量管理组织机构,如图 5.8 所示。

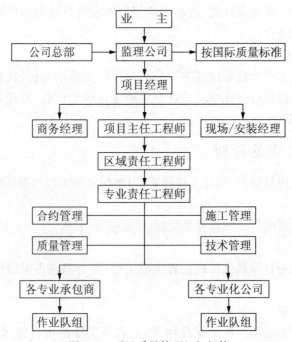

图 5.8　项目质量管理组织机构

5.9.7　施工成本计划

施工成本控制,就是在其施工过程中,运用必要的技术与管理手段对物化劳动和活劳动消耗进行严格组织和监督的一个系统过程。

1. 成本计划的编制程序

施工项目成本计划编制的程序,有以下三个阶段:

(1) 准备阶段。

在这一阶段里,除了要做好编制计划的思想上和组织上的准备外,还要收集和整理资料。编制成本计划所需要的资料有:上级主管部门下达的降低成本、利润指标;工程施工图预算;各种定额资料;降低成本的技术组织措施及其经济效果。

（2）目标成本决策阶段。

在预测施工项目目标利润的基础上确定目标成本。在确定目标成本的过程中既要确保项目的目标利润，又要考虑上级主管部门下达的降低成本指标和要求。

（3）编制阶段。

编制成本计划首先由项目经理部将目标成本和降低成本指标层层分解落实到科室和施工队，并组织各单位和全体职工挖掘内部潜力，落实降低成本的技术组织措施。然后进行汇总形成成本计划。最后，再将编好的计划正式下达。

2. 降低成本的依据

（1）选择正确的施工方案，合理优化施工方案。

（2）劳动生产率可望进一步提高。

（3）材料供应、使用有待进一步改善，此处潜力很大，机械使用率可进一步提高。

3. 降低成本措施

采取以下措施，在保证工程的工期和质量的前提下，达到降低成本的目的：

（1）挖土时，在场地内预留下要回填的土方量。

（2）制订科学、合理的施工方案，采取小流水均衡施工法，科学划分施工区段，实现快节拍均衡流水施工，加快施工速度，最大限度地减少模板及支撑的投入量。

（3）通过缩短工期，减少大型机械和架模工具的租赁费，降低成本。

（4）加强现场管理，按照项目法严密组织施工，制订严格的材料加工、购买、进场计划、限额领料制度，既保证材料保质保量及时进场到位，又不造成积压和材料浪费，减少材料损耗，减少材料来回运输和二次搬运，降低成本。

（5）从质量控制上，做到一次成优，避免返工，降低成本。

（6）采用清水混凝土的措施：为使工程减少粗抹灰的工作量，节约材料、节约人工，并且混凝土平整度好，采用竹胶板整拼抹板施工，达到清水模板效果，顶板不允许抹灰，避免抹灰造成空鼓、灰层脱落，使材料费、人工费、管理费相应得到降低。

（7）钢筋连接采用锥螺纹连接。

（8）混凝土内掺加掺和料（粉煤灰）以减少水泥用量。

5.9.8 施工安全计划

严格执行各项安全管理制度和安全操作规程，学习并实施 ISO18000 有关要求，并采取以下措施。

（1）建筑物首层四周必须支固定 5 m 宽的双层水平安全网，网底距下方物体表面不得小于 5 m。

（2）建筑物的出入口须搭设长 6 m，宽于出入通道两侧各 1 m 的防护栅，栅顶应满铺不小于 5 cm 厚的脚手板，非出入口和通道两侧必须封严。

（3）高处作业，严禁投掷物料。

（4）塔式起重机的安装必须符合国家标准及生产厂使用规定，并办理验收手续，经检验合格后，方可使用。使用中，定期进行检测。

（5）塔式起重机的安全装置（四限位，两保险）必须齐全、灵敏、可靠。

（6）吊索具必须使用合格产品。钢丝绳应根据用途保证足够的安全系数。

（7）成立施工现场消防保卫领导小组，制订保卫、巡逻、门卫制度。

（8）由专人与气象台联系，及时作出大雨和大风预报，采取相应技术措施，防止发生事故。

5.9.9　施工环保计划

学习并实施 ISO14000 有关要求。

（1）防止大气污染。水泥和其他易飞扬的细颗粒散体材料，要在库房内存放或严密遮盖，运输时车辆要封闭，以防止遗撒、飞扬。施工现场垃圾应集中及时清运，适量洒水，在易产生扬尘的季节经常洒水降尘，减少扬尘。

（2）防止水污染。施工现场设置沉淀池，使废水经沉淀后再排入市政污水管线，食堂要设置简易有效的隔油池场，配备洒水设备，并指定专人负责，并加强管理，定期掏油，以免造成水污染。现场油库必须进行防渗漏处理，储存和使用都要采取措施，防止油料跑、冒、滴、漏而污染环境。

（3）防止噪声污染。对于木工车间等产生较大噪声的地方可能的情况下采取全封闭，以降低噪音。另外，在施工现场我们将严格遵照《中华人民共和国建筑施工场界噪声限制》来控制噪声，最大限度地降低噪声扰民。

5.9.10　施工风险防范

项目施工过程周期长，进展中干扰因素多。因素的变化性、时间性、不定性要求我们进行动态管理，预先尽量预测风险并做出措施，以保证项目的顺利进行。

本工程的风险事件预测与措施（略）。

5.9.11　施工总平面布置

本工程地处市区，施工现场非常狭窄，在布置施工平面时，按照施工总平面布置原则和要求，通过对几个可行方案论证，最后确定出最优方案。本工程施工总平面图布置，如图 5.9 所示。

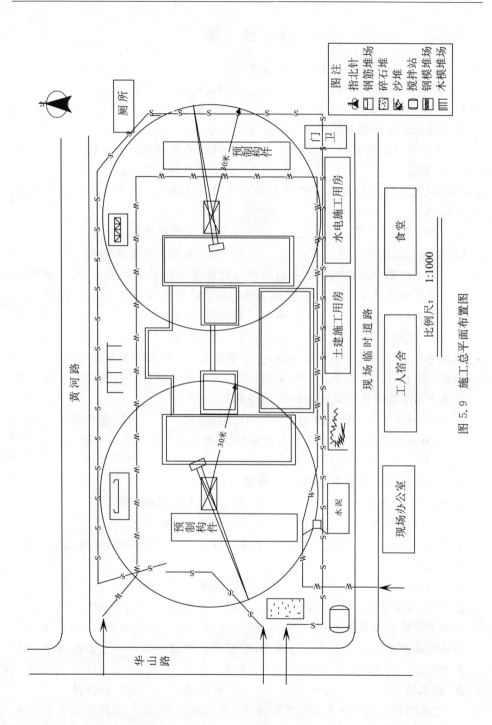

图 5.9 施工总平面布置图

比例尺: 1:1000

训 练 题

1. 编制( )后才可编制资源需求量计划。
   A. 建设项目的工程概况 B. 施工总进度计划
   C. 施工总体布置 D. 主要施工方法

2. 施工组织总设计文件编制依据不包括( )。
   A. 工程有关的资源供应情况 B. 建设单位对施工的要求
   C. 工程设计文件 D. 主要材料质量等级

3. 工程概况应包括项目主要情况和项目主要施工条件,项目主要情况不包括
   ( )。
   A. 项目总规模 B. 建设项目的建设地点
   C. 项目施工区域地形 D. 对项目施工的重点要求

4. ( )是对整个建设项目从全局上进行的统筹规划和全面安排,它主要解决
   工程施工中的重大战略问题,是施工组织总设计的核心。
   A. 总体施工部署 B. 施工方案
   C. 施工方法 D. 施工组织

5. 施工总进度计划表绘制完后,将同一时期各项工程的工作量加在一起,用一定
   的比例画在施工总进度计划的底部,即可得出建设项目工作量动态曲线。这
   主要是为了检查计划是否达到( )要求。
   A. 技术性 B. 均衡性 C. 经济性 D. 合理性

6. "平面布置科学合理,施工场地占用面积少"是施工总平面图设计的( )。
   A. 依据 B. 内容 C. 原则 D. 目标

7. 设计全工地性施工总平面图,第一步应该是( )。
   A. 临时性房屋布置 B. 仓库与材料堆场的布置
   C. 内部运输道路布置 D. 场外交通的引入

8. 施工组织总设计中,确定主要施工方法时,( )项目的施工方法则应详细、
   具体拟订。
   A. 一般的、常见 B. 工期无多大影响
   C. 施工技术复杂、施工难度大 D. 工人熟悉

9. 施工总进度计划表绘制完后,将同一时期各项工程的工作量加在一起,用一定
   的比例画在施工总进度计划的底部,即可得出建设项目工作量动态曲线。这
   主要是为了检查计划是否达到( )要求。
   A. 技术性 B. 均衡性 C. 经济性 D. 合理性

10. 工程概况应包括项目主要情况和项目主要施工条件,( )属于项目主要施

工条件。

　A. 项目总规模　　　　　　　　B. 建设项目的建设地点

　C. 主要材料和生产工艺设备供应　D. 对项目施工的重点要求

11. 施工总平面图是对拟建项目施工现场的总体平面布置图,是施工部署在
（　　）上的反映。

　A. 平面　　　　B. 立面　　　　C. 时间　　　　D. 空间

12. 施工总平面图的绘制比例一般为（　　）。

　A. 1∶100～1∶200　　　　　　B. 1∶100～1∶500

　C. 1∶1 000～1∶2 000　　　　　D. 1∶10 000～1∶20 000

学习任务 6 单位工程施工组织设计编制

【学习目标】

1. 了解单位工程施工组织设计的概念、内容；
2. 熟悉单位工程施工组织设计的编制程序；
3. 掌握单位工程施工组织设计核心内容的编写；
4. 能够根据工程项目的特点与要求合理编制单位工程施工组织设计，初步具备单位工程施工组织设计的编制能力。

学习单元 6.1 单位工程施工组织设计概述

工作任务表

能力目标	主讲内容	学生完成任务
通过学习训练，使学生理解单位工程施工组织设计的含义，熟知单位工程施工组织设计的内容	单位工程施工组织设计内容	根据实例，完成单位工程施工组织设计的内容确定

6.1.1 单位工程施工组织设计的概念

单位工程施工组织设计是承包人为全面完成工程的施工任务而编制的，用以指导拟建工程从施工准备到竣工验收全过程施工活动的综合性文件。其目的是从整个建筑物或构筑物施工的全局出发，选择合理的施工方案，确定各分部（分项）工程之间科学合理的搭接、配合关系并设计出符合施工现场情况的平面布置图，从而以最少的投入，在规定的工期内，生产出质量好、成本低的建筑产品。

6.1.2 编制单位工程施工组织设计的依据

单位工程施工组织设计的编制依据主要有施工合同、设计文件、建筑企业年度生产计划、施工组织总设计、施工现场自然条件、相关的国家规定和标准以及类似的工程施工组织设计实例和有关参考资料等。

6.1.3　单位工程施工组织设计的内容

单位工程施工组织设计的内容一般应包括:编制依据、工程概况、施工部署、施工进度计划、施工准备与资源配置计划、主要施工方法、施工现场平面布置及主要施工管理计划等基本内容。根据工程的性质、规模、结构特点、技术复杂程度和施工条件的不同,对其内容和深广度要求也不同,但内容必须简明扼要,使其真正能起到指导现场施工的作用。

6.1.4　单位工程施工组织设计的编制程序

单位工程施工组织设计的编制程序,是指对其各组成部分形成的先后次序及相互之间的制约关系的处理。单位工程施工组织设计的编制程序如图6.1所示。

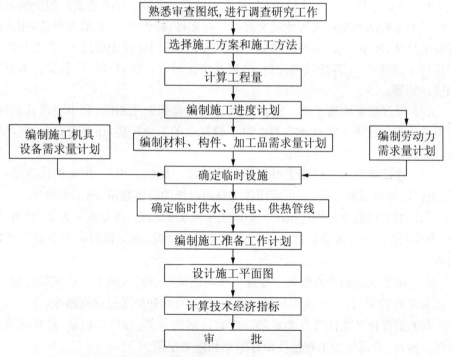

图 6.1　单位工程施工组织设计的编制程序

学习单元 6.2　编制依据及工程概况

‖ 工作任务表 ‖

能力目标	主讲内容	学生完成任务
通过学习训练,使学生理解编制依据的重要性,熟悉工程概况的编写内容	编制依据和工程概况的编写内容	根据实例,完成编制依据和工程概况的编写

6.2.1　单位工程施工组织设计的编制依据

单位工程施工组织设计的编制依据主要有:

(1) 上级主管单位和建设单位(或监理单位)对本工程的要求。如上级主管单位对本工程的范围和内容的批文及招投标文件,建设单位(或监理单位)提出的开竣工日期、质量要求、某些特殊施工技术要求、采用何种先进技术,施工合同中规定的工程造价,工程价款的支付、结算及交工验收办法,材料、设备及技术资料供应计划等。

(2) 经过会审的施工图。包括单位工程的全部施工图纸、会审记录及构件、门窗的标准图集等有关技术资料。对于较复杂的工业厂房,还要有设备、电器和管道的图纸。

(3) 建设单位对工程施工可能提供的条件。如施工用水、用电的供应量,水压、电压能否满足施工要求,可借用作为临时设施的房屋数量、施工用地等。

(4) 本工程的资源供应情况。如施工中所需劳动力、各专业工人数,材料、构件、半成品的来源、运输条件、运距、价格及供应情况,施工机具的配备及生产能力等。

(5) 施工现场的勘察资料。如施工现场的地形、地貌,地上与地下障碍物,地形图和测量控制网,工程地质和水文地质,气象资料和交通运输道路等。

(6) 工程预算文件及有关定额。应有详细的分部、分项工程量,必要时应有分层、分段或分部位的工程量及预算定额和施工定额。

(7) 工程施工协作单位的情况。如工程施工协作单位的资质、技术力量、设备安装进场时间等。

(8) 有关的国家规定和标准。是指施工及验收规范、质量评定标准及安全操作规程等。如《建筑施工组织设计规范》(GB/T 50502—2009)、《混凝土结构工程施工规范》(GB 50666—2011)、《钢筋焊接及验收规程》(JGJ 18—2012)、《施工现场临时用电安全技术规范》(JGJ 46—2005)等。

(9) 有关的参考资料及类似工程的施工组织设计实例。

6.2.2　工程概况

单位工程施工组织设计中的工程概况是对拟建工程的工程特点、建设地点特征和施工条件等所做的一个简要、突出重点的文字介绍或描述,在描述时也可加入图表进行补充说明。

工程概况及施工特点分析具体包括以下内容:

(1) 工程建设概况。

主要介绍:拟建工程的建设单位,工程名称、性质、用途、作用和建设目的,资金来源及工程造价,开竣工日期,设计、监理、施工单位,施工图纸情况,施工合同及主管部门的有关文件等。

(2) 建筑设计特点。

主要介绍:拟建工程的建筑面积、平面形状和平面组合情况,层数、层高、总高度、总长度和总宽度等尺寸及室内、外装饰要求的情况,并附有拟建工程的平、立、剖面简图。

(3) 结构设计特点。

主要介绍:基础构造特点及埋置深度,桩基础的根数及深度,主体结构的类型,墙、柱、梁、板的材料及截面尺寸,预制构件的类型及安装位置,抗震设防情况等。

(4) 施工条件。

主要介绍:拟建工程的水、电、道路、场地平整等情况,建筑物周围环境,材料、构件、半成品构件供应能力和加工能力,施工单位的建筑机械和运输能力、施工技术、管理水平等。

(5) 工程施工特点。

主要介绍:工程施工的重点所在。找出施工中的关键问题,以便在选择施工方案、组织各种资源供应和技术力量配备,以及在施工准备工作上采取相应措施。不同类型或不同条件下的工程施工,均有其不同的施工特点。砖混结构建筑的施工特点是砌砖的工程量大;框架结构建筑的施工特点是模板和混凝土工程量大。

学习单元 6.3　施工部署及主要施工方案

┃ 工作任务表 ┃

能力目标	主讲内容	学生完成任务
通过学习训练,使学生熟悉施工部署的内容,掌握主要施工方案的编制技术	施工部署和主要施工方案的内容	根据实例,完成施工部署和主要施工方案的编制

6.3.1　施工部署

施工部署是对项目实施过程做出的统筹规划和全面安排,包括项目施工主要目标、施工顺序、进度安排、空间组织、工程的重点和难点分析及项目管理组织机构形式等。

1. 施工部署的一般要求

单位工程施工组织设计应在施工组织总设计中已确定的总体目标的前提下,根据施工合同、招标文件以及本单位对工程管理目标的要求,进一步明确单位工程施工的进度、质量、安全、环境和成本等目标。对工程主要施工内容及其进度安排应明确说明,对于工程施工的重点和难点应进行分析,对于工程施工中开发和使用的新技术、新工艺应做出部署,对新材料和新设备的使用应提出技术及管理要求,对工程管理的组织机构形式、工作岗位设置及其职责划分应按照规范予以明确,对主要分包工程施工单位的选择要求及管理方式应进行简要说明。

2. 项目管理组织机构

项目管理组织机构是施工单位内部的管理组织机构,是为某一具体施工项目而设定的临时性组织机构。现场项目经理部的组织形式参见图 6.2。

3. 确定施工程序

施工程序是指单位工程中各分部工程或施工阶段的先后次序及其制约关系。单位工程的施工程序一般为:接受施工任务阶段→开工前准备阶段→全面施工阶段→交工前验收阶段。不同施工阶段有不同工作内容,按照其固有的先后次序循序渐进地向前开展。

(1) 严格执行开工报告制度。

单位工程开工前必须做好一系列准备工作,在具备开工条件后,由施工企业写出书面开工申请报告,报上级主管部门审批后方可开工。实现社会监理的工程,施工企业还应将开工报告送监理工程师审批,由监理工程师发出开工通知书。

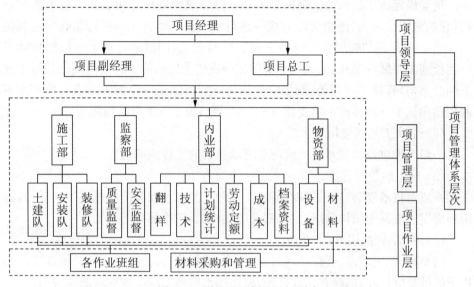

图 6.2 项目经理部的组织形式

(2)遵守建设原则。

一般建筑的建设原则有:先地下,后地上;先主体,后围护;先结构,后装饰;先土建,后设备。但是,由于影响施工的因素很多,故施工程序并不是一成不变的。特别是随着科学技术和建筑工业化的不断发展,有些施工程序也将发生变化。如某些分部工程改变其常见的先后次序,或搭接施工,或同时平行施工。

(3)合理安排土建施工与设备安装的施工程序。

主要对于工业厂房,施工内容较复杂且多有干扰,除了要完成一般土建工程外,还要同时完成工艺设备和工业管道等安装工程。为了使工厂早日竣工投产,不仅要加快土建工程施工速度,为设备安装提供工作面,而且应该根据设备性质、安装方法、厂房用途等因素,合理安排土建施工与设备安装之间的施工程序。一般有先土建后设备(封闭式施工)、先设备后土建(敞开式施工)和设备与土建同时施工三种施工程序。

4. 确定施工起点流向

施工起点和流向是指单位工程在平面或竖向空间开始施工的部位和方向。对单层建筑应分区分段确定出平面上的施工流向;对多层建筑除了确定每层平面上的施工流向外,还需确定在竖向上的施工流向。确定单位工程的起点和流向,应考虑以下因素：

（1）施工方法。

这是确定施工流向的关键因素。如一幢建筑物要用逆作法施工地下两层结构，它的施工流向为：测量定位放线→进行地下连续墙施工→进行钻孔灌注桩施工→±0.00 标高结构层施工→地下两层结构施工，同时进行地上一层结构施工→底板施工并做各层柱，完成地下室施工→完成上层结构。若采用顺作法施工地下两层结构，其施工流向为：测量定位放线→底板施工→换拆第二道支撑→地下两层结构施工→换拆第一道支撑→±0.00 顶板施工→上部结构施工。

（2）生产工艺或使用要求。

一般考虑建设单位对生产或使用要求急切的工段或部位先施工。

（3）施工的繁简程度。

一般对技术复杂、施工进度较慢、工期较长的工段或部位应先施工。例如，高层现浇钢筋混凝土结构房屋，主楼部分应先施工，裙楼部分后施工。

（4）房屋高、低层或高、低跨。

当有高、低层或高、低跨并列时，应从高、低层或高、低跨并列处开始施工。如柱子的吊装应从高、低跨并列处开始；屋面防水层施工应按先高后低的方向施工，同一屋面则由檐口到屋脊方向施工。

（5）工程现场条件和选用的施工机械。

施工场地大小、道路布置、所采用的施工方法和机械也是确定施工起点和流向的主要因素。如基坑开挖工程，不同的现场条件，可选择不同的挖掘机械和运输机械，这些机械的开行路线或位置布置便决定了基坑挖土的施工起点和流向。

（6）施工组织的分层、分段。

划分施工层、施工段的部位，如伸缩缝、沉降缝、施工缝，也是决定其施工流向应考虑的因素。

（7）分部工程或施工阶段的特点。

基础工程由施工机械和方法决定其平面的施工流向，而竖向的流向一般是先深后浅；主体结构工程从平面上看，从哪一边先开始都可以，但竖向一般应自下而上施工；装饰工程竖向流向比较复杂，室外装饰一般采用自上而下的流程，室内装饰则有自上而下、自下而上及自中而下再自上而中三种流向。

施工顺序是指分项工程或工序之间施工的先后次序。它的确定既是为了按照客观的施工规律组织施工，也是为解决各工种之间在时间上的搭接和空间上的利用问题，在保证施工质量与安全的前提下，以求达到充分利用空间、争取时间、缩短工期的目的。合理地确定施工顺序也是编制施工进度计划的需要。

5. 确定施工顺序

(1) 确定施工顺序的基本原则。

① 遵循施工程序。施工程序确定了施工阶段或分部工程之间的先后次序。确定施工顺序时必须遵循施工程序,例如"先地下后地上"、"先主体后围护"等建设程序。

② 符合施工工艺的要求。这种要求反映出施工工艺上存在的客观规律和相互间的制约关系,一般是不可违背的。如预制钢筋混凝土柱的施工顺序为:支模板→绑钢筋→浇混凝土→养护→拆模。

③ 和采用的施工方法及施工机械协调一致。如单层工业厂房结构吊装工程的施工顺序,当采用分件吊装法时,则施工顺序为:吊柱→吊梁→吊屋盖系统;当采用综合吊装法时,则施工顺序为:第一节间吊柱、梁和屋盖系统→第二节间吊柱、梁和屋盖系统→……→最后一节间吊柱、梁和屋盖系统。

④ 考虑施工组织的要求。当工程的施工顺序有几种方案时,就应从施工组织的角度,进行综合分析和比较,选出最经济合理、有利于施工和开展工作的施工顺序。

⑤ 考虑施工质量和施工安全的要求。确定施工顺序必须以保证施工质量和施工安全为大前提。如为了保证施工质量,楼梯抹面应在全部墙面、地面和天棚抹灰完成之后,自上而下一次完成;为了保证施工安全,在多层砖混结构施工中,只有完成两个楼层板的铺设后,才允许在底层进行其他施工过程施工。

⑥ 考虑当地气候条件的影响。如雨季和冬季到来之前,应先做完室外各项施工过程,为室内施工创造条件。如冬季室内施工时,应先安门窗扇和玻璃,后做其他装饰工程。

(2) 钢筋混凝土框架结构房屋的施工顺序。

钢筋混凝土框架结构多用于多层民用房屋和工业厂房,也常用于高层建筑。这种房屋的施工,一般可划分为基础工程、主体结构工程、围护工程和装饰工程等四个阶段。

① 基础工程施工顺序。多层全现浇钢筋混凝土框架结构房屋的基础一般可分为有地下室和无地下室基础工程。若有地下室一层,且房屋建造在软土地基时,基础工程的施工顺序一般为:桩基→围护结构→土方开挖→破桩头及铺垫层→地下室底板→地下室墙、柱(防水处理)→地下室顶板→回填土。

若无地下室,且房屋建造在土质较好的地区时,基础工程的施工顺序一般为:挖土→垫层→基础(扎筋、支模、浇混凝土、养护、拆模)→回填土。

在多层框架结构房屋的基础工程施工之前,要先处理好基础下部的松软土、洞穴等,然后分段进行平面流水施工。施工时,应根据当地的气候条件,加强对垫层和基础混凝土的养护,在基础混凝土达到拆模要求时及时拆模,并提早回填土,从而为上部结构施工创造条件。

②主体结构工程的施工顺序(假定采用木制模板)。主体结构工程即全现浇钢筋混凝土框架的施工顺序为:绑柱钢筋→安柱、梁、板模板→浇柱混凝土→绑扎梁、板钢筋→浇梁、板混凝土。柱、梁、板的支模、绑筋、浇混凝土等施工过程的工作量大,耗用的劳动力和材料多,而且对工程质量和工期也起着决定性作用。故需把多层框架在竖向上分成层,在平面上分成段,即分成若干个施工段,组织平面上和竖向上的流水施工。

③围护工程的施工顺序。围护工程的施工主要包括墙体工程,墙体工程可与主体结构组织平行、搭接施工,也可在主体结构封顶后再进行墙体工程施工。

④屋面和装饰工程的施工顺序。这个阶段具有施工内容多、劳动消耗量大、手工操作多、工期长等特点。屋面工程主要是卷材防水屋面和刚性防水屋面。卷材防水屋面的施工顺序一般为:找平层→隔汽层→保温层→找平层→结合层→防水层。对于刚性防水屋面,主要是现浇钢筋混凝土防水层,应在主体完成或部分完成后开始,并尽快分段施工,以便为室内装饰工程创造条件。一般情况下,屋面工程和室内装饰工程可以搭接或平行施工。

装饰工程可分为室内装饰(天棚、墙面、楼地面、楼梯等抹灰,门窗安装,做墙裙、踢脚线等)和室外装饰(外墙抹灰、勒脚、散水、台阶、明沟、水落管等)。室内、外装饰工程的施工顺序通常有先内后外、先外后内、内外同时进行三种顺序,具体确定为哪种顺序应视施工条件、气候条件和工期而定。当室内为水磨石楼面时,为避免楼面施工时水的渗漏对外墙面的影响,应先完成水磨石的施工;如果为了赶在冬、雨季到来之前完成室外装修,则应采取先外后内的顺序。

室外装饰施工顺序一般为:外墙抹灰(或其他饰面)→勒脚→散水→台阶→明沟,并由上而下逐层进行,同时安装落水斗、落水管和拆除外脚手架。

同一层的室内抹灰施工顺序有楼地面→天棚→墙面和天棚→墙面→楼地面两种。前一种顺序便于清理地面,地面质量易于保证,但由于地面需要留养护时间及采取保护措施,会影响工期。后一种顺序在做地面前必须将天棚和墙面上的落地灰和渣滓扫清净后再做面层,否则会引起地面起鼓。

底层地面一般多是在各层天棚、墙面、楼面做好之后进行。楼梯间和踏步抹面由于在施工期间易损坏,通常是在其他抹灰工程完成后,自上而下统一施工。门窗扇安装可在抹灰之前或之后进行,视气候和施工条件而定。例如,室内装饰工程若是在冬季施工为防止抹灰层冻结和加速干燥,门窗扇和玻璃均应在抹灰前安装完毕。金属门窗一般采用框和扇在加工厂拼装好,运至现场在抹灰前或后进行安装。而门窗玻璃安装一般在门窗扇油漆之后进行,或在加工厂同时装好并在表面贴保护胶纸。

⑤ 水、电、暖、卫等工程的施工顺序。水、电、暖、卫等工程不同于土建工程,可以分成几个明显的施工阶段,它一般与土建工程中有关的分部(分项)工程进行交叉施工,紧密配合。配合的顺序和工作内容如下:a. 在基础工程施工时,先将相应的管道沟的垫层、地沟墙做好,然后回填土。b. 在主体结构施工时,应在砌砖和现浇钢筋混凝土楼板的同时,预留出上、下水管和暖气立管的孔洞、电线孔槽或预埋木砖和其他预埋件。c. 在装饰工程施工前,安设相应的各种管道和电器照明用的附墙暗管、接线盒等。水、暖、电、卫安装一般在楼地面和墙面抹灰前或穿插施工。若电线采用明线,则应在室内粉刷后进行。

6.3.2 主要施工方案

正确地选择施工方法和选择施工机械,是合理组织施工的重要内容,也是施工方案中的关键问题,它直接影响着工程的施工进度、工程质量、工程成本和施工安全。因此,在编制施工方案时,必须根据工程的结构特点、抗震烈度、工程量大小、工期长短、资源供应情况、施工现场条件、周围环境等,制订出可行的施工方案,并进行技术经济比较,确定施工方法和施工机械的最优方案。

1. 选择施工方法

选择施工方法时,应着重考虑影响整个单位工程施工的分部(分项)工程的施工方法。一个分部(分项)工程,可以采用多种不同的施工方法,也会获得不同的效果。但对于按常规做法和工人熟悉施工方法的分部(分项)工程,则不必详细拟定。需着重拟定施工方法的有:结构复杂的、工程量大且在单位工程中占重要地位的分部(分项)工程,施工技术复杂或采用新工艺、新技术、新材料的分部(分项)工程,不熟悉的特殊结构工程或由专业施工单位施工的特殊专业工程等,要求详细而具体,提出质量要求以及相应的技术措施和安全措施,必要时可编制单独的分部(分项)工程的施工作业设计。

通常,施工方法选择的内容有:

(1) 土石方工程。包括:① 各类基坑开挖方法、放坡要求或支撑方法,所需人工数量、机械的型号及数量;② 土石方平衡调配、运输机械类型和数量;③ 地下水、地表水的排水方法,排水沟、集水井、井点的布置方案。

(2) 基础工程。包括:① 地下室施工的技术要求;② 浅基础的垫层、混凝土基础和钢筋混凝土基础施工的技术要求;③ 桩基础施工的施工方法以及施工机械选择。

(3) 钢筋混凝土工程。包括:① 模板类型、支模方法;② 钢筋加工、运输、安装方法;③ 混凝土配料、搅拌、运输、振捣方法及设备,外加剂的使用,浇筑顺序,施工缝位置,工作班次,分层厚度,养护制度等;④ 预应力混凝土的施工方法、控制应力和张拉设备。

(4)砌筑工程。包括:① 砖墙的组砌方法和质量要求;② 弹线及皮数杆的控制要求;③ 确定脚手架搭设方法及安全网的挂设方法;④ 选择垂直和水平运输机械。

(5)结构安装工程。包括:① 构件尺寸、自重、安装高度;② 吊装方法和顺序、机械型号及数量、位置、开行路线;③ 构件运输、装卸、堆放的方法;④ 吊装运输对道路的要求。

(6)垂直、水平运输工程。包括:① 标准层垂直运输量计算表;② 水平运输设备、数量和型号、开行路线;③ 垂直运输设备、数量和型号、服务范围;④ 楼面运输路线及所需设备。

(7)装饰工程。包括:① 室内外装饰抹灰工艺的确定;② 施工工艺流程与流水施工的安排;③ 装饰材料的场内运输,减少临时搬运的措施。

(8)特殊项目。包括:① 对四新(新结构、新工艺、新材料、新技术)项目,高耸、大跨、重型构件,水下、深基础、软弱地基,冬季施工项目均应单独编制,内容包括:工程平、剖面图,工程量,施工方法,工艺流程,劳动组织,施工进度,技术要求与质量、安全措施,材料、构件及设备需要量等;② 对大型土方、打桩、构件吊装等项目,无论内、外分包均应由分包单位提出单项施工方法与技术组织措施。

2.选择施工机械

施工机械选择的内容主要包括机械的类型、型号与数量。机械化施工是当今的发展趋势,是改变建设业落后面貌的基础,是施工方法选择的中心环节。在选择施工机械时,应着重考虑以下几个方面:

(1)结合工程特点和其他条件,确定最合适的主导工程施工机械。

例如,装配式单层工业厂房结构安装起重机械的选择,当吊装工程量较大且又比较集中时,宜选择生产率较高的塔式起重机;当吊装工程量较小或较大但比较分散时,宜选用自行式起重机较为经济。无论选择何种起重机械,都应当满足起重量、起重高度和起重半径的要求。

(2)各种辅助机械或运输工具,应与主导施工机械的生产能力协调一致,使主导施工机械的生产能力得到充分发挥。

例如,在土方工程开挖施工中,若采用自卸汽车运土,汽车的容量一般应是挖掘机铲斗容量的整数倍,汽车的数量应保证挖掘机能连续工作。

(3)在同一建筑工地上,尽量使选择的施工机械的种类较少,以利于管理和维修。

在工程量较大时,适宜专业化生产的情况下,应该采用专业机械;在工程量较小且又分散时,尽量采用一机多能的施工机械,使一种施工机械能满足不同分部工程施工的需要。例如,挖土机不仅可以用于挖土,经工作装置改装后也可用于装卸、起重和打桩。

(4) 施工机械选择应考虑到施工企业工人的技术操作水平,尽量利用施工单位现有施工机械。减少施工的投资额的同时又提高了现有机械的利用率,降低了工程造价。当不能满足时,再根据实际情况,购买或租赁新型机械或多用途机械。

学习单元 6.4 施工进度计划

▌ 工作任务表 ▌

能力目标	主讲内容	学生完成任务
通过学习训练,使学生掌握单位工程施工进度计划的编制技术	单位工程施工进度计划的编制	根据实例,完成单位工程施工进度计划的编制

编制单位工程施工进度计划可采用横道图也可采用网络图,其编制步骤如下。

1. 划分施工过程

编制施工进度计划时,首先按施工图纸和施工顺序把拟建单位工程的各个施工过程[分部(分项)工程]列出,并结合施工方法、施工条件、劳动组织等因素,加以适当调整,使其成为编制施工进度计划所需的施工过程。再逐项填入施工进度计划表的分部(分项)工程名称栏中。

在确定施工过程时,应注意以下问题:

(1) 明确施工过程的划分内容。一般只列出直接在建筑物(或构筑物)上进行施工的砌筑安装类施工过程,而不必列出构件制备类和运输类施工过程。但当某些构件采用现场就地预制方案,单独占施工工期,对其他分部(分项)工程的施工有影响,或某些运输工作与其他分部(分项)工程施工密切配合时,也要将这些制备类和运输施工过程列入。

(2) 施工过程划分的粗细程度,主要根据单位工程施工进度计划的客观指导作用而确定。对控制性施工进度计划,施工过程可划分得粗一些,通常只列出分部工程名称。如混合结构居住房屋的控制性施工进度计划,可以只列出基础工程、主体工程、屋面防水工程和装饰工程四个施工过程。对实施性施工进度计划,施工过程应当划分得细一些,通常要列到分项工程或更具体,以满足指导施工作业的要求。如屋面防水工程要划分为找平层、隔汽层、保温层、防水层等分项工程。

(3)施工过程的划分要结合所选择的施工方案。如单层工业厂房结构安装工程,若采用分件吊装法,则施工过程的名称、数量和内容及其安装顺序应按照构件不同来划分;若采用综合吊装法,则按施工单元(节间、区段)来划分。

(4)注意适当简化施工进度计划的内容,避免工程项目划分过细、重点不突出。因此,可以将某些穿插性的分项工程合并到主要分项工程中去,如安装门窗框可以并入砌墙这个分项工程;而对于在同一时间内、由同一专业班组施工的施工过程也可以合并,如工业厂房中的钢窗油漆、钢门油漆、钢支撑油漆等,可合并为钢构件油漆一个施工过程;对于次要的、零星的分项工程,可以合并为"其他工程"一项列入。

(5)水、电、暖、卫工程和设备安装工程,通常采取由专业机构负责施工。因此,在单位工程的施工进度计划中,只要反映出这些工程与土建工程如何衔接即可,不必细分。

(6)所有划分的施工过程应按施工顺序的先后排列,所采用的工程项目名称一般应与现行定额手册上的项目名称相同。

2. 计算工程量

单位工程的工作量应根据施工图纸、有关计算规则及相应的施工方法进行计算,是一项十分繁琐的工作,但一般在工程概算、施工图预算、投标报价、施工预算等文件中,已有详细的计算,数值是比较准确的,故在编制单位工程施工进度计划时不需要重新计算,只要将预算中的工程量总数根据施工组织要求,按施工图上的工程量比例加以划分即可。施工进度计划中的工程量,仅是作为计算劳动力、施工机械、建筑材料等各种施工资源需要的依据,而不能作为计算工资或进行工程结算的依据。

在工程量计算时,应注意以下几个问题:

(1)各施工过程的工程量计算单位,应与现行定额手册中所规定的单位一致,以避免在计算劳动力、材料和机械台班数量时再进行换算,从而产生换算错误。

(2)要结合选定的施工方法和安全技术要求计算工程量。如在基坑的土方开挖中,要考虑到采用的开挖方法和边坡稳定的要求。

(3)结合施工组织的要求,分区、分项、分段、分层计算工程量,以便组织流水作业,同时避免产生漏项。

(4)直接采用预算文件(或其他计划)中的工程量,以免重复计算。但要注意按施工过程的划分情况,将预算文件中有关项目的工程量汇总。如"砌筑砖墙"一项,要将预算中按内墙、外墙,按不同墙厚,不同砌筑砂浆及标号计算的工程量进行汇总。

3. 套用施工定额

根据所划分的施工项目和施工方法,即可套用施工定额(当地实际采用的劳动定额及机械台班定额),以确定劳动量和机械台班量。

施工定额有两种形式,即时间定额和产量定额。两者互为倒数关系。

套用国家或地方颁发的定额,必须注意结合本单位工人的技术等级、实际施工操作水平、施工机械情况和施工现场条件等因素,确定完成定额的实际水平,使计算出来的劳动量、机械台班量符合实际需要,为准确编制施工进度计划打下基础。

有些采用新技术、新材料、新工艺或特殊施工方法的项目,施工定额中尚未编入的,可参考类似项目的定额、经验资料或实际情况确定。

4. 确定劳动量和机械台班数量

劳动量和机械台班数量的确定,应当根据各分部(分项)工程的工程量、施工方法、机械类型和现行的施工定额等资料,并结合当地的实际情况进行计算。一般可由式 $P=Q/S$ 或 $P=QH$ 计算。

5. 确定各施工过程的施工持续时间

计算出本单位工程各分部(分项)工程的劳动量和机械台班数量后,就可以确定各施工过程的施工持续时间。施工持续时间的计算方法参见流水节拍值的计算方法。

6. 编制施工进度计划的初始方案

流水施工是组织施工、编制施工进度计划的主要方式。编制单位工程施工进度计划时,必须考虑各分部(分项)工程的合理施工顺序,尽可能组织流水施工,力求主要工种的施工队连续施工,其编制方法为:

(1) 划分工程的主要施工阶段(分部工程),尽量组织流水施工。首先安排其中主导施工过程的施工进度,使其尽可能连续施工,其他穿插性的施工过程尽可能与主导施工过程配合、穿插、搭接或平行作业。如现浇钢筋混凝土框架结构房屋中的主体结构工程,其主导施工过程为钢筋混凝土框架的支模、扎筋和浇混凝土。

(2) 配合主要施工阶段,安排其他施工阶段的施工进度。与主要分部工程相结合的同时,也尽量考虑组织流水施工。

(3) 按照工艺的合理性和工序间的关系,尽量采用穿插、搭接或平行作业方法,将各施工阶段(分部工程)的流水作业图最大限度地搭接起来,即得到单位工程施工进度计划的初始方案。

7. 施工进度计划的检查与调整

初始施工进度计划编制后,不可避免会存在一些不足之处,必须进行检查与调整。目的在于经过一定修改使初始方案满足规定的计划目标。一般从以下几方面进行检查与调整:

(1) 各施工过程的施工顺序是否正确,流水施工的组织方法应用得是否正确,技术间歇是否合理。

(2) 工期方面,初始方案的总工期是否满足合同工期。

(3) 劳动力方面,主要工种工人是否连续施工,劳动力消耗是否均衡。劳动力消耗的均衡性是针对整个单位工程或各个工种而言,应力求每天出勤的工人人数不发生过大变动。

劳动力消耗的均衡性指标可以采用劳动力均衡系数(K)来评估,K 值取高峰出工人数除以平均出工人数的比值。最为理想的情况是劳动力均衡系数为 $K \in (1, 2]$,超过 2 则不正常。

(4) 物资方面,主要机械、设备、材料等的利用是否均衡,施工机械是否充分利用。

主要机械通常是指混凝土搅拌机、灰浆搅拌机、自行式起重机和挖土机等。机械的利用情况是通过机械的利用程度来反映的。

初始方案经过检查,对不符合要求的部分需进行调整。调整方法一般有:增加或缩短某些施工过程的施工持续时间;在符合工艺关系的条件下,将某些施工过程的施工时间向前或向后移动。必要时,还可以改变施工方法。

应当指出,上述编制施工进度计划的步骤不是孤立的,而是互相依赖、互相联系的,有的可以同时进行。还应看到,由于建筑施工是一个复杂的生产过程,受周围客观条件影响的因素很多,在施工过程中,由于劳动力和机械、材料等物资的供应及自然条件等因素的影响,使其经常不符合原计划的要求,因而在工程进展中应随时掌握施工动态,经常检查,不断调整计划。

学习单元 6.5　施工准备与资源配置计划

┃ 工作任务表 ┃

能力目标	主讲内容	学生完成任务
通过学习训练,使学生熟悉施工准备与资源配置计划的内容,掌握该计划的编制方法	施工准备与资源配置计划的内容	根据实例,完成施工准备与资源配置计划的编制

6.5.1　编制施工准备计划

施工准备工作既是单位工程的开工条件,也是施工中的一项重要内容,开工之前必须为开工创造条件,开工以后必须为作业创造条件,因此它贯穿于施工过程的始终。

施工准备工作应包括技术准备、现场准备和资金准备等。

1. 技术准备

技术准备应包括施工所需技术资料的准备、施工方案编制计划、试验检验及设备调试工作计划、样板制作计划等。

(1) 主要分部(分项)工程和专项工程在施工前应单独编制施工方案,施工方案可根据工程进展情况,分阶段编制完成;对需要编制的主要施工方案应制订编制计划。

(2) 试验检验及设备调试工作计划应根据现行规范、标准中的有关要求及工程规模、进度等实际情况制订。

(3) 样板制作计划应根据施工合同或招标文件的要求并结合工程特点制订。

2. 现场准备

现场准备应根据现场施工条件和工程实际需要,准备现场生产、生活等临时设施。

3. 资金准备应根据施工进度计划编制资金使用计划。

施工准备工作应有计划地进行,为便于检查、监督施工准备工作的进展情况,使各项施工准备工作的内容有明确的分工,有专人负责,并规定期限,可编制施工准备工作计划,并拟在施工进度计划编制完成后进行。其表格形式如表 6.1 所示。

表 6.1　施工准备工作计划表

序号	准备工作项目	工程量		简要内容	负责单位或负责人	起止日期		备注
		单位	数量			日/月	日/月	

施工准备工作计划是编制单位工程施工组织设计时的一项重要内容。在编制年度、季度、月度生产计划中也应一并考虑并做好贯彻落实工作。

6.5.2　编制资源配置计划

单位工程施工进度计划编制确定以后,根据施工图纸、工程量计算资料、施工方案、施工进度计划等有关技术资料,着手编制劳动力配置计划,各种主要材料、构件和半成品配置计划及各种施工机械的配置计划。它们不仅是为了明确各种技术工人和各种技术物资的配置,而且还是做好劳动力与物资的供应、平衡、调度、落实的依据,也是施工单位编制月、季生产作业计划的主要依据之一。它们是保证施工进度计划顺利执行的关键。

1. 劳动力配置计划

劳动力配置计划,主要是作为安排劳动力的平衡、调配和衡量劳动力耗用指标、安排生活福利设施的依据。劳动力配置计划的编制方法是将施工进度计划表内所列各施工过程每天(或旬月)所需工人人数按工种汇总而得。其表格形式如表6.2所示。

表 6.2　劳动力配置计划表

序号	工种名称	需要人数	××月			××月			备注
			上旬	中旬	下旬	上旬	中旬	下旬	

2. 主要材料配置计划

主要材料配置计划,是备料、供料和确定仓库、堆场面积及组织运输的依据,其编制方法是将施工进度计划表中各施工过程的工程量,按材料名称、规格、数量、使用时间计算汇总而得。其表格形式如表6.3所示。

对于某分部(分项)工程是由多种材料组成时,应按各种材料分类计算,如混凝土工程应换算成水泥、砂、石、外加剂和水的数量列入表格。

表 6.3　主要材料配置计划表

序号	材料名称	规格	需要量		需要时间						备注
			单位	数量	××月			××月			
					上旬	中旬	下旬	上旬	中旬	下旬	

3. 构件和半成品配置计划

建筑结构构件、配件和其他加工半成品的配置计划主要用于落实加工订货单位,并按照所需规格、数量、时间,组织加工、运输和确定仓库或堆场,可根据施工图和施工进度计划编制。其表格形式如表6.4所示。

表 6.4　构件和半成品配置计划表

序号	构件、半成品名称	规格	图号、型号	配置		使用部位	制作单位	供应日期	备注
				单位	数量				

4. 施工机械配置计划

施工机械配置计划主要用于确定施工机械的类型、数量、进场时间,可据此落实施工机械来源,组织进场。其编制方法为将单位工程施工进度计划表中的每一个施工过程每天所需的机械类型、数量和施工日期进行汇总,即得施工机械配置计划。其表格形式如表 6.5 所示。

表 6.5　施工机械配置计划表

序号	机械名称	型号	配置		现场使用起止时间	机械进场或安装时间	机械退场或拆卸时间	供应单位
			单位	数量				

学习单元 6.6　施工现场平面布置

▌工作任务表▐

能力目标	主讲内容	学生完成任务
通过学习训练,使学生熟悉施工现场平面布置的内容,掌握施工现场平面布置的绘制方法	施工现场平面布置的内容	根据实例,完成施工现场平面布置的绘制

6.6.1　设计依据、内容和原则

施工现场平面布置图是在施工用地范围内,对各项生产、生活设施及其他辅助设施等进行规划和布置的设计图。施工现场平面布置图也叫施工平面图,它既是布置施工现场的依据,也是施工准备工作的一项重要依据,它是实现文明施工、节约并合理利用土地、减少临时设施费用的先决条件。因此,它是施工组织设计的重要组成部分。施工平面图不仅要在设计时周密考虑,而且还要认真贯彻执行,这样才会使施工现场井然有序,施工顺利进行,保证施工进度,提高效率和经济效果。

一般单位工程施工平面图的绘制比例为 1∶200～1∶500。

1. 设计依据

在进行施工平面图设计前,首先应认真研究施工方案,并对施工现场深入细致地勘察和分析,而后对施工平面图设计所需要的资料认真收集,使设计与施工现场的实际情况相符,从而使其确实起到指导施工现场平面和空间布置的作用。单位工程施工平面图设计所依据的主要资料有:

(1) 建筑总平面图,现场地形图,已有和拟建建筑物及地下设施的位置、标高、尺寸(包括地下管网资料)。

(2) 施工组织总设计文件。

(3) 自然条件资料,如气象、地形、水文及工程地址资料。

(4) 技术经济资料,如交通运输、水源、电源、物质资源、生活和生产基地情况。

(5) 各种材料、构件、半成品构件需要量计划。

(6) 各种临时设施和加工场地数量、形状、尺寸。

(7) 单位工程施工进度计划和单位工程施工方案。

2. 设计内容

(1) 已建和拟建的地上、地下的一切建筑物以及各种管线等其他设施的位置和尺寸。

(2) 测量放线标桩位置、地形等高线和土方取、弃场地。

(3) 自行式起重机械的开行路线及轨道布置,或固定式垂直运输设备的位置、数量。

(4) 为施工服务的一切临时设施或建筑物的布置,如材料仓库和堆场;混凝土搅拌站;预制构件堆场、现场预制构件施工场地布置;钢筋加工棚、木工房、工具房、修理站、化灰池、沥青锅、生活及办公用房等。

(5) 场内外交通布置。包括施工场地内道路(临时道路、永久性或原有道路)的布置,引入的铁路、公路和航道的位置,场内外交通联结方式。

(6) 一切安全及防火设施的位置。

3. 设计原则

(1) 保证施工顺利进行的前提下,现场布置尽量紧凑,占地要省,不占或少占农田。

(2) 在满足施工的条件下,尽可能地减少临时设施并充分利用原有的建筑物或构筑物,降低费用。

(3) 合理布置施工现场的运输道路及各种材料堆场、仓库位置、各类加工厂和各种机具的位置,尽量缩短运距,从而减少或避免二次搬运。

(4) 各种临时设施的布置,尽量便于工人的生产和生活。

(5) 平面布置要符合劳动保护、环境保护、施工安全和防火要求。

根据上述基本原则并结合施工现场的具体情况,施工平面图的布置可有几种不同方案,通过技术经济比较,从中找出最合理、经济、安全、先进的布置方案。

6.6.2 设计步骤

单位工程施工平面图的设计步骤如图 6.3 所示。

图 6.3 单位工程施工平面图的设计步骤

1. 起重运输机械的布置

起重运输机械的位置直接影响搅拌站、加工厂及各种材料、构件的堆场或仓库等位置和道路、临时设施及水、电管线的布置等,因此,它是施工现场全局的中心环节,应首先确定。由于各种起重机械的性能不同,其布置位置亦不相同。

常用垂直运输机械有井架、龙门架、桅杆等,这类设备的布置主要根据机械性能、建筑物的平面形状和尺寸、施工段划分的情况、材料来向和已有运输道路情况而定。其布置原则是:充分发挥起重机械的能力,并使地面和楼面的水平运距最小。布置时应考虑以下几个方面:

(1) 当建筑物各部位的高度相同时,应布置在施工段的分界线附近;当建筑物各部位的高度不同时,应布置在高低分界线较高部位一侧,以使楼面上各施工段的水平运输互不干扰。

(2) 井架、龙门架的位置以布置在窗口处为宜,以避免砌墙留槎和减少井架拆除后的修补工作。

(3) 井架、龙门架的数量要根据施工进度、垂直提升构件和材料的数量、台班工作效率等因素计算确定,其服务范围一般为 50～60 m。

(4) 卷扬机的位置不应距离起重机械过近,以便司机能够看到整个升降过程。一般要求此距离大于建筑物的高度,水平距外脚手架 3 m 以上。

2. 搅拌站、加工厂及各种材料、构件的堆场或仓库的布置

搅拌站、各种材料、构件的堆场或仓库的位置应尽量靠近使用地点或在塔式起重机服务范围之内,并考虑到运输和装卸的方便。

(1) 当起重机的位置确定后,再布置材料、构件的堆场及搅拌站。材料堆放应尽量靠近使用地点,减少或避免二次搬运,并考虑运输及卸料方便。基础施工时使用的各种材料可堆放在基础四周,但不宜距基坑(槽)边缘太近,以防压塌土壁。

(2) 当采用固定式垂直运输设备时,材料、构件堆场则应尽量靠近垂直运输设备,以缩短地面水平运距;当采用轨道式塔式起重机时,材料、构件堆场以及搅拌站出料口等均应布置在塔式起重机有效起吊服务范围之内;当采用无轨自行式起重机时,材料、构件堆场及搅拌站的位置,应沿着起重机的开行路线布置,且应在起重臂的最大起重半径范围之内。

(3) 预制构件的堆放位置要考虑到吊装顺序。先吊的放在上面,后吊的放在下面,预制构件的进场时间应与吊装就位密切配合,力求直接卸到其就位位置,避免二次搬运。

(4) 搅拌站的位置应尽量靠近使用地点或靠近垂直运输设备。有时在浇筑大型混凝土基础时,为了减少混凝土运输,可将混凝土搅拌站直接设在基础边缘,待基础混凝土浇完后再转移。砂、石堆场及水泥仓库应紧靠搅拌站布置。同时,搅拌站的位置还应考虑到使这些大宗材料的运输和装卸较为方便。

(5) 加工厂(如木工棚、钢筋加工棚)的位置,宜布置在建筑物四周稍远位置,且应有一定的材料、成品的堆放场地;石灰仓库、淋灰池的位置应靠近搅拌站,并设在下风向;沥青堆放场及熬制锅的位置应远离易燃物品,也应设在下风向。

3. 现场运输道路的布置

现场运输道路应按材料和构件运输的需要,沿着仓库和堆场进行布置。尽可能利用永久性道路,或先做好永久性道路的路基,在交工之前再铺路面。

(1) 施工道路的技术要求。

① 道路的最小宽度及最小转弯半径:通常汽车单行道路宽应不小于 3~3.5 m,转弯半径不小于 9~12 m;双行道路宽应不小于 5.5~6.0 m,转弯半径不小于 7~12 m。

② 架空线及管道下面的道路,其通行空间宽度应比道路宽度大 0.5 m,空间高度应大于 4.5 m。

(2) 临时道路路面种类和做法。

为排除路面积水,道路路面应高出自然地面 0.1~0.2 m,雨量较大的地区应高出 0.5 m 左右,道路两侧一般应结合地形设置排水沟,沟深不小于 0.4 m,底宽不小于 0.3 m。路面种类和做法如表 6.6 所示。

表 6.6　临时道路路面种类和做法

路面种类	特点及使用条件	路基	路面厚度 (cm)	材料配合比
级配砾石路面	雨天能通车,可通行较多车辆,但材料级配要求严格	砂质土	10～15	黏土:砂:石子＝1:0.7:3.5(体积比) 1.面层:黏土 13%～15%,砂石料 85%～87%;2.底层:黏土 10%,砂石混合料 90%(重量比)
		黏质土或黄土	14～18	
碎(砾)石路面	雨天能通车,碎砾石本身含土多,不加砂	砂质土	10～18	碎(砾)石＞65%,当地土含量 ≤35%
		砂质土或黄土	15～20	
碎砖路面	可维持雨天通车,通行车辆较少	砂质土	13～15	垫层:砂或炉渣 4～5 cm 底层:7～10 cm 碎砖 面层:2～5 cm 碎砖
		黏质土或黄土	15～18	
炉或矿渣路面	可维持雨天通车,行车较少	一般土	10～15	炉渣或矿渣 75%,当地土 25%
		较松软时	15～30	
砂土路面	雨天停车,通行车辆较少	砂质土	15～20	粗砂 50%,细纱、风砂和黏质土 50%
		黏质土	15～30	
风化石屑路面	雨天停车,通行车辆较少	一般土	10～15	石屑 90%,黏土 10%
石灰土路面	雨天停车,通行车辆较少	一般土	10～13	石灰 10%,当地土 90%

（3）施工道路的布置要求。

现场运输道路布置时应保证车辆行驶通畅,能通到各个仓库及堆场,最好围绕建筑物布置成一条环形道路,以便运输车辆回转、调头方便。要满足消防要求,使车辆能直接开到消防栓处。

4. 行政管理、文化生活、福利用临时设施的布置

办公室、工人休息室、门卫室、开水房、食堂、浴室、厕所等非生产性临时设施的布置,应考虑使用方便,不妨碍施工,符合安全、卫生、防火的要求。要尽量利用已有设施或已建工程,必须修建时要经过计算,合理确定面积,努力节约临时设施费用。通常,办公室的布置应靠近施工现场,宜在工地出入口处;工人休息室应设在工人作业区,宿舍应布置在安全的上风向;门卫、收发室宜布置在工地出入口处。具体布置时房屋面积可参考表 6.7。

表 6.7　行政管理、临时宿舍、生活福利用临时房屋面积参考表

序 号	临 时 房 屋 名 称	单 位	参考面积（m²）
1	办公室	m²/人	3.5
2	单层宿舍（双层床）	m²/人	2.6～2.8
3	食堂兼礼堂	m²/人	0.9
4	医务室	m²/人	0.06(≥30 m²)
5	浴室	m²/人	0.10
6	俱乐部	m²/人	0.10
7	门卫、收发室	m²/人	6～8

5. 水、电管网的布置

（1）施工供水管网的布置。

施工供水管网首先要经过计算、设计，然后进行设置。其中包括水源选择、用水量计算（包括生产用水、机械用水、生活用水、消防用水等）、取水设施、贮水设施、配水布置、管径的计算等。

单位工程施工组织设计的供水计算和设计可以简化或根据经验进行安排，一般 5 000～10 000 m² 的建筑物，施工用水的总管径为 100 mm，支管径为 40 mm 或 25 mm。消防用水一般利用城市或建设单位的永久消防设施。如自行安排，应按有关规定设置，消防水管线的直径不小于 100 mm，消火栓间距不大于 120 m，布置应靠近十字路口或道边，距道边应不大于 2 m，距建筑物外墙不应小于 5 m，也不应大于 25 m，且应设有明显的标志，周围 3 m 以内不准堆放建筑材料。高层建筑的施工用水应设置蓄水池和加压泵，以满足高空用水的需要。管线布置应使线路长度短，消防水管和生产、生活用水管可以合并设置。为了排除地表水和地下水，应及时修通下水道，并最好与永久性排水系统相结合，同时，根据现场地形，在建筑物周围设置排除地表水和地下水的排水沟。

（2）施工用电线网的布置。

施工用电的设计应包括用电量计算、电源选择、电力系统选择和配置。用电量包括电动机用电量、电焊机用电量、室内和室外照明用电量等。如果是扩建的单位工程，可计算出施工用电总数请建设单位解决，不另设变压器；单独的单位工程施工，要计算出现场施工用电和照明用电的数量，选择变压器和导线的截面及类型。变压器应布置在现场边缘高压线接入处，距地面高度应大于 35 cm，在 2 m 以外的四周用高度大于 1.7 m 的铁丝网围住，以确保安全，但不宜布置在交通要道口处。

必须指出，建筑施工是一个复杂多变的生产过程，各种材料、构件、机械等随着工程的进展而逐渐进场，又随着工程的进展而消耗、变动，因此，在整个施工生

产过程中,现场的实际布置情况是在随时变动的。对于大型工程、施工期限较长的工程或现场较为狭窄的工程,就需要按不同的施工阶段分别布置几张施工平面图,以便能把在不同的施工阶段内现场的合理布置情况全面地反映出来。

学习单元 6.7 施工组织设计简例

▌ 工作任务表 ▌

能力目标	主讲内容	学生完成任务
通过学习训练,使学生熟悉施工组织设计的内容,掌握施工组织设计的编制技术	施工组织设计简例	根据实例,完成施工组织设计的内容分析、编写要点及技术分析

6.7.1 工程概况与编制依据

6.7.1.1 工程概况

××大学教学楼工程,是由××大学投资兴建,由××勘察设计研究院设计。该工程位于××大学院内。

施工合同工程范围:该教学主楼范围内的土方工程、基础工程及地下室工程、主体结构工程及装饰工程。

1. 建筑概况

(1)拟建教学楼为框架结构,地上由中部五层合班教室和南北对称的六层教学楼组成。地下一层,其中包括约 63 m² 配电房和 63 m² 的弱电设备室及约 2 363 m² 的地下自行车停车库,设计地下自行车位数量 658 辆。总建筑面积 18 982 m²,建筑占地面积 2 809 m₂,建筑物总高度 24 m。

(2)标高:本工程办公楼设计标高±0.000,相当于地质勘察报告假定高程 BM=+0.85 m。

(3)平面及层高设计:拟建教学楼平面为 E 形,南北方向长度为 78.6 m,东西方向长度为 60.92 m。北侧距浴室 8 m,南侧距实验楼 25 m。

地下室为一层,层高 2.95 m,布置停车库。南北教学楼采用对称布置,标准层层高 3.9 m。

中楼东侧为标准层层高 4.5 m 阶梯教室,西侧为大厅和过道。屋顶设水箱间和电梯机房。

(4)室内外装修:本工程卫生间采用地砖面层,其余部分采用水磨石面层,墙面采用水泥砂浆抹灰,外刷涂料,局部采用面砖饰面。外墙勒脚采用火烧面花岗石。

(5) 屋面做法:防水等级为Ⅱ级,采用多层保温防水屋面,做法见皖 2005J201(25 厚保温板,40 厚细石混凝土,3 厚 SBS 防水卷材,地砖贴面)女儿墙泛水做法、外落水参见皖 2005J201。

2. 结构概况

(1) 本工程为框架结构,工程类别为二类。基础统一采用有梁式整板基础。

(2) 本工程建筑安全等级为二级,建筑物耐火等级为二级,抗震设防类别为丙类,设计使用年限为 50 年,抗震设防烈度为 7 度,设计地震分组为第一组;场地类别为Ⅲ类,设计基本地震加速度为 0.15 g。

(3) 本工程基础垫层采用 C15 混凝土,基础梁板柱墙采用抗渗强度等级为 B8 的 C30 混凝土,主体柱、梁、板采用 C30 混凝土。

(4) 基础:地下室底板采用柱下梁板式基础结构,底板厚度 500 mm 和 400 mm,地下室梁最高为 1 500 mm,宽为 550 mm。地下室底板顶面标高为 -2.95 m。地基基础设计等级为丙级。

地下室底板、墙等采用结构自防水混凝土,抗渗等级为 S6。

(5) 主体结构:本工程塔楼部分采用框架结构,结构抗震等级为二级。

(6) 墙体:基础墙体均采用 MU10 煤矸石砖,M10 水泥砂浆砌筑;外墙采用 A3.5 加气混凝土砌块,M10 混合砂浆砌筑;其余墙体均采用 NALC 砌块,M10 混合砂浆砌筑。墙体砌筑等级为 B 级以上。

3. 本施工项目的主要工程量表(略)

4. 工程施工条件(略)

6.7.1.2 编制依据

单位工程施工组织设计的编制依据包括以下内容:

(1) 本工程的招标文件和发包人与承包人之间签订的工程施工合同文件。

(2) 本工程的施工项目经理与企业签订的施工项目管理目标责任书。

(3) 我国现行的施工质量验收规范、强制性标准和施工操作技术规程。

(4) 我国现行的有关机具设备和材料的施工要求及标准。

(5) 有关安全生产、文明施工的规定。

(6) 本公司关于质量保证及质量管理程序的有关文件。

(7) 国家及地方政府的有关建筑法律、法规、条文。

6.7.2 施工部署

1. 项目的总体目标及实施原则

根据施工合同、招标文件、本单位对工程管理目标的要求确定以下基本目标:

(1) 顺利实现业主对项目的使用功能要求。

(2) 保证工程总目标的实现。

工期：本工程于 2008 年 6 月开工，2009 年 3 月竣工，工期 320 d；质量：确保市优，争创省优工程；成本：将施工总成本控制在施工企业与项目部签订的责任成本范围内。

(3) 无重大工程安全事故，实现省级文明工地。

(4) 通过有效的施工和项目管理建成学校标志性形象工程。

要实现上述总体目标，作为本工程施工总承包人，必须对整个建设项目有全面的安排。本工程的施工安排及项目管理按以下原则实施：

(1) 本工程作为当地的一个标志性建筑，本企业将它作为一个形象工程对待，在组织、资源等方面予以特殊保证。

(2) 一切为了实现工程项目总目标，满足发包人在招标文件中提出的和在工程实施过程中可能提出的要求。在上述施工项目目标中，工期目标的刚性较大，由于学校扩大招生，教学楼必须按时投入使用，否则会造成重大的影响。

(3) 实行 ISO9002 质量管理体系，在工程中完全按照 ISO9002 质量标准要求施工。

(4) 以积极负责的精神为发包人提供全过程、全方位的管理服务。特别抓好在施工中提出合理化措施以保证工期和保证质量，做好运行管理中的跟踪服务。

(5) 作为工程施工的总承包人，积极配合发包人做好整个工程的项目管理，主动协调与设计人、其他分包人、设备供应人的关系，保证整个工程顺利进行。

(6) 采用先进的管理方法和技术，对施工过程实施全方位的动态控制。

2. 本工程施工的重点和难点

(1) 本工程基础尺寸较大，底板较厚，属大体积混凝土，对防止混凝土裂缝要求较严。

(2) 体量大：本工程为全现浇框架结构，工程总建筑面积为 18 982 m²，仅地下室面积就达 2 809 m²，单层面积大，柱、梁、板均为全现浇，模板支设、混凝土浇筑量大。

(3) 大体积、大面积、大厚度的混凝土浇筑时，应当考虑混凝土的干缩和水化热的影响。

(4) 中部阶梯教室框架局部采用后张有粘结预应力框架梁，预应力钢筋为曲线布置，跨度大，模板支撑高度较高，技术要求高，施工难度较大。

(5) 工期紧：本工程拟于 2008 年 6 月开工，2009 年 3 月竣工，工期 320 d。在此期间历经高温季节、雨季和冬季施工，并经历夏忙、秋忙时间。针对施工周期较长，要做好各种材料、设备和成品的保养及维护工作，并加强冬季、夏季、雨季的施工措施。

　　(6) 地下室防水要求高,工序繁多。

3. 施工项目经理部组织设置

　　(1) 施工项目经理部组织机构图(图 6.4)。

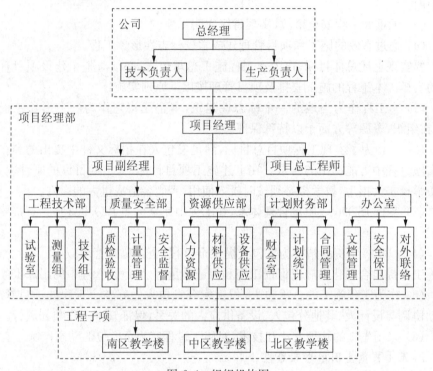

图 6.4　组织机构图

　　(2) 施工项目经理部主要管理人员表(表 6.8)。

　　(3) 施工项目经理部工作分解和责任矩阵(略)。

表 6.8　施工项目经理部管理人员设置

机构	岗　　位	人数	部　　门	职　　称	备　　注
总部	项目主管	1		高级工程师	1月不少于 10 d
	总工	1		高级工程师	1月不少于 10 d
	质量安全监督	1		工程师	1月不少于 15 d
	财务监督	1		会计师	1月不少于 10 d

机构	岗　　位	人数	部　　门	职　　称	备　　注
施工现场	项目经理	1		工程师	常驻现场
	项目副经理	1		工程师	常驻现场
	项目工程师	1	工程技术部	工程师	常驻现场
	质量员	3	工程质量部	工程师 2 人,助工 1 人	常驻现场
	施工员	3	工程技术部	工程师 1 人,助工 2 人	常驻现场
	安全员	3	工程安全部	工程师	常驻现场
	材料员	2	工程技术部	助工 2 人	常驻现场
	会计、预算	2	财务管理部	工程师	常驻现场
	机械管理	4	材料设备部	技师	常驻现场
	后勤管理	2	后勤管理部	助理经济师	常驻现场
	办公室	3	办公室	其中政工师 1 人	常驻现场

4. 拟采用的先进技术

(1) 测量控制技术(全站仪、激光铅直仪);

(2) 大体积混凝土施工技术;

(3) 液压直螺纹钢筋连接技术;

(4) 预应力施工技术;

(5) 混凝土集中搅拌及"双掺"施工技术;

(6) 新Ⅲ级钢筋应用技术;

(7) WBS 工作结构分解基础上的计算机进度动态控制技术。

6.7.3　施工进度计划

本工程拟开工时间为 2008 年 6 月,竣工时间为 2009 年 3 月,工期 320 d。

为了确保各分部(分项)工程均有相对充裕的时间,在编制工程施工进度计划时,还要确立各阶段分部(分项)工作最迟开始时间,阶段目标时间不能更改。施工设备、资金、劳动力在满足阶段目标的前提下提前配备。

基础 60 d,主体结构 114 d,墙体 60 d,装饰 100 d,零星工程、竣工 16 d。

预留、预埋构件提前进行制作,结构施工时预埋穿插进行,及时进行水电、设备预埋安装,确保不占用施工工期。

安装预理工程在主体施工时进行,同时在具有工作面以后进行安装工程的施工,给装饰工程留出合理的施工时间,以保证工程的施工质量。

工程施工进度计划详见图 6.5。

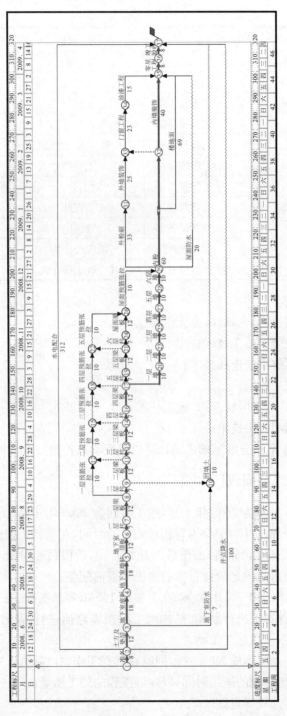

图 6.5　施工进度计划

6.7.4　施工准备与资源配置计划

1. 施工准备工作计划

应编制详细施工准备工作计划,计划内容包括:

(1) 施工准备组织及时间安排。

(2) 技术准备工作,包括图纸、规范的审查和交底,收集资料,编制施工组织设计等。

(3) 施工现场准备,包括施工现场测量放线、"六通一平"、临时实施的搭设等。

(4) 施工作业队伍和施工管理人员的组织准备。

(5) 物资准备。即按照资源计划采购施工需要的材料、设备保障供应。在施工准备计划中特别要注意开工以及施工项目前期所需要的资源。

许多施工的大宗材料和设备都有复杂的供应过程,需要招标,签订采购合同,必须对相应的工作做出安排。

(6) 资金准备。对在施工期间的负现金流量,必须筹备相应的资金供应,以保证施工的正常进行。

详细施工准备工作计划(略)。

2. 施工主要劳动力计划表

施工主要劳动力计划见表 6.9。

表 6.9　施工主要劳动力计划表

工　种	基　础	主　体	砌体及装饰	安　装
钢筋工	30	60	12	
模板工	50	80	20	
瓦工	50	100	100	30
电工	2	2	2	2
管道工	6	10	0	45
钳工	6	6	6	6
油漆工	1	1	15	40
其他工种	30	60	60	30
机操工	8	16	16	16

3. 施工机械使用计划(土建)

施工主要劳动力计划见表 6.10。

表 6.10　主要施工机械设备表(土建)

序号	名　称	型　号	数　量	功　率	进场时间
1	塔吊	SCMC4018	2台	20 kW	开工准备时进场
2	汽车吊	16T	1辆		需要时进场
3	混凝土拌和机	500L	1台	7.5 kW	零星混凝土搅拌
4	砂浆拌和机	200L	1台	6.6 kW	砌墙、粉刷用
5	插入式振捣器	ZX50、7.0	各8台	1.1 kW	开工准备时进场
6	平板振动器	ZW-10	4台	2.2 kW	开工准备时进场
7	电焊机	BX-300	6台	30 kVA	开工准备时进场
8	对焊机		1台	100 kVA	开工准备时进场
9	电动套丝机		2台	3 kW	开工准备时进场
10	砂轮切割机		4台	4.4 kW	开工准备时进场
11	钢筋调直切断机		2台	5.5 kW	开工准备时进场
12	钢筋弯曲机	ZC258-3	1台	5.5 kW	开工准备时进场
13	钢筋切断机	50型	1台	3 kW	开工准备时进场
14	蛙式打夯机	HW-60	2台	6 kW	开工准备时进场
15	潜水泵		8台	6 kW	开工准备时进场
16	高压水泵		4台	4.4 kW	开工准备时进场
17	木工圆盘锯	K1104	8台	3 kW	开工准备时进场
18	木工平刨机	MB504A	8台	7.5 kW	开工准备时进场
19	单面木工压刨机	MB106	8台	7.5 kW	开工准备时进场
20	张拉千斤顶		2台		预应力张拉
21	激光铅直仪	JD-91	2台		开工准备时进场
22	经纬仪	苏J2	2台		开工准备时进场
23	水准仪	S3	4台		开工时准备进场
24	检测工具	DM103	4套		质量检验用

4. 施工机械使用计划(安装部分)(略)

5. 主要材料需要量计划(略)

6. 资金计划表(略)

6.7.5　施工方案

6.7.5.1　施工总体安排

本工程采用泵送混凝土,用混凝土输送泵将混凝土送至浇筑面浇筑构件,以满足施工进度要求。

地下室每施工段混凝土浇筑分三次完成,第一次为承台、地梁和底板,第二次为墙板,第三次为顶板。上部框架施工采用柱梁板整体支模整体一起浇筑混凝土的施工工艺,减少工序间歇时间,以满足施工工期要求。

主体混凝土四层结构拆模后即开始插入墙体砌筑工程,墙体砌筑采取主体分段验收,插入内墙面刮糙工程,形成多工种多专业交叉流水施工的施工工艺,避免工序重复,以利于工程合理有序的进行流水交叉作业。

屋面工程在主体封顶后开始。

由于本工程在平面上由三部分组成:北部六层教学楼、南部六层教学楼和中部五层合班教室。为加快施工进度,确保各工种连续作业,可根据变形缝情况将工程分成三个施工段组织流水施工。

6.7.5.2　各施工阶段部署

1. 基础施工阶段

(1) 施工流程:垫层→砖侧模砌筑及粉刷→底板防水层→地梁和底板钢筋→支模→地梁和底板混凝土浇筑→墙板钢筋→墙板模板→墙板混凝土浇筑→顶板梁板模板→顶板梁板钢筋→顶板梁板混凝土浇筑→墙板防水层→回填土、平整场地。

(2) 基础及地下室混凝土浇筑时,由商品混凝土站出料,主要依靠混凝土输送泵运输进行浇筑。

(3) 基础地下室施工完毕并经过中间验收合格后,便回填土(后浇带部位留足够以后施工的操作面暂不回填),平整场地,按设计要求将室外地面均回填平整至相应垫层设计底标高,以便后期地面施工时直接在其上浇筑垫层、面层。

(4) ±0.00 以下的设备、管线必须在回填土前施工完善,避免重复施工。

2. 主体施工阶段

(1) 主体结构施工流程:测量弹线→柱筋→柱模→浇柱混凝土→楼盖模→楼盖筋→浇筑混凝土→拆模→墙体砌筑。

(2) 主体施工时,以支模为中心合理组织劳动力进行施工,具体施工时应尽量使各工种能连续施工,减少窝工现象。

(3) 为了保证总体进度计划按时完成,墙体砌筑和室内初装修组织立体交叉施工。

3. 装修施工阶段

(1) 主要是内外墙面抹灰和刷涂料,在墙体砌筑后期便可穿插进行施工。

(2) 屋面工程:屋面工程在主体封顶后即可穿插进行施工。

6.7.5.3 主要分部(分项)工程施工方法

1. 测量控制要点

(1) 建立施工控制网。建立统一的测量坐标系统,设置坐标原点、平面控制点、高程控制点,以及控制精度要求。

(2) 建筑物轴线定位测设。包括各层面轴线测设定位、垂直度测量及控制。在地下室施工阶段、上部结构施工阶段的测量控制要点。

(3) 标高控制方法。

(4) 沉降观测点布置和测量方法。

2. 土方开挖及基坑防护

(1) 土方开挖方案;

(2) 护坡方案;

(3) 降水方案。

3. 地下室工程施工

(1) 地下室结构自防水的施工措施。本工程地下室采用结构自防水,为保证地下室不发生渗水现象,除了按图施工以外,还需对地下室外墙水平施工缝及外墙对拉螺杆洞进行处理。重点处理好地下室外墙水平施工缝和地下室外墙对拉螺杆洞。

(2) 基础钢筋施工。说明钢筋支撑架的施工,承台和底板钢筋的施工方法和工艺。说明墙柱插筋施工方法。阐述新Ⅲ级钢筋滚压直螺纹连接施工技术。本工程采用钢筋滚压直螺纹连接技术,由于本技术尚较新,说明它的工艺原理,所采用的接头连接类型,施工顺序,操作要点,控制的技术参数,施工安全措施,质量标准和检查方法。

(3) 基础模板工程。说明砖胎模的施工方法,墙、柱模板的工艺、施工方法。

(4) 地下室底板大体积混凝土施工。主楼地下室底板,中心筒承台厚 1.5 m,属于大体积混凝土,需要严格进行控制,以防止产生裂缝。采用现场集中搅拌混凝土,在试验室经过试配,掺用 JMⅢ 抗裂防渗剂。

① 控制裂缝产生的技术措施:采用中低热水泥品种;掺入 JMⅢ 抗裂防渗剂;减少每立方米混凝土中的用水量和水泥用量;合理选择粗骨料,用连续级配的石子;采用中砂,以使每立方米混凝土中水泥用量降低;搅拌混凝土时采用冰水拌制,现场输送泵管上用草包覆盖,并浇水,以降低混凝土浇筑时的入模温度。

② 施工工艺。对浇筑走向布置、分层方法、振动棒布置、振捣时间控制、保温

保湿措施、混凝土的温度测控方法等作出说明。

③ 混凝土的温度计算。根据混凝土强度等级、施工配合比、每立方米水中水泥用量、混凝土入模温度(20 ℃)等因素计算温度。

④ 混凝土温度监测及控制。根据计算,混凝土绝热温升将达69 ℃,根据施工经验,采取两层塑料薄膜、一层草包覆盖基本能够控制混凝土中心与表面温差在25 ℃之内。

4. 上部结构工程施工

(1) 钢筋工程。钢筋绑扎注意事项:

① 核对成品钢筋的钢号、直径、形状、尺寸和数量是否与料单料牌相符。准备绑扎用的铁丝、绑扎工具、绑扎架和控制混凝土保护层用的水泥砂浆垫块等。

② 绑扎形式复杂的结构部位时,应先研究逐根穿插就位的顺序,并与模板工联系,确定支模绑扎顺序,以减少绑扎困难。

③ 板、次梁与主梁交叉处,板的钢筋在上,次梁钢筋居中,主梁的钢筋在下,当有圈梁时,主梁钢筋在上。主梁上次梁处两侧均须设附加箍筋及吊筋。

④ 混凝土墙节点处钢筋穿插十分稠密时,应特别注意水平主筋之间的交叉方向和位置,以利于浇筑混凝土。

⑤ 板钢筋的绑扎:四周两行钢筋交叉点应全部扎牢,中间部分交叉点相隔交错扎牢。必须保证钢筋不移位。

⑥ 悬挑构件的负筋要防止踩下,特别是挑檐、悬臂板等。要严格控制负筋位置,以免拆模后断裂。

⑦ 图纸中未注明钢筋搭接长度均应满足构造要求。

(2) 模板工程。工序如下:

① 模板配备:本工程地上框架柱模采用优质酚醛木胶合板模,现浇楼板梁、板采用无框木胶合板模。梁柱接头和楼梯等特殊部位定做专用模板。木模板支撑系统采用 ϕ48×3.5 mm 钢管,扣件紧固连接。为了保证进度,楼层模板配备四套,竖向结构模板配备两套。

② 模板计算。分别计算模板最大侧压力、模板拉杆验算、柱箍验算、验算墙模板强度与刚度、材料验算、横肋强度刚度验算等,以保证安全性。

③ 质量要求及验收标准。模板及支撑必须具有足够的强度、刚度和稳定性;模板的接缝不大于 2.5 mm。模板的实测允许偏差(表略)。

(3) 混凝土工程。包括材料要求、混凝土浇筑、混凝土养护、混凝土试块要求和混凝土质量要求(略)。

(4) 后张法有粘结预应力梁施工。工序如下:

① 预应力钢材在采购、存放、施工、检验中的质量控制。

② 波纹管的质量与施工要求。

③ 预应力锚固体系。

④ 预应力梁的施工要求：

支撑与模板；钢筋绑扎；预应力梁中的拉筋与波纹管的协调，以保证波纹管的位置要求；钢筋绑扎完毕后应随即垫好梁的保护层垫块，以便于预应力筋标高的准确定位。

⑤ 施工工艺流程（图略）。

⑥ 铺管穿筋的工艺及过程（图略）。包括铺管穿筋前的准备、波纹管铺放、埋件安装、穿束、灌浆（泌水）孔的设置工作要求、质量控制。

⑦ 混凝土浇筑工艺。

⑧ 预应力张拉工艺和过程（图略）。包括张拉准备、张拉顺序、预应力筋的张拉程序、预应力筋张拉控制应力方法。

⑨ 孔道灌浆工艺。

⑩ 锚具封堵。

5. 砌体工程施工

仅简要说明墙体材料、施工方法、操作要点、砌筑砂浆等的要求和质量控制。

6. 屋面防水工程施工

（1）施工准备。

（2）施工工艺。包括找坡层与找平层施工、卷材防水层施工、保温隔热层施工、保护层施工的工艺要求。

7. 装饰工程

（1）简要说明装饰工程的总施工顺序，以及外装修、内装修的施工顺序。

（2）外墙面的施工顺序、施工方法、施工要点。

（3）内墙面的施工顺序、施工方法、施工要点。

（4）吊顶工程的工艺流程、质量要求、施工工艺。

（5）楼地面工程。该工程为常规工程，简要说明质量标准、施工准备工作、施工工艺。

（6）门窗施工。简要说明门窗安装施工要点、质量验收要求。

8. 安装工程（略）

6.7.6 施工现场平面布置

1. 施工现场总平面布置原则

（1）考虑全面周到，布置合理有序，方便施工，便于管理，利于"标准化"。

（2）加工区和办公区尽可能远离教学楼以免干扰学生学习。

（3）施工机械设备的布置作用范围尽可能覆盖到整个施工区域，尽量减少材料设备等的二次搬运。

（4）按发包人提供的围界使用施工场地，不得随意搭建临时设施。

（5）按照业主提交的现场布置施工机械和临时设施，减少搬迁工作。施工平面布置分地下室施工、上部施工两个阶段（地下室施工平面布置图略）。

2. 现场道路安排、做法、要求和现场地坪做法（略）

3. 现场排水组织

包括排水沟设置，现场的外排水，污水井和生活区、施工区厕所污水排放等。

4. 临时设施布置

现场分施工区和生活区两部分，在西区围墙处设生活区，内设宿舍、食堂、开水间、厕所间、仓库若干间等。

在施工区的东部设置钢筋、木工加工场、水泥罐、混凝土泵、搅拌机、砖堆场及等生产办公设施；南北面分别设置周转材料堆场。钢筋、模板加工成型后运至教学楼旁的堆场，不需要加工的模板、钢筋直接卸料到堆场。

5. 施工机械布置

（1）在主楼东侧结构分界处各设一台SCMCA018塔吊作为垂直运输机械。施工时承担排架钢管、模板、钢筋、预留预埋等材料垂直运输及施工人员、墙体材料、装饰装修材料、安装材料等的上下。

（2）本工程混凝土采用商品混凝土供应。由供应商用4台混凝土搅拌运输车运送混凝土到现场的混凝土泵。直接入泵，泵送至浇筑面。同时配备混凝土搅拌机一台备用及零星混凝土浇筑时使用。进入墙体砌筑阶段砂浆搅拌机配置两台，装修阶段再增配两台砂浆搅拌机，木工、钢筋工机械各两套，瓦工用振动棒及照明用灯若干。

6. 堆场布置

在东侧设置砂、砖的堆场。

7. 施工用电

（1）施工用电计算。由计算可得，本工程的高峰期施工用电总容量约需350 kVA，需业主提供350 kVA的变压器。

（2）从变配电房到施工现场线路考虑施工安全，均埋地敷设，按平面布置图布置。

（3）楼层施工用电：在建筑物内部的楼梯井内安装垂直输电系统，照明、动力线分开架设；楼面架设分线，安装分、配电箱，按规定安装保护装置，照明电和动力电分设电箱。

（4）施工现场照明的低压电路电缆及配电箱，应充分考虑其容量和安全性，低压电路的走向可选择受施工影响小和相对安全的地段采用直埋方式敷设。在穿过道路、门口或上部有重载的地段时,可加套管予以保护。

8. 施工用水

(1) 施工用水计算。包括施工用水、生活用水分别计算,得到现场总用水量。

(2) 供水管径选择。现场供水主管选用 DN100,支管选用 DN50。现场设置两个消防栓。若施工现场的高峰用水或城市供水管水压不足时,可在现场砌蓄水池或添置增压水泵,解决供水量不足或压力不足的问题。

(3) 施工现场用水管道敷设,根据施工部署按现场总平面布置敷设。

(4) 施工楼层用水,由支线管接出一根 ϕ25 的分支管,沿脚手架内侧设置立管,分层设置水平支管并装置 2 只 ϕ25 的阀门控制。楼层施工用水主要用橡皮软管。

(5) 考虑用水高峰和消防的需要,现场利用地下室水池作为工程的补充水源,以备不时之需。

9. 场外运输安排

现场所用物资设备均用汽车运输,从东侧大门沿校园道路运入。

10. 现场通信

本工程场地面积大,为保证工程施工顺利进行,确保通信指挥联络便利,将在工程上配备 10 对优质对讲机。

工程施工现场平面图如图 6.6 所示。

6.7.7 主要施工管理措施

1. 雨季施工措施(略)

2. 冬期施工措施(略)

3. 工程进度保证措施

(1) 进度的主要影响因素。内容如下:

① 本工程工期紧、体量大、要求高、工艺复杂,必须实行进度计划的动态控制,合理组织流水施工。

② 工程体量大,周转材料、机械设备、管理人员、操作工人投入大。

③ 主体施工阶段跨冬、雨季,气候影响因素多。

④ 工艺复杂,测量要求高,交叉作业多。

⑤ 安装工作复杂,必须有充足的调试时间。

⑥ 室内作业难免上下垂直同时操作,防护量大,安全要求高。

(2) 保证工程进度的组织管理措施。内容如下:

① 中标后立即进场做好场地交接工作,做好施工前的各项准备工作。

② 分段控制,确保各阶段工期按期完成,配备充足的资源。

③ 本工程施工实行 3 班倒,24 h 连续作业,管理班子亦 3 班倒,全体管理人员食宿在现场。工程所用设备、材料根据计划,提前订货和准备,防止因不能及时进场而影响工期。工地安排 2 套测量班子,及时提供轴线、标高,确保轴线、标高准确,不影响生产班组施工进度。

④ 合理安排交叉作业,充分考虑工种与工种之间、工序与工序之间的配合衔接,确保科学组织流水施工。现场放样工作在前,充分吃透设计意图,熟悉施工图纸,提前制作定型模板,预制成型钢筋。

在土建施工的各个过程中,都必须给安装配合留有充分时间。在整个施工进度计划中给安装调试留下充分时间。配足安装力量,不拖土建后腿。

积极协助设计院解决图纸矛盾,成立专门班子细化图纸,防止出图不及时影响施工。

⑤ 合理安排室内上下垂直操作,严密进行可靠的安全防护,不留安全防护死角,确保操作人员安全,确保交叉施工正常进行。

在地下室主体完成后,即进行防水、试水和回填土工作。确保室外工程基层部分与上部结构施工同步进行,室外工程面层施工不拖交工验收工期。

⑥ 严格控制施工质量过程,确保一次成型,杜绝返工影响工期现象的发生,切实做好成品保护工作。

(3) 保证工程进度的技术措施。内容如下:

① 根据伸缩沉降缝,分三个区进行流水施工。

② 施工时投入两台塔吊和足够的劳动力,保证垂直运输。

③ 钢筋采用机械连接,加快施工速度,有效缩短工期。

④ 配置多套模板,以满足主楼预应力张拉的需要。

⑤ 和经验丰富的具有 ISO9002 质量保证体系的大商品混凝土厂合作,泵送混凝土,有效地保证主楼工期。

⑥ 采用施工项目工作结构分解方法(WBS)和计算机进度控制技术,确保实现工期目标。

⑦ 选择强有力的设备安装、装饰装潢分包商,确保工程质量和进度总目标的实现。

(4) 室外管网、配套工程、室外施工提前准备。

在室外回填土时就将需预埋的管网进行预埋,不重复施工。在平面布置上分基础、主体装饰三期布置,当主体工程结束时,重新做施工总平面布置。让出室外管网预埋场地、绿化用地。

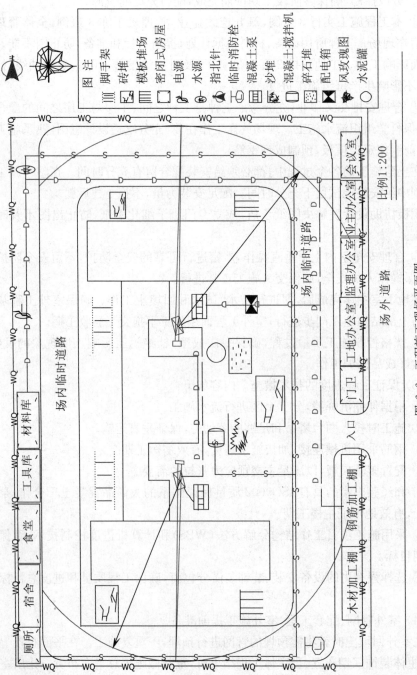

图例

脚手架	⫿⫿⫿
砖堆	
模板堆场	⫿⫿⫿
密闭式房屋	▯
电源	⚡
水源	⊕
指北针	⬆
临时消防栓	⊡
混凝土泵	▦
沙堆	⫶
混凝土搅拌机	▯
碎石堆	⫶
配电箱	◩
风玫瑰图	✲
水泥罐	○

比例 1：200

图 6.6　工程施工现场平面图

4. 质量保证措施

(1) 建立工程质量管理体系的总体思路。

① 建立质量管理组织体系,将质量目标层层分解,根据本企业的 ISO9002 质量管理体系编制项目质量管理计划。

② 制订质量管理监督工作程序和管理职能要素分配,保证专业专职配备到位。质量管理的一些具体程序在企业管理规范中,作为本文件的附件。

③ 严格按照设计单位确认的工程质量施工规范和验收规范,精心组织好施工。设立质量控制点,按照要求抓好施工质量、原材料质量、半成品质量,严格质量监督,工程质量确保达到优良标准。

④ 负责组织施工设计图技术交底,督促工程小组或分包商制订更为详细的施工技术方案,审查各项技术措施的可行性和经济性,提出优化方案或改进意见。

⑤ 协助甲方确定本工程甲方供应设备材料的定牌及选型,并根据甲方需要及时提供有关技术数据、资料、样品、样本及有关介绍材料。

⑥ 协同监理单位、业主、质监部门、设计单位对由其他施工单位承包的工程进行检查、验收及工程竣工初步验收,协助业主组织工程竣工最终验收,提出竣工验收报告(包括整理资料的安排)。

⑦ 对工程质量事故应严肃处理,查明质量事故原因和责任,并与监理单位一起督促和检查事故处理方案的实施。

⑧ 采用新技术以保证或提高工程质量。

(2) 工程质量目标:确保市优,争创省优。

(3) 质量管理网络见图 6.7。

(4) 质量控制工作。内容如下:

① 严格实行质量管理制度,包括:施工组织设计审批制度,技术、质量交底制度,技术复核,隐蔽工程验收制度,"混凝土浇灌令"制度,二级验收及分部(分项)质量评定制度,工程质量奖罚制度,工程技术资料管理制度等。

② 项目部每周一次团体协调会,全面检查施工衔接、劳动力调配、机械设备进场、材料供应分项工程质量检测以及安全生产等,将整个施工过程纳入有序的管理。

③ 通过班组自检、互检和全面质量管理活动,严把质量关。首先,班组普遍推行挂牌操作,责任到人,谁操作谁负责;其次,出现不合格项立即召开现场会,同时给予经济处罚。

④ 对重要工序实施重点管理,尤其对预应力梁、楼梯、厕所、屋面工程等关键部位重点检查。

⑤ 对新工艺、新技术的分部(分项)工程重点进行检查、项目工程师会同专业施工员检查,最后交工程监理审查,凡是隐蔽工程均由设计、监理、业主验收认可方可转入下道工序施工。

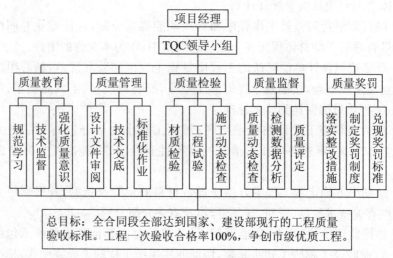

图 6.7 质量保证体系框图

⑥ 严把原材料关,凡无出厂合格证的一律不准使用,坚持原材料的检查制度,复验不合格的不得使用,对钢筋、水泥、防水材料等均做到先复试再使用。

⑦ 坚持样板制度。在施工过程中,将坚持以点带面,即一律由施工技术人员先行翻样,提出实际操作要求,然后由操作班组做出样板间,并多方征求意见,用样板标准,推广大面积施工。

⑧ 加强成品保护。

(5) 工程质量重点控制环节。根据本工程的特点分析,质量重点控制环节为:① 大体积混凝土温度裂缝控制;② 大面积底板混凝土浇捣;③ 地下室墙板裂缝控制;④ 曲线测量控制;⑤ 预应力张拉控制。

5. 安全管理措施

(1) 工程安全生产管理组织体系。内容如下:

① 成立项目经理为第一责任人的项目安全生产领导小组。

② 设置项目专职安全监督机构——安全监督组。

③ 要求各专业分包单位设立兼职安全员与消防员。

④ 项目安全管理做到"纵向到底、横向到边"全面覆盖。

(2) 施工安全管理。内容如下:

① 项目安全生产质量小组工作负责每月一次项目安全会议,组织全体成员

认真学习贯彻执行建设部发布的标准,每月组织两次安全检查,并出"安全检查简报",负责与业主及分承包单位(或合作施工单位)涉及重要施工安全隐患的协调整改工作。

② 建立专职安全监督管理机构和安全检查流程(见图6.8)。

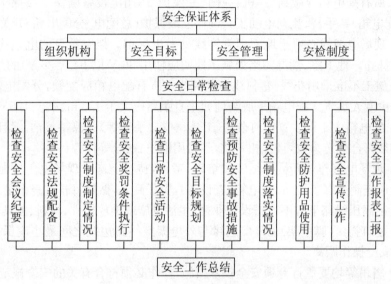

图6.8 安全检查流程图

③ 应建立完整的、可操作的项目安全生产管理制度:包括各级安全生产责任制、安全生产奖罚制度、项目安全检查制度、职工安全教育、学习制度等。建立项目特种作业人员登记台账,确保特种作业人员必须经过培训考核,持证上岗,建立工人三级安全教育台账,确保工人岗前必须经过安全知识教育培训。

④ 生产班组每周一实行班前一小时安全学习活动,做好学习活动书面记录,施工员、工长定点班组参加活动。组长每天安排组员工作的同时必须交底安全事项,消除不安全因素。

⑤ 项目技术负责人、施工员、专业工长必须熟悉本工程安全技术措施实施方案,逐级认真及时做好安全技术交底工作和安全措施实施工作。

(3) 施工安全措施。内容如下:

① 施工临时用电。

a. 编制符合本工程安全使用要求的"临时用电组织设计",绘制本工程临时用电平面图、立面图,并由技术负责人审核批准后实施。

b. 本工程施工临时用电线路必须动力、照明分离设置(从总配电起),分设动力电箱和照明电箱。配电箱禁止使用木制电箱,铁制电箱外壳必须有可靠的保护接零,配电箱应做明显警示标记,并编号使用。

c. 配电箱内必须装备与用电容量匹配并符合性能质量标准的漏电保护器。分配电箱内应装备符合安全规范要求的漏电保护器。

d. 所有配电箱内做到"一机、一闸、一保护"。用电设备确保二级保护(总配电-分配电箱)。手持、流动电动工具确保三级保护(总配电-分配电箱-开关箱)。

e. 现场电缆线必须于地面埋管穿线处做出标记。架空敷设的电缆线,必须用瓷瓶绑扎。地下室、潮湿阴暗处施工照明应使用 36 V 以下(含 36 V)的灯具。

f. 施工不准采用花线、塑料线作电源线。所有配电箱应配锁,分配电箱和开关电箱由专人负责。配电箱下底与地面垂直距离应大于 1.3 m、小于 1.5 m。

g. 配电箱内不得放置任何杂物(工具、材料、手套等)并保持整洁。熔断丝的选用必须符合额定参数,且三相一致,不得用铜丝、铁丝等代替。

h. 现场电气作业人员必须经过培训、考核,持证上岗。现场电工应制订"用电安全巡查制度"(查线路、查电箱、查设备),责任到人,做好每日巡查记录。

i. 在高压线路下方不得搭设作业棚、生活设施或堆放构件、材料、工具等。

j. 建筑物(含脚手架)的外侧边缘与外电架空线路边线之间最小应保持大于 4 m 的安全操作距离。

② 塔吊等均要制订专项安全技术措施,操作必须符合有关的安全规定。

③ 脚手架工程与防护。内容如下:

a. 脚手架的选择与搭设应有专门施工方案。

b. 落地脚手架应在工程平面图上标明立杆落点。

c. 钢管脚手架的钢管应涂为橘黄色。

d. 钢管、扣件、安全网、竹笆片必须经安全部门验收后方可使用。

e. 脚手架的搭设应作分段验收或完成后验收,验收合格后挂牌使用。

④ 其他。内容如下:

a. "三口四临边"应按安全规范的要求进行可靠的防护。建筑物临边,必须设置两道防护栏杆,其高度分别为 400 mm 和 1 000 mm,用红白或黑黄相间油漆。

b. 严禁任意拆除或变更安全防护设施。若施工中必须拆除或变更安全防护设施,须经项目技术负责人批准后方可实施,实施后不得留有隐患。

c. 施工过程中,应避免在同一断面上、下交叉作业,如必须上、下同时工作时,应设专用防护棚或其他隔离措施。

d. 在天然光线不足的工作地点,如内楼梯、内通道及夜间工作时,均应设置足够的照明设备。

e. 遇有六级以上强风时,禁止露天起重作业,停止室外高处作业。项目部应购置测风仪,由专人保管,定时记录。

f. 不得安排患有高血压、心脏病、癫痫病和其他不适于高处作业的人员登高作业。

g. 应在建筑物底层选择几处进出口,搭设一定面积的双层护头棚,作为施工人员的安全通道,并挂牌示意。

⑤ 工地保卫人员应与所属地区公安分局在业务上取得联系,组成一个统一的安全消防保卫系统,各楼层及现场地面配置足够的消防器材,制订工地用火制度,加强对易燃品的管理,杜绝在工地现场吸烟。派专人负责出入管理与夜间巡逻,杜绝一切破坏行为和其他不良行为。

6. 文明和标准化现场

严格遵守城市有关施工的管理规定,做到尘土不飞扬,垃圾不乱倒,噪音不扰民,交通不堵塞,道路不侵占,环境不污染。本工程文件施工管理目标为市级文明工地。

(1) 组织落实,制度到位。内容如下:

① 建立以项目经理为首的创建"标准化"(包括现场容貌、卫生状况)工地组织机构。

② 设置专职现场容貌、卫生管理员,随时做好场内外的保洁工作。

③ 施工现场周围应封闭严密。施工现场大门处高置统一式样的标牌,标牌面积为 $0.7 \times 0.5 \text{ m}^2$,设置高度距地面不得低于 2 m。标牌内容:工程名称、建筑面积、建设单位、设计单位、施工单位、工地负责人、开工日期、竣工日期等。

现场大门内设有施工平面布置图以及安全、消防保卫、场容卫生环保等制度牌,内容详细,字迹清晰醒目。

(2) 现场场容、场貌布置。内容如下:

① 现场布置。施工现场采用硬地坪,现场布置根据场地情况合理安排,设施设备按现场布置图规定设置堆施,并随施工基础、结构、装饰等不同阶段进行场地布置和调整。七牌一图齐全,主要位置设醒目宣传标语,利用现场边角线栽花、种草,搞好绿化,美化环境。

施工区域划分责任区,设置标牌,分片包干到人负责场容整洁。

② 道路与场地。道路畅通、平坦、整洁,不乱堆乱放,无散落的杂物;建筑物周围应浇捣好散水坡,四周保持清洁;场地平整不积水,排水良好,畅通不堵。建筑垃圾必须集中堆放,及时处理。

③ 工作面管理。班组必须做好工作面管理,做到随用随清,物尽其用。在施工作业时,应有防尘土飞扬、泥浆洒漏、污水外流、车辆沾带泥土运行等措施。有考核制度,定期检查评分考核,成绩上牌公布。

④ 堆放材料。各种材料分类、集中堆放。砌体归类成垛,堆放整齐,碎砖料随用随清,无底脚散料。

⑤ 周转设备。施工设备、模板、钢管、扣件等,集中堆放整齐。分类分规格,集中存放。所有材料分类堆放、规则成方,不散不乱。

(3)环境卫生管理。内容如下:

① 施工现场保持整洁卫生。道路平整、坚实、畅通,并有排水设施,运输车辆不带泥出场。

② 生活区室内外保持整洁有序,无污物、污水,垃圾集中堆放,及时清理。

③ 食堂、伙房有一名现场领导主管卫生工作。严格执行食品卫生法等有关制度。

④ 饮用水要供应开水,饮水器具要卫生。

(4)生活卫生。内容如下:

① 生活卫生应纳入工地总体规划,落实责任制,卫生专(兼)职管理和保洁责任到人。

② 施工现场须设有茶亭和茶水桶,做到有盖有杯子,有消毒设备。

③ 工地有男女厕所,落实专人管理,保持清洁无害。

④ 工地设简易浴室,电锅炉热水间保证供水,保持清洁。

⑤ 现场落实消灭蚊蝇孳生承包措施,与各班组签订检查监督约定,保证措施落实。

⑥ 生活垃圾必须随时处理或集中加以遮挡,妥善处理,保持场容整洁。

(5)防止扰民措施。内容如下:

① 防止大气污染。

a. 高层建筑施工垃圾,必须搭设封闭式临时专用垃圾道或采用容器吊运,严禁随意凌空抛撒,施工垃圾应及时清运,适量洒水、减少扬尘。

b. 水泥等粉细散装材料,应尽量采取室内(或封闭)存放或严密遮盖,卸运时要采取有效措施,减少扬尘。

c. 现场的临时道路必须硬化,防止道路扬尘。

d. 防止大气污染,除设有符合规定的装置外,不得在施工现场熔融沥青或焚烧油毡、油漆以及其他会产生有毒有害烟尘和恶臭气体的物质。

e. 采取有效措施控制施工过程中的灰尘。

f. 现场生活用能源,均使用电能或煤气,严禁焚烧木材、煤炭等污染严重的燃料。

② 防止水污染。设置沉淀池,使清洗机械和运输车的废水经沉淀后,排入市政污水管线。

现场存放油料的库房,必须进行防渗漏处理。储存和使用都要采取措施,防止跑、冒、滴、漏污染水体。

施工现场临时食堂,应设有效的隔油池,定期掏油,防止污染。

厕所污水经化粪池处理后,排入城市污水管道。一般生活污水及混凝土养护用水等,直接排入城市污水管道。

③ 防止噪声污染。内容如下:

a. 严格遵守建筑工地文明施工的有关规定,合理安排施工,尽量避开夜间施工作业,早晨 7 时前和晚上 9 时后无特殊情况不予施工,以免噪音惊扰附近学生休息,未得到有关部门批准,严禁违章夜间施工。对浇灌混凝土必须连续施工的,及时办理夜间施工许可证,张贴安全告示。

b. 夜间禁止使用电锯、电刨、切割机等高噪音机械。严格控制木工机械的使用时间和使用频率,尽量选用噪音小的机械,必要时将产生噪音的机械移入基坑、地下室或墙体较厚的操作间内,减少噪音对周围环境的影响。

c. 全部使用商品混凝土,减少扰民噪音。

d. 加强职工教育,文明施工。在施工现场不高声呐喊。夜间禁止高喊号子或唱歌。

e. 积极主动地与周围居民打招呼,争取得到他们的谅解,并经常听取宝贵意见,以便改进项目部的工作,减少不应有的矛盾和纠纷,如发生居民闹事、要求赔偿等纠纷,项目部负责处理,承担有关费用。

f. 若发现违反规定、影响环境保护、严重扰民或造成重大影响的,即给予警告及适当的经济处罚,情况严重者清除出场。

④ 防止道路侵占。内容如下:

a. 临时占用道路应向当地交通主管部门提出申请,经同意后方可临时占用。

b. 材料运输尽量安排夜间进行,以减轻繁忙的城市交通压力。

c. 材料进场,一律在施工现场内按指定地点堆放,严禁占用道路。

⑤ 防止地上设施的破坏。内容如下:

a. 对已有的地上设施,搭设双层钢管防护棚进行保护。

b. 严格按施工方案搭设脚手架,挂设安全网,做好施工洞口及临边的专人防护,防止高层建设施工过程中材料的坠落而造成对原有建筑设施的破坏。

7. 降低成本措施

(1) 采用合适的用工制度、确保工期准点到达。

① 划小班组,记工考勤。工人进场后,按工种划分,10 个人为一个班,4～5 个班配备一个工长带领。其优点是调度灵活,便于安排工作,队与队之间劳动力可以互相调剂,利于考核,减少窝工,提高工效。

记工考核为:将现场划分为若干个工作区,按部位、工作内容、工种、编码用计算机进行管理。工作程序为:各队记工员根据班组出勤、工作部位、工作内容和要求填写记工单,由工长、队长签字,人事部汇总后交财务部计算机操作员,根据记工单填写的各项数据输入计算机,以便查找人工节、超的原因,商量对策,做好成本控制。

② 劳务费切块承包,加快了工程进度,提高了劳动生产率。

③ 加快技术培训,提高操作技能,加快施工速度。

(2) 采用强制式机械管理,提高设备利用率。

① 所有机械设备均由机电组统一管理。机电级下设机械班、电器班,分别承担对重型机械、混凝土机械、通用中小型机具、塔吊等的使用与管理。机械设备的特点可以归纳为:统一建文件,计算机储存,跟踪监测,按月报表,依凭资料,预测故障,发现问题,及时排除。

月设备运行报告中记录现场混凝土设备工作情况,如混凝土搅拌站泵车或塔吊垂直运输量。通过这些资料了解设备的利用率和机械效率,从而为计划部门制订下一个月的生产计划提供生产能力的可靠依据。同时机电组也可以凭借这些资料及各个时期混凝土总需求量计划提前安排设备配制计划,或在必要时的租赁设备计划。

② 机械设备的维修保养。

机械设备维修保养的显著特点是采取定期、定项目的强制保养法。这种方法是对各种设备均按其厂家的要求或成熟的经验制订一套详细的保养卡片,分列出不同的保养期以及不同的保养项目。各使用部门必须按期、按项目的要求更换零配件,即使这些配件还可以使用也必须更换。以保证在下一个保养期之前设备无故障运行。

另外,引进一些先进的检测技术,帮助预测可能产生的机械故障,采用美国的SOS系统,它是利用抽样分析间接判断机械内部的零件磨损情况及磨损零件的位置,发出早期警告,避免连锁损坏,还可以让使用者提前准备零配件,或者安排适当的时机进行维修及更换零件。在本公司以往重要工程中,使用这种系统定期将重要设备的抽样进行检查,根据调查报告来安排保养计划。

(3) 采用独立的物资供应及管理模式。

① 建立以仓库为中心的多层次管理方式,根据物资的最低储备量和最高储备量求出物资的最佳订购量,制订出既合理又经济的计划,努力避免物资积压,尽量加速流动资金周转。

② 建立完整的采购程序,采购计划性强。从提出供应要求、编制采购计划、审批购买到财务付款,都建立一套完整的程序,采购单一式七份,以各种颜色区

分,标志明显,用途各异,以免混淆,便于入账核对。

③ 采用多种采购合同,根据不同情况在采购中分别运用不变价格、浮动价格和固定升值价格签订供货合同,能取得可观效益。

④ 采用卡片和计算机双重记账方式,便于查找、核对。利用先进的通信设备及时了解各地市场信息,为物资采购提供便利条件。

(4) 经济技术措施。

为了保证工程质量,加快施工进度,降低工程成本,本工程施工过程中采用如下几项措施,用以节约工程成本、提高劳动效率,提高和促进经济效益。

① 计划的执行,要以总控制计划为指导,各分项工程的施工计划必须在总进度计划的限定时间内,计划的实施要严肃认真,制订一定的控制点,实行目标管理。

② 提高劳动生产率,实行项目法施工,并层层签订承包合同,健全承包制度,用以调动职工的劳动积极性,具体细则另定,鼓励工人多做工作提高全员劳动生产率。

③ 采用全面质量管理方法对施工质量进行系统控制,认真贯彻有关的技术政策和法规。分部(分项)工程质量优良必须在 95% 以上,中间验收合格率 100%,实行评比质量奖惩办法。

④ 充分利用现有设备,提高设备的利用率,充分利用时间和空间,机械设备的完好率 95%,其利用率在 70% 以上,使之达到促进效益的目的。

⑤ 压缩精减临时工程费用,合理布置总平面并加强其管理,充分做好施工前准备工作,做到严谨、周密、科学,使施工流水顺利进行。

6.7.8　技术经济指标计算与分析

1. 进度方面的指标
即总工期、工期提前时间、工期提前率。

2. 质量方面的指标
工程整体质量标准、分部(分项)工程达到的质量标准。

3. 成本方面的指标
工程总造价或总成本、单位工程量成本、成本降低率。

4. 资源消耗方面的指标
总用工量、单位工程量(或其他量纲)用工量、平均劳动力投入量、高峰人数、劳动力不均衡系数、主要材料消耗量及节约量、主要大型机械使用数量及台班量等。

训 练 题

一、简答题

1. 试述施工组织总设计与单位工程施工组织设计之间的关系。

2. 试述单位工程施工组织设计的内容主要包括哪些？

3. 确定施工顺序时应遵循的基本原则和基本要求是什么？

4. 选择施工机械和施工方法应满足哪些基本要求？

5. 试述单位工程施工进度计划的编制步骤。

6. 试述单位工程施工现场平面布置图的设计步骤。

7. 某工程人员已经绘制出一单位工程实施性施工组织设计，并统计出劳动力变化曲线图，请问此时是否可以进行劳动力消耗不均衡性系数 K 的计算？如可以计算 K 的话，计算过程如何？

二、单项选择题

1. 单位工程施工组织设计是用以指导拟建工程(　　)全过程施工活动的综合性文件。

　　A. 从工程筹建到竣工验收　　　　　B. 从施工准备到竣工验收

　　C. 从工程筹建到质保期满　　　　　D. 从施工准备到质保期满

2. 单位工程施工组织设计文件编制依据不包括(　　)。

　　A. 有关法律、法规、规章和技术标准　　B. 规划报告及审批意见

　　C. 施工合同、设计文件　　　　　　D. 建筑企业年度生产计划

3. "现场布置尽量紧凑，占地要省，不占或少占农田"是平面布置的设计(　　)。

　　A. 依据　　　　　B. 内容　　　　　C. 原则　　　　　D. 目标

4. 单位工程施工组织设计的内容一般不包括(　　)。

　　A. 施工方法　　　　　　　　　　B. 施工总进度计划

　　C. 资源配置计划　　　　　　　　D. 施工平面布置图

5. 单位工程施工组织设计文件编制依据不包括(　　)

　　A. 工程协作单位情况　　　　　　B. 工程预算

　　C. 建设单位可提供的条件　　　　D. 原材料质量

6. 主要对于工业厂房，先土建后设备(封闭式施工)的施工程序适用于(　　)的项目。

　　A. 设备较小，基础较深　　　　　B. 大型设备

　　C. 可利用行车安装设备　　　　　D. 设备基础较大

7. 单位工程施工平面图的设计步骤的第一步应该是(　　)。

　　A. 起重运输机械的布置　　　　　B. 堆场或仓库的布置

C. 现场运输道路的布置　　　　　　D. 文化生活、福利用临时设施的布置

8. 四新项目,指的是涉及(　　　)的项目。

A. 新设备、新方法、新材料、新技术　B. 新设备、新方法、新结构、新工艺

C. 新结构、新工艺、新材料、新技术　D. 新结构、新工艺、新思想、新方法

9. 施工道路的最小宽度,通常汽车双行道路宽应不小于(　　　)。

A. 4.5 m　　　　B. 5.5 m　　　　C. 6.5 m　　　　D. 7.5 m

10. 建立进度控制目标体系,明确现场项目管理组织机构中进度控制人员及其职责分工是进度控制的(　　　)。

A. 组织措施　　　B. 技术措施　　　C. 经济措施　　　D. 合同措施

11. 抓住关键部位、控制进度的里程碑节点按时完成是进度控制的(　　　)。

A. 组织措施　　　B. 技术措施　　　C. 经济措施　　　D. 合同措施

12. 结构设计特点是(　　　)的主要内容之一。

A. 工程概况　　　B. 施工部署　　　C. 进度计划　　　D. 施工平面布置

13. "交通运输、水源、电源、物质资源、生活和生产基地情况"是平面布置的设计(　　　)。

A. 依据　　　　B. 内容　　　　C. 原则　　　　D. 目标

14. 在工程进度曲线中,将实际进度与计划进度进行比较,不能获得的信息是(　　　)。

A. 实际工程进展速度　　　　　　B. 进度超前或拖延的时间

C. 工程量的完成情况　　　　　　D. 各项工作之间的相互搭接关系

15. 施工进度计划的保证措施不包括(　　　)。

A. 组织措施　　　B. 安全措施　　　C. 技术措施　　　D. 经济措施

16. 标前施工组织设计的内容除施工方案,技术组织措施,平面布置以及其他有关投标和签约需要的设计外还有(　　　)。

A. 施工进度计划　　　　　　　　B. 降低成本措施计划

C. 资源需要量计划　　　　　　　D. 技术经济指标分析

17. 施工组织中,编制资源需要量计划的直接依据是(　　　)。

A. 工程量清单　　　　　　　　　B. 施工进度计划

C. 施工图　　　　　　　　　　　D. 市场的供求情况

18. 计算工程量以后,根据所划分的施工项目和施工方法,即可套用施工定额,直接得出的是该工作所需的(　　　)。

A. 劳动量　　　B. 人工数量　　　C. 作业时间　　　D. 工人技术等级

19. 生产性工程的(　　　)往往是确定施工流向的基本因素。

A. 施工进度交付顺序　　　　　　B. 生产工艺

    C. 机械设备   D. 技术复杂部位

20. 编制单位工程施工组织设计时,考虑施工顺序应遵守( )的基本要求。

    A. 先地上,后地下   B. 先围护,后主体

    C. 先结构,后装修   D. 先设备,后土建

21. 工程施工组织设计中,计算主要施工机械的需要量的依据是( )。

    A. 工程建筑安装造价   B. 扩大定额

    C. 建筑面积   D. 施工方案、进度计划和工程量

22. 统筹安排一个工程项目的施工程序时,宜先安排的是( )。

    A. 工程量大的项目   B. 需先期投入生产或使用的项目

    C. 施工难度大、技术复杂的项目   D. 对技术维修影响大的项目

23. 施工组织标前设计的程序中,在学习招标文件工作之后,应进行( )。

    A. 编制施工方案   B. 编制进度计划

    C. 选择施工机械   D. 调查研究

24. ( )是对项目实施过程做出的统筹规划和全面安排。

    A. 施工部署   B. 施工方案   C. 施工方法   D. 施工组织

学习任务 7　主要管理措施制订

【学习目标】
1. 掌握施工管理的相关基本知识；
2. 熟悉主要施工管理计划的内容；
3. 了解其他的施工管理计划的相关知识。

学习单元 7.1　主要施工管理计划

▌工作任务表▐

能力目标	主讲内容	学生完成任务
通过学习训练,使学生熟悉主要施工管理计划的内容,掌握主要施工管理计划的编制技术	主要施工管理计划的编制技术	根据实例,完成主要施工管理计划内容的确定

施工管理计划在目前多作为管理和技术措施编制在施工组织设计中,这是施工组织设计必不可少的内容。施工管理计划涵盖很多方面的内容,可根据工程的具体情况有所取舍。在编制施工组织设计中,施工管理计划可单独成章,也可穿插在施工组织设计的相应章节中。

主要施工管理计划包括进度管理计划、质量管理计划、安全管理计划、环境管理计划、成本管理计划以及其他管理计划。

7.1.1　进度管理计划

项目进度管理应按照项目施工的技术规律和合理的施工顺序,保证各工序在时间和空间上顺利衔接。

不同的工程项目其施工技术规律和施工顺序不同。即使是同一类工程项目,其施工顺序也难以做到完全相同。因此必须根据工程特点,按照施工的技术规律和合理的组织关系,解决各工序在时间和空间上的先后顺序和搭接关系,以达到保证质量、安全施工、充分利用空间、争取时间、实现经济合理安排进度的目的。

进度管理计划应包括以下几个方面的内容。

(1) 对项目施工进度计划进行逐级分解,通过阶段性目标的实现保证最终工期目标的完成。

在施工活动中通常是通过对最基础的分部(分项)工程的施工进度控制来保证各个单项(单位)工程或阶段工程进度控制目标的完成,进而实现项目施工进度控制总体目标。因而需要将总体进度计划进行一系列从总体到细部、从高层次到基础层次的层层分解,一直分解到在施工现场可以直接调度控制的分部(分项)工程或施工作业过程为止,通过阶段性目标的实现保证最终工期目标的完成。

(2) 建立施工进度管理的组织机构并明确职责,制订相应管理制度。

施工进度管理的组织机构是实现进度计划的组织保证;它既是施工进度计划的实施组织,又是施工进度计划的控制组织;既要承担进度计划实施赋予的生产管理和施工任务,又要承担进度控制目标,对进度控制负责,因此需要严格落实有关管理制度和职责。

(3) 针对不同施工阶段的特点,制订进度管理的相应措施,包括施工组织措施、技术措施和合同措施等。

(4) 建立施工进度动态管理机制,及时纠正施工过程中的进度偏差,并制订特殊情况下的赶工措施。

面对不断变化的客观条件,施工进度往往会产生偏差;当发生实际进度比计划进度超前或落后时,控制系统就要作出应有的反应:采取相应的措施,调整原来的计划,使施工活动在新的起点上按调整后的计划继续运行,如此循环往复,直至预期计划目标的实现。

(5) 根据项目周边环境特点,制订相应的协调措施,减少外部因素对施工进度的影响。

项目周边环境是影响施工进度的重要因素之一,其不可控性大,必须重视诸如环境扰民、交通堵塞和偶发意外等因素,采取相应的协调措施。

7.1.2 质量管理计划

施工单位应按照《质量管理体系要求》(GB/T19001)建立本单位的质量管理体系文件。质量管理计划在施工单位质量管理体系的框架内编制。质量管理应按照 PDCA 循环模式,加强过程控制,通过持续改进提高工程质量。

质量管理计划内容一般有以下几个方面。

(1) 按照项目具体要求确定质量目标并进行目标分解。

应制订具体的项目质量目标,质量目标不低于工程合同明示的要求;质量目标应尽可能地量化和层层分解到最基层,建立阶段性目标。质量指标应具有可测量性。

（2）建立项目质量管理的组织机构并明确职责。

应明确质量管理组织机构中各重要岗位的职责,与质量有关的各岗位人员应具备与职责要求匹配的相应知识、能力和经验。

（3）制订符合项目特点的技术保障和资源保障措施,保证质量目标的实现。

应采取各种有效措施,通过可靠的预防控制措施,确保项目质量目标的实现。这些措施包含但不局限于:原材料、构配件、机具的要求和检验,主要的施工工艺、主要的质量标准和检验方法,夏期、冬期和雨期施工的技术措施,关键过程、特殊过程、重点工序的质量保证措施,成品、半成品的保护措施,工作场所环境以及劳动力和资金的保障措施等。

（4）建立质量过程检查制度,并对质量事故的处理作出相应的规定。

按质量管理八项原则中的过程方法要求,将各项活动和相关资源作为过程进行管理,建立质量过程检查、验收以及质量责任制等相关制度,对质量检查和验收标准作出规定,采取有效的纠正和预防措施,保障各工序和过程的质量。

7.1.3　安全管理计划

目前大多数施工单位基于《职业健康安全管理体系规范》(GB/T 28001)通过了职业健康安全管理体系认证,建立了企业内部的安全管理体系。安全管理计划应在企业安全管理体系的框架内,针对项目的实际情况编制。

安全管理计划应包括以下内容:

（1）确定项目重要危险源,制订项目职业健康安全管理目标。

建筑施工安全事故(危害)通常分为七大类:高处坠落、机械伤害、物体打击、坍塌倒塌、火灾爆炸、触电、窒息中毒。

（2）建立有管理层次的项目安全管理组织机构并明确职责。

安全管理计划应针对项目具体情况,建立安全管理组织,制订相应的管理目标、管理制度、管理控制措施和应急预案等。

（3）根据项目特点,进行职业健康安全方面的资源配置。

（4）建立具有针对性的安全生产管理制度和职工安全教育培训制度。

（5）针对项目重要危险源,制订相应的安全技术措施;对达到一定规模的危险性较大的分部(分项)工程和特殊工种的作业,应制订专项安全技术措施的编制计划。

（6）根据季节、气候的变化,制订相应的季节性安全施工措施。

（7）建立现场安全检查制度,并对安全事故的处理做出相应的规定。

7.1.4 环境管理计划

施工现场环境管理越来越受到建设单位和社会各界的重视,同时各级地方政府也不断出台新的环境监管措施,环境管理计划已成为施工组织设计的重要组成部分。对于通过环境管理体系认证的施工单位,环境管理计划应在企业环境管理体系的框架内,针对项目的实际情况编制。

环境管理计划应包括以下内容:

(1) 确定项目重要环境因素,制订项目环境管理目标。

一般来说,建筑工程常见的环境因素包括如下内容:① 大气污染;② 垃圾污染;③ 建筑施工中施工机械发出的噪声和强烈的振动;④ 光污染;⑤ 放射性污染;⑥ 生产、生活污水排放。

(2) 建立项目环境管理的组织机构并明确职责。

(3) 根据项目特点,进行环境保护方面的资源配置。

(4) 指定现场环境保护的控制措施。

(5) 建立现场环境检查制度,并对环境事故的处理做出相应的规定。

应根据建筑工程各阶段的特点,依据分部(分项)工程进行环境因素的识别和评价,并制订相应的管理目标、控制措施和应急预案。

7.1.5 成本管理计划

成本管理计划应以项目施工预算和施工进度计划为依据编制。

成本管理计划应包括以下内容:

(1) 根据项目施工预算,制订项目施工成本目标。

(2) 根据施工进度计划,对项目施工成本目标进行分解。

(3) 建立施工成本管理组织机构并明确职责,制订相应管理制度。

(4) 采取合理的技术、组织和合同等措施,控制施工成本。

(5) 确定科学的成本分析方法,制订必要的纠偏措施。

成本管理和其他施工目标管理类似,开始于确定目标,继而进行目标分解,组织人员配置,落实相关管理制度和措施,并在实施过程中进行纠偏,以实现预定的目标。

成本管理是与进度管理、质量管理、安全管理和环境管理等同时进行的,是针对整个项目目标系统所实施的管理活动的一个组成部分。在成本管理中,要协调好与进度、质量、安全和环境等的关系,不能片面强调成本节约。

7.1.6　其他管理计划

其他管理计划宜包括绿色施工管理计划、防火保安管理计划、合同管理计划、组织协调管理计划、创优质工程管理计划、质量保修管理计划以及对施工现场人力资源、施工机具、材料设备等生产要素的管理计划等。

其他管理计划可根据项目的特点和复杂程度加以取舍。

各项管理计划的内容应有目标，有组织机构，有资源配置，有管理制度和技术、组织措施等。

特殊项目的管理可在此基础上相应增加其他管理计划，以保证建筑工程的实施处于全面受控状态。

学习单元7.2　技术组织措施

‖ 工作任务表 ‖

能力目标	主讲内容	学生完成任务
通过学习训练，使学生熟悉主要技术组织措施的内容，能够进行技术组织措施的制订	主要施工管理计划的编制技术	根据实例，完成主要技术组织措施的制订

技术组织措施是施工管理计划的一部分内容。目前在施工组织设计中往往独立编制。

技术组织措施是指在技术和组织方面对保证工程质量、安全、节约和文明施工等方面所采用的方法。这些方法既有一定的规律性和通用性，又要根据工程项目特点具有一定的创造性和个性。

7.2.1　保证工程质量措施

保证工程质量的关键是对施工组织设计的工程对象经常发生的质量通病制订防治措施，可以按照各主要分部（分项）工程提出的质量要求，也可以按照各工种工程提出的质量要求。保证工程质量的措施通常可以从以下各方面考虑：

（1）确保拟建工程定位、放线、轴线尺寸、标高测量等准确无误的措施。

（2）为了确保地基土承载能力符合设计规定的要求而应采取的有关技术组织措施。

（3）各种基础、地下结构、地下防水施工的质量措施。

（4）确保主体承重结构各主要施工过程的质量要求；各种预制承重构件检查验收的措施；各种材料、半成品、砂浆、混凝土等检验及使用要求。

（5）对新结构、新工艺、新材料、新技术的施工操作提出质量措施或要求。

（6）冬、雨期施工的质量措施。

（7）屋面防水施工、各种抹灰及装饰操作中，确保施工质量的技术措施。

（8）解决质量通病措施。

（9）执行施工质量的检查、验收制度。

（10）提出各分部工程的质量评定的目标计划等。

7.2.2 安全施工措施

安全施工措施应贯彻安全操作规程，对施工中可能发生的安全问题进行预测，有针对性地提出预防措施，以杜绝施工中伤亡事故的发生。安全施工措施主要包括：

（1）提出安全施工宣传、教育的具体措施；对新工人进场上岗前必须进行安全教育及安全操作的培训。

（2）针对拟建工程地形、环境、自然气候、气象等情况，提出可能突然发生自然灾害时有关施工安全方面的若干措施及具体的办法，以减少损失，避免伤亡。

（3）提出易燃、易爆品严格管理及使用的安全技术措施；

（4）防火、消防措施；高温、有毒、有尘、有害气体环境下操作人员的安全要求和措施。

（5）土方、深坑施工，高空、高架操作，结构吊装、上下垂直平行施工时的安全要求和措施。

（6）各种机械、机具安全操作要求；交通、车辆的安全管理。

（7）各种电器设备的安全管理及安全使用措施。

（8）狂风、暴雨、雷电等各种特殊天气发生前后的安全检查措施及安全维护制度。

7.2.3 降低成本措施

降低成本措施的制订应以施工预算为尺度，以企业（或基层施工单位）年度、季度降低成本计划和技术组织措施计划为依据进行编制。要针对工程施工中降低成本潜力大的（工程量大、有采取措施的可能性及有条件的）项目，充分开动脑筋，把措施提出来，并计算出经济效益和指标，加以评价、决策。这些措施必须是不影响质量且能保证安全的，它应考虑以下几方面：

(1) 生产力水平是先进的;

(2) 有精心施工的领导班子来合理组织施工生产活动;

(3) 有合理的劳动组织,以保证劳动生产率的提高,减少总的用工数;

(4) 物资管理的计划性,从采购、运输、现场管理及竣工材料回收等方面,最大限度地降低原材料、成品和半成品的成本;

(5) 采用新技术、新工艺,以提高工效,降低材料耗用量,节约施工总费用;

(6) 保证工程质量,减少返工损失;

(7) 保证安全生产,减少事故频率,避免意外工伤事故带来的损失;

(8) 提高机械利用率,减少机械费用的开支;

(9) 增收节支,减少施工管理费的支出;

(10) 工程建设提前完工,以节省各项费用开支。

降低成本措施应包括节约劳动力、材料费、机械设备费用、工具费、间接费及临时设施费等措施。一定要正确处理降低成本、提高质量和缩短工期三者的关系,对措施要计算经济效果。

7.2.4 现场文明施工措施

现场场容管理措施主要包括以下几个方面:

(1) 施工现场的围挡与标牌,出入口与交通安全,道路畅通,场地平整;

(2) 暂设工程的规划与搭设,办公室、更衣室、食堂、厕所的安排与环境卫生;

(3) 各种材料、半成品、构件的堆放与管理;

(4) 散碎材料、施工垃圾运输,以及其他各种环境污染,如搅拌机冲洗废水、油漆废液、灰浆水等施工废水污染,运输土方与垃圾、白灰堆放、散装材料运输等粉尘污染,熬制沥青、熟化石灰等废气污染,打桩、搅拌混凝土、振捣混凝土等噪声污染;

(5) 成品保护;

(6) 施工机械保养与安全使用;

(7) 安全与消防。

学习任务8 计算机辅助施工组织设计

【学习目标】

1. 掌握"标书编制"软件的使用技术；

2. 掌握"项目管理"软件的使用技术；

3. 掌握"平面图布置"软件的使用技术，能够采用软件进行施工组织设计文件的编制，具备技术标书的编制能力。

学习单元8.1 标书编制软件应用

工作任务表

能力目标	主讲内容	学生完成任务
通过学习训练，使学生掌握技术标书软件的使用技术，能够进行技术标书的编制、打印	技术标书软件的使用技术	根据实例，完成技术标书的制作

随着信息技术的发展，很多省、市、自治区已经开始通过信息技术提高建设工程招投标的工作效率和服务质量，个别省、市、自治区初步进行了计算机电子评标的试点工作，并取得了一定成效。随着人们观念的更新以及互联网技术的普及，招投标工作的电子化已经成为行业发展的趋势，招投标工具软件由此而生。应用专业软件能科学、快速地编制投标文件，使"信息存于指间"成为现实。

8.1.1 软件基本操作流程图

投标书编制流程见图8.1。

8.1.2 软件基本操作流程

8.1.2.1 创建标书框架

投标书框架可以新建，也可以由招标书生成，主要由投标要求的实际情况决定。

8.1.2.2　编辑标书

在标书管理窗口选择投标书后,点击右键菜单"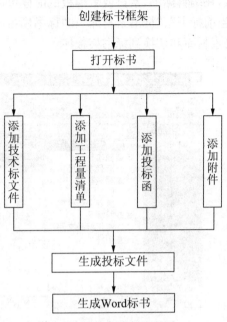打开标书"项,将打开投标书。如图 8.2 所示。

打开标书后将进入标书编制界面。

标书编制界面由左侧的标书节点树与右侧的标书显示区组成。如图8.3 所示。

8.1.2.3　投标书结构

标书节点树由不同级别的节点组成,每个节点具有各自的操作属性。软件新生成的投标书默认带有四个 1 级节点,由四部分内容组成:技术标、商务标、投标函、附件。

8.1.2.4　添加资源

资源放置区的资源来自素材和模

8.1　投标书编制流程图

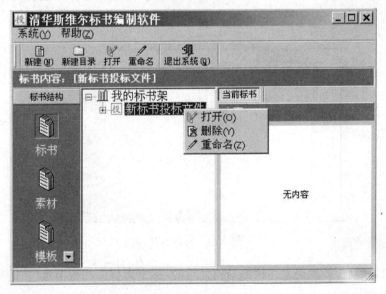

图 8.2　打开标书

板，在编辑标书、素材或者模板的时候可以选择使用。资源放置区有三个标签页：
"当前标书"、"标书素材库"和"标书模板库"，分别用来关闭资源放置区、切换到标
书素材库和切换到标书模板库。

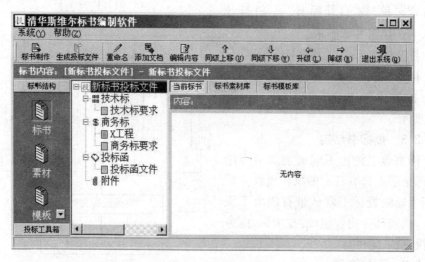

图 8.3　标书预览

如果是第一次选择"标书素材库"和"标书模板库"，将弹出选择对话框，见
图 8.4。

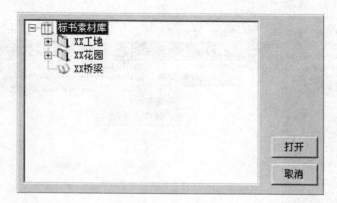

图 8.4　资源选择

素材和模板依然是采用树形结构显示的，标书素材库的根节点 ⬚ 是"标书素
材库"，而标书模板库的根节点 ⬚ 是"标书模板库"，选择需要的资源后点击"打
开"就打开一个资源。

8.1.2.5　投标书制作

1. 技术标

技术标部分主要包括：施工组织设计或施工方案、项目管理班子配备情况、项目拟分包情况、替代方案和报价（如要求提交）。

导入招标书时生成的投标书范本中已经将技术标的编制要求提取并加入到技术标节点下。点击"技术标要求"节点，在标书显示区将显示要求的具体内容，如图 8.5 所示。

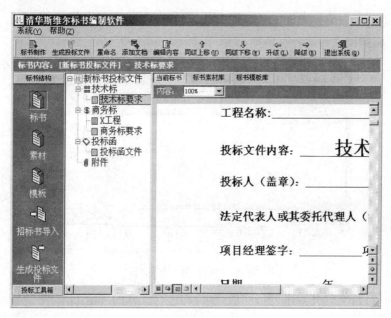

图 8.5　技术标要求预览

技术标的编制主要通过光标进行操作。在"技术标"节点上方点击光标右键将弹出快捷菜单。在技术标的子节点上点击光标右键将弹出快捷菜单，如图 8.6 所示。

图 8.6　技术标节点的快捷菜单

2. 商务标

商务标主要包括工程量清单报价文件。导入招标书时生成的投标书范本中已经将商务标的编制要求提取并加入到商务标节点下，"商务标要求"以外的节点便是需要上报的商务标清单报价文件。

需要添加的商务标文件个数与名称由招标书指定，用户需要按照招标书的要求分别编制每个商务标文件，并通过在节点上方的右键菜单将文件绑定。

在"商务标要求"节点上点击右键将弹出 ▨ 删除(D) 菜单。

执行删除命令，可以对商务标要求节点进行删除。在"商务标要求"以外的节点上点击光标右键将弹出 ▨ 绑定文档(Z) 菜单。

因该节点为招标书规定必须提交的，所以仅提供绑定文档功能，点击"▨ 绑定文档"将弹出文件选择对话框，见图 8.7。

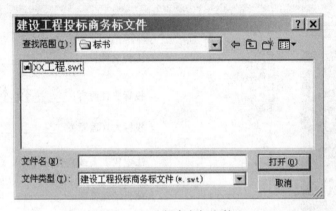

图 8.7　选择商务标文件

选择计价文件并点击"打开"后，软件将进行文档的绑定工作。

3. 投 标 函

投标函为投标文件的重要组成部分，导入招标书时生成的投标书范本中已经将投标函提取并加入到"◇ 投标函"节点下。

双击"投标函文件"节点将进入编辑状态，用户可以像在 Word 中一样对文档进行编辑，可以对文档进行保存、保存退出、不保存退出的操作。

如果不采用系统自动导入的投标函，用户也可以添加已经做好的投标函文件，在"投标函"节点上点击光标右键将弹出" ▧ 添加投标函文件(Y) ▧ 导出节点内容 "菜单，点击"▨ 添加投标函文件"菜单项将弹出选择文件对话框，选择已经做好的投标函文件添加即可以。

4. 附 件

附件中文档为上述三个节点无法包含而投标时必须提交的文档，包括施工进度图表、施工平面布置图文件、施工图纸等。在"▨ 附件"节点上点击鼠标右键将弹出菜单" ![添加文件(Y)　施工进度图表(X)　导出节点内容(Z)　施工平面布置图(Y)　添加其它文件(Z)] "。

点击"⣿施工进度图表"菜单项将弹出选择文件对话框,选择已经做好的施工进度图表文件添加即可。

点击"回施工平面布置图文件"菜单项将弹出选择文件对话框,选择已经做好的施工平面布置图文件添加。

8.1.2.6　生成 Word 投标书

标书制作完成以后,可以利用软件提供的"标书制作"功能将标书输入到 Word 中进行调整与打印。首先需要打开一份投标书,进入标书预览状态后点击"系统"菜单的"⢁标书制作",软件将自动提取投标书中的所有 Word 文档并组合成为新的完整标书。

首先弹出标书样式对话框(图 8.8)。

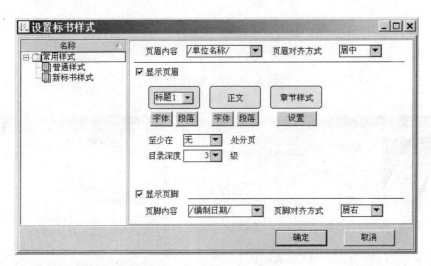

图 8.8　设置标书样式

这里可以设定将要生成的标书的段落,文字风格,页眉,页脚内容等。设置样式后,点击"确定"按钮将进行标书的合成工作(图 8.9)。

8.1.2.7　生成投标文件

编制完成投标文件后,点击工具栏的"⡇生成投标文件"按钮,将弹出"生成投标文件"对话框(图 8.10)。

点击"浏览"按钮,将弹出目录选择对话框,选择存放位置并输入公司名称后,点击"导出"按钮,导出完成后将弹出提示框,点击"确定"按钮后,"生成投标书"对话框被关闭,进入电脑中保存的目录可以看到生成的投标文件(图 8.11)。

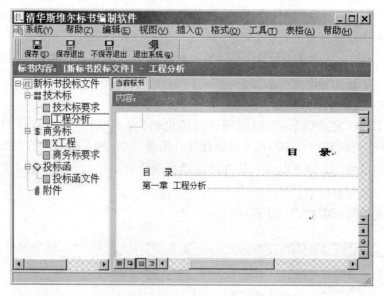

图 8.9 生成 Word 标书

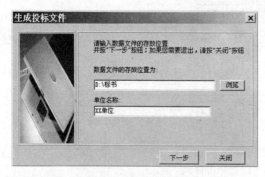

图 8.10 选择存放路径以及单位名称

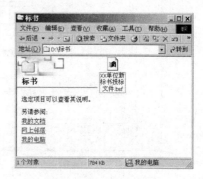

图 8.11 标书生成确认

至此,一份电子投标书文件就制作完成了。另外,还可以通过"系统"菜单下的"📂浏览标书文件"命令来浏览制作的投标文件。

8.1.3 素材与模板的维护

8.1.3.1 新建

在素材管理状态和模板管理状态下,选择新建素材和模板命令后弹出"新建"对话框(图 8.12)。

　　输入新建的素材或者模板名称后,选择"✔确定"就可以看到新建的素材或者模板了。

8.1.3.2 新建目录

　　目录用来将不同类型的素材或者模板分开存放,在素材管理状态或者模板管理状态下,选择工具栏的"🗀 新建目录"命令,将弹出"新建目录"对话框,输入名称后选择"✔确定"就可以看到新建的目录了(图 8.13)。

图 8.12　新建对话框

图 8.13　新建目录对话框

8.1.3.3 打开

　　打开素材或者模板操作只可以在素材或者模板的管理状态下进行。

　　首先选择需要打开的素材节点 素 或者模板节点 模,然后选择右键菜单的"✅ 打开"命令。软件将进入素材或者模板的预览状态,就可以预览素材或者模板中所有的文件了。

8.1.3.4 删除

　　删除素材或者模板操作同样只可以在素材或者模板的管理状态下进行。

　　首先选择需要删除的素材节点 素 或者模板节点 模,然后点击光标右键的"🗑 删除"项,软件会弹出确认对话框,确认后将删除该节点,且该操作无法撤销。

8.1.3.5 编辑

　　像标书一样,素材和模板也是可以编辑和修改的,处理的方法也相同,这里不再重复了。

8.1.3.6 标书与素材、模板的转换

　　在标书预览状态下,右击标书树的根节点,在出现的快捷菜单中有"素 另存为素材""模 另存为模板"命令,如果选择"素 另存为素材"命令,再次切换到素材管理状态就会看见新生成的素材,模板也是一样的(图 8.14)。

8.1.3.7 用户密码设定

　　为了方便管理,应用程序提供了密码保护的功能,设定密码的方法如下:使用

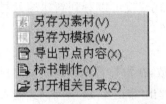

图 8.14　标书根节点的快捷菜单

"系统"菜单的" 密码设定"对话框可以修改密码(图 8.15)。

在分别输入旧密码和两次相同的新密码(密码由数字和英文字母组成)之后,选择确定,新密码就启用了。以后启动软件时,就会弹出"身份确认"对话框,请求输入密码,只有密码正确,才可以启动系统(图 8.16)。

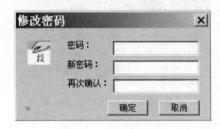

图 8.15　"修改密码"对话框

图 8.16　"身份确认"对话框

如果修改密码时空缺两个新密码编辑框,就清除了密码,以后启动软件时,将不会弹出"身份确认"对话框。

8.1.3.8　法律法规查询

标书编制软件内置了查询相关的法律法规的功能,选择"系统"菜单下的" 相关法律法规"命令,就会弹出"法律法规查询"对话框(图 8.17)。

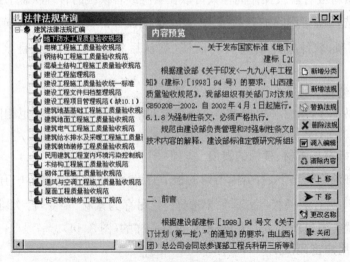

图 8.17　"法律法规查询"对话框

　　界面分为三个部分:法律法规列表,内容预览,命令按钮。选择一个需要的法规后,选择"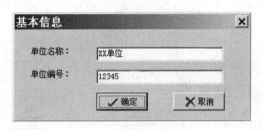调入编辑"命令可将法规调入 Word 中使用。

8.1.3.9　基本信息设定

　　基本信息包括"单位名称"和"单位编号",可以选择主菜单的系统下的"设置基本信息"命令来打开基本信息对话框(图 8.18)。

图 8.18　基本信息设定

　　基本信息用于打印和生成投标文件的缺省值,这样可以避免多次输入同样的信息。

　　第一次运行标书编制软件时会自动弹出这个对话框。

8.1.3.10　素材和模板的下载更新

　　第一步:到清华斯维尔的网站(www.thsware.com)上下载需要的素材和模板更新包。

　　第二步:双击运行更新包,更新将自动定位标书软件数据目录并自动更新素材模板。

学习单元 8.2　项目管理软件应用

工作任务表

能力目标	主讲内容	学生完成任务
通过学习训练,使学生掌握进度计划软件的使用技术,能够进行进度计划的编制、打印	进度计划软件的使用技术	根据实例,完成进度计划的编制

8.2.1　软件基本操作流程图

软件基本操作流程如图 8.19 所示。

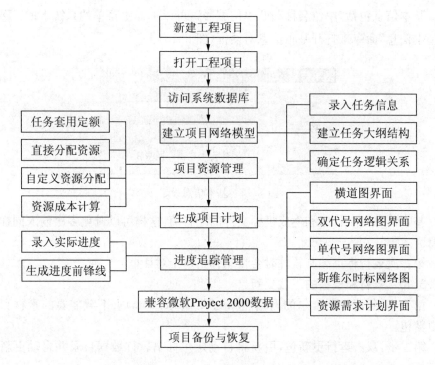

图 8.19　软件基本操作流程图

8.2.2　软件基本操作流程

8.2.2.1　启动软件

从"开始"菜单选择或者在桌面上直接双击图标启动本系统,如图 8.20 所示。

图 8.20　桌面快捷启动图标

8.2.2.2　新建工程项目

启动智能项目管理软件后,弹出如图 8.21 所示的"新建"对话框。

选择"新建空项目",单击"确定"按钮,弹出"项目信息"对话框,如图 8.22所示。

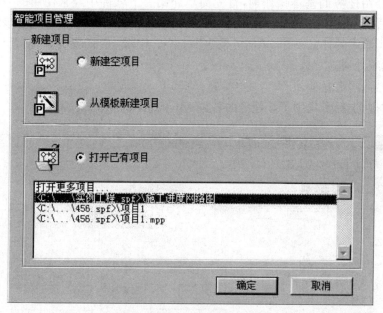

图 8.21　新建对话框

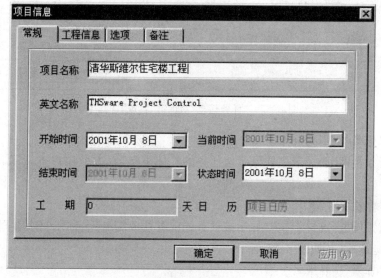

图 8.22　"项目信息"对话框

在对话框中录入项目的各类信息,包括:项目常规信息、工程信息、各类选项信息以及备注信息等。按"确定"按钮完成项目信息的录入。

在介绍任务的基本操作前,首先简单介绍一下软件中经常使用的一个对话框——"任务信息"对话框,用户在横道图界面、网络图界面中均可通过该对话框完成各类基本的任务操作。"任务信息"对话框由"常规、任务类型、前置任务、资源、成本统计、备注"选择卡构成。

1."常规"选择卡

"常规"选择卡集中了该任务的各类基本信息,如图 8.23 所示。

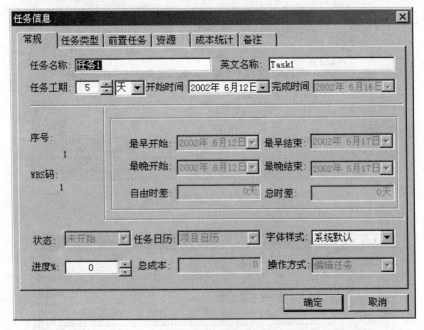

图 8.23　"任务信息"对话框"常规"选择卡

2."任务类型"选择卡

"任务类型"选择卡主要显示该任务的具体类型,以方便用户查阅,如图 8.24 所示。

3."前置任务"选择卡

"前置任务"选择卡主要显示该任务的前置任务编号、名称以及两者间的逻辑关系与延迟时间,如图 8.25 所示。

4."资源"选择卡

"资源"选择卡用来显示和分配任务的资源,通过该界面可以进行任务的资源

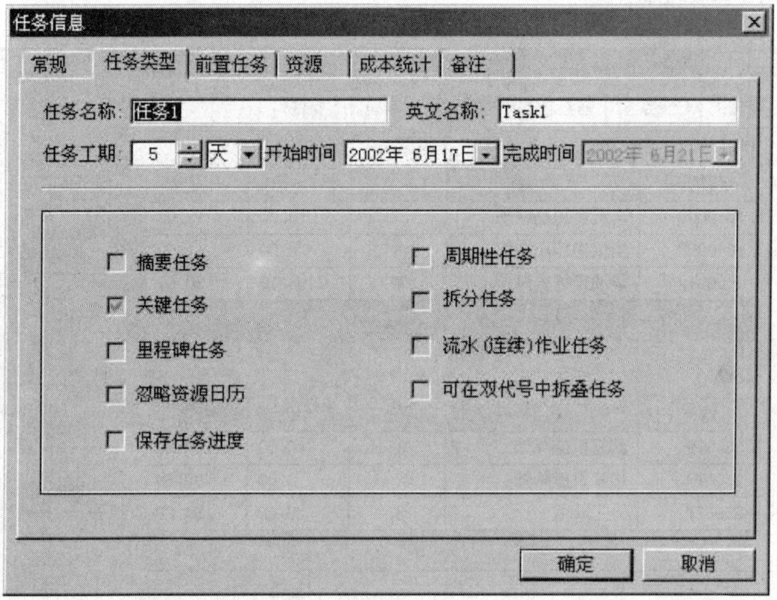

图 8.24 "任务信息"对话框"任务类型"选择卡

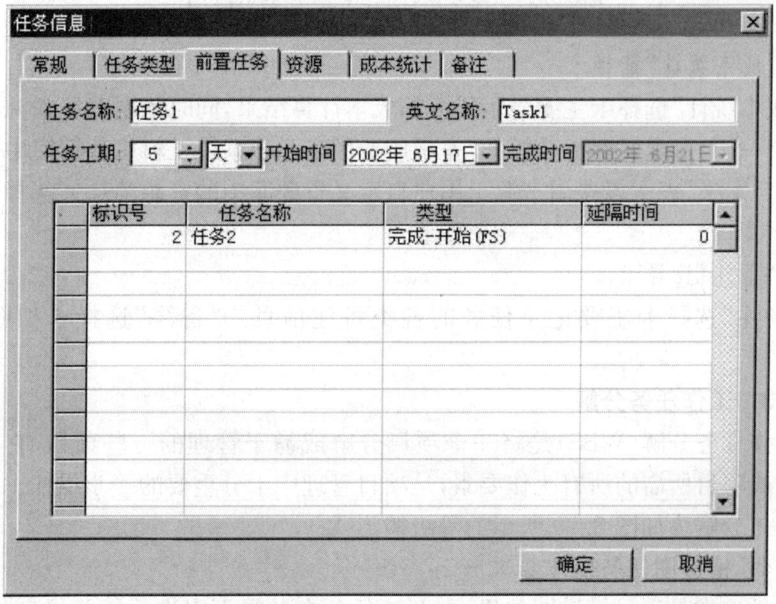

图 8.25 "任务信息"对话框"前置任务"选择卡

分配,如图 8.26 所示。

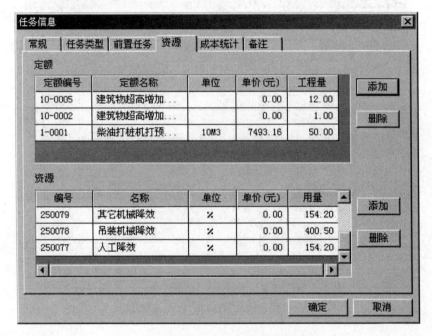

图 8.26　"任务信息"对话框"资源"选择卡

5."成本统计"选择卡

"成本统计"选择卡主要显示任务的成本计算结果,同时依据费用来源将费用划分为标准与自定义两类,"标准"表示该费用来源于系统工料机数据库中的资源消耗,"自定义"表示该费用来源于用户自定义资源库中的资源消耗。选择卡如图8.27 所示。

6."备注"选择卡

"备注"选择卡主要记录任务的各类备注信息。"备注"选择卡如图 8.28所示。

8.2.2.3　工作任务分解

工作任务分解(WBS)是将一个项目分解成易于管理的一些项目,它有助于找出完成项目所需的所有工作要素,是项目管理中十分重要的一步操作。例如某工程具体分解为如图 8.29 所示的等级树形式。

8.2.2.4　横道图任务操作

软件缺省是项目横道图的界面,新建任务在此界面中进行任务信息的录入,如图 8.30 所示。

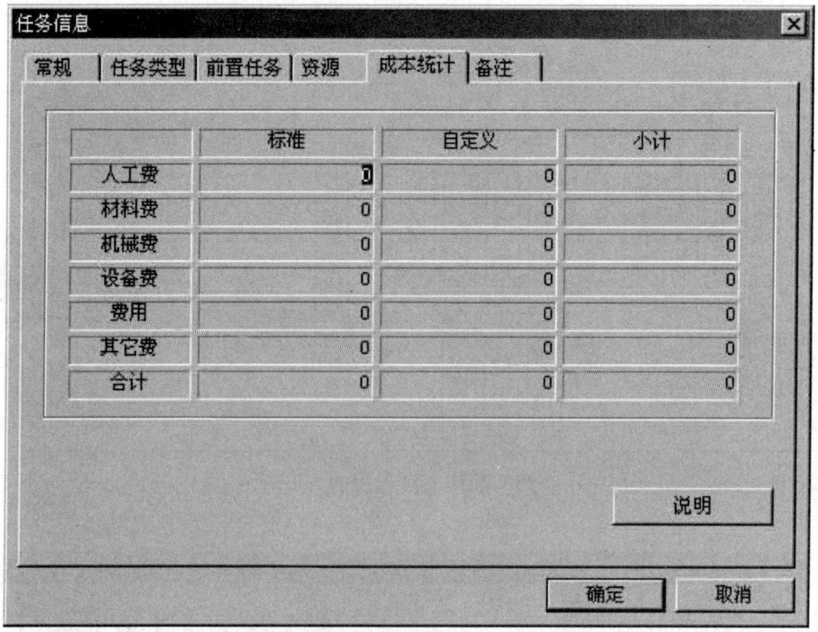

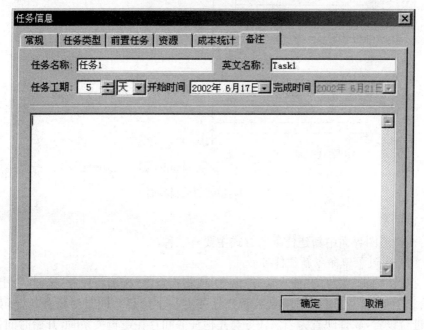

图 8.27　"任务信息"对话框"成本统计"选择卡

图 8.28　"任务信息"对话框"备注"选择卡

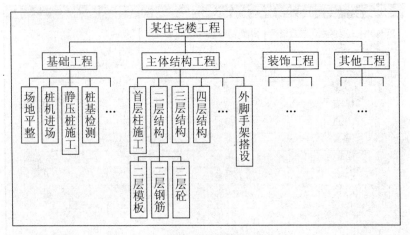

图 8.29　某住宅楼工程的 WBS 结构

图 8.30　横道图编辑界面

1. 新建任务

在横道图界面中新建任务的方式主要有三种。

(1) 通过菜单命令新建任务。

执行"编辑"菜单的"插入任务"命令,或直接点击"添加新任务"按钮,弹出"任务信息"对话框,在对话框中录入新建任务的基本信息。同时对任务的"开始时间"进行设置,软件缺省为当该任务与其他任务间存在逻辑关系时,开始时间依据系统网络时间参数自动计算;当该任务与其他任务间不存在逻辑关系时,任务的开始时间可由用户自行指定。

（2）直接在任务表格中输入新任务信息。

在界面左侧"任务名称"表格中，可直接新增录入任务信息——任务名称与任务工期，具体如图 8.31 所示。其开始时间项与前述内容相同。

编号	任务名称	工期	
1	施工准备	5天	

图 8.31　在任务表格中新增任务

需要注意，新建任务有两种类型，一种是添加的新任务，执行添加新任务，即在任务表格的最尾部添加一行新的任务；一种是插入新任务，即用光标选中一个任务，执行"插入任务"命令，则在当前位置处插入新任务。为方便的插入与添加操作，可在表格中单击光标右键便会弹出快捷菜单，选择需要的方法进行操作。

（3）在横道图条形图中通过光标拖拽新建任务。

2. 编辑/查询任务信息

需要编辑/查询任务的各类信息时，可通过软件提供的编辑任务功能实现。首先用光标选择好待编辑的任务，然后执行"编辑"菜单的"编辑任务"命令，或直接点击工具栏上的"编辑任务"快捷按钮，系统将弹出前述介绍的"任务信息"对话框，通过该对话框可方便地修改/查询任务的各方面信息。

3. 删除任务

需要删除任务时，首先在任务表格中选择待删除的任务，然后执行"编辑"菜单的"删除任务"命令，也可单击鼠标右键在弹出的快捷菜单中，选择"删除任务"命令。此时系统将弹出如图 8.32 所示的提示信息，要求用户确认删除选中的任务。

多个任务需要删除时，可在任务表格中选中多个连续的任务，然后再选择删除操作，如此可同时删除多个任务。

4. 链接任务

链接任务是指建立任务与任务间的逻辑关系，是建立项目网络模型中十分重要的一步。有多种方式实现链接任务的操作。

方式一：通过"任务信息"对话框的"前置任务"选择卡，实现任务链接操作，具体如图 8.33 所示。

在"前置任务"选择卡中，用户首先应通过"标识号"的下拉列表或"任务名称"

下拉列表,选择当前任务的前置任务,然后通过"类型"的下拉列表确定当前任务
与前置任务间的逻辑关系类型,同时如果任务间存在延隔时间,需要在"延隔时
间"项中输入具体的数值,默认情况下时间单位为天(d)。

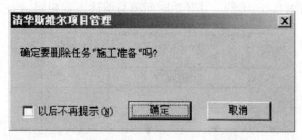

图 8.32　删除任务提示信息

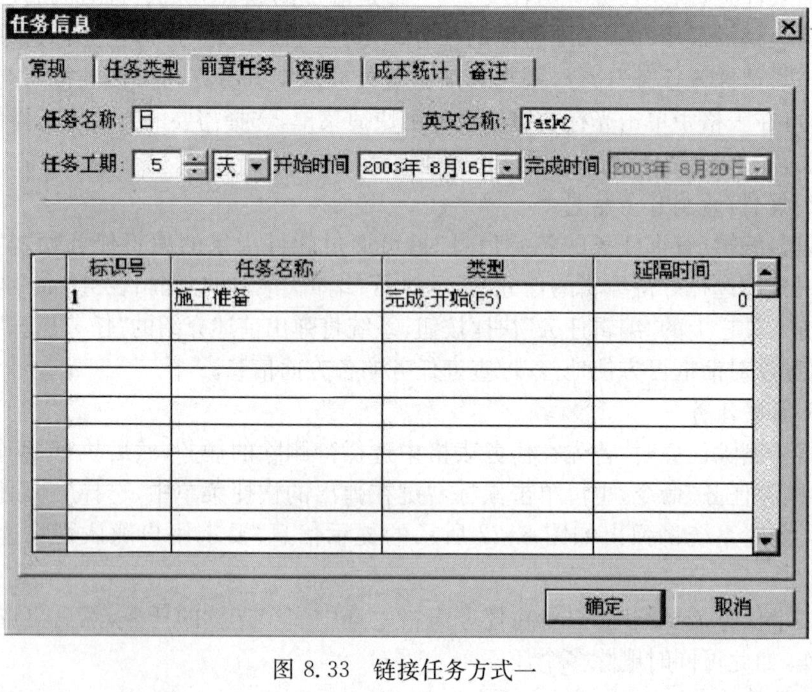

图 8.33　链接任务方式一

方式二:在横道图界面的条形图中通过光标直接拖拽,完成连接任务操作。
如施工准备与土方工程两者为"完成—开始(FS)"类型的逻辑关系,施工准备为
该逻辑关系的前置任务,土方开挖为该逻辑关系的后继任务,具体步骤如下:

(1) 将光标放置在横道图右侧的任务条形图中的前置任务上,等光标的形式
变为十字形,如图 8.34 所示。

（2）按住鼠标左键，此时光标形式将变为链接形式，表明可以进行链接操作。按住鼠标左键的同时，进行拖拽操作，将关系线拖拽至后继任务的条形图上，如图8.35 所示。

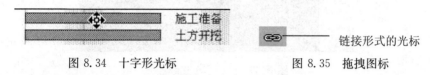

图 8.34　十字形光标　　　　　　　　图 8.35　拖拽图标

（3）将两任务的逻辑关系设置为"完成—开始(FS)"类型。注意，采用该种方式链接任务时，任务间的逻辑关系默认为"完成—开始(FS)"类型。以上操作后的结果如图 8.36 所示。

（4）当要修改任务间的逻辑关系类型时，例如将上述关系由"完成—开始(FS)"类型修改为"开始—开始(SS)类型"，并需要考虑 5 天延隔时间，即施工准备工作开始后 5 天才进行土方开挖工作，可通过以下方法修改任务的逻辑关系类型。首先在将光标移动至关系线位置处，然后双击鼠标左键，系统将弹出如图8.37 所示的"任务相关性"对话框。

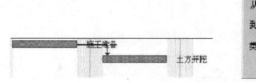

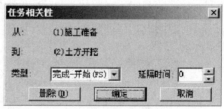

图 8.36　任务链接后的结果　　　　　图 8.37　"任务相关性"对话框

在对话框的类型下拉列表中选择"开始—开始(SS)"类型，然后在延隔时间处输入 5 天的数值，最后按"确定"按钮，修改后的条形图变为如图 8.38 所示。

图 8.38　修改逻辑关系后的条形图

方式三：当需要链接任务表格中多个连续的任务时，可采用以下操作：选中多个连续的任务，如图 8.39 所示。

然后，执行"编辑"菜单的"链接任务"命令，或点击工具栏的"链接任务"快捷按钮，则系统将按顺序将以上任务的逻辑关系设定为"完成—开始(FS)"类型，其条形图如图 8.40 所示。

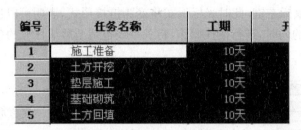

图 8.39 选中多个连续任务

图 8.40 对连续任务采用链接命令后的条形图

5. 取消任务链接

取消任务链接的操作主要有三种方法,其中第一种和第二种方法主要是针对非连续链接的任务,第三种方法针对连续链接的任务。

方法一:选中已链接任务中的后继任务,在该"任务信息"对话框的"前置任务"选择卡中设定"类型"项为"无",如图 8.41 所示。

图 8.41 取消任务链接方法一

　　方法二：直接在条形图界面中，将光标移至待取消链接的关系线位置，双击鼠标左键，在弹出的"任务相关性"对话框中设定"类型"项为"无"，如图 8.42 所示。

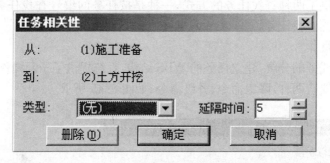

图 8.42　取消任务链接方法二

　　方法三：在任务表格中用光标选中连续任务，然后执行"编辑"菜单的"取消链接"命令，或直接点击工具栏的"取消链接"快捷按钮，便可取消链接。

6. 复制任务

　　任务复制功能的具体操作方法如下：首先在任务表格中选择需要复制的任务，单个任务或连续的多个任务。然后执行"编辑"菜单的"复制任务"命令，或单击鼠标右键并在弹出的快捷菜单中选取"复制任务"命令。之后选择需要复制任务的具体位置，执行"粘贴任务"命令，完成任务的复制与粘贴操作。注意，复制多个连续任务时，任务间的逻辑关系也会一同复制过来，如图 8.43 所示，（该例中复制了"垫层施工"、"基础砌筑"、"土方回填"三个任务。）

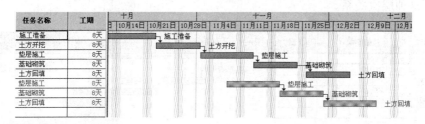

图 8.43　复制任务

7. 剪切任务

　　与复制任务类似的便是剪切任务操作，两者的唯一区别是，复制任务不删除原有的任务，而采用剪切任务操作原有任务将被删除，因此当在移动某些任务时请采用剪切与粘贴命令。

8. 查找任务

　　当任务较多时，需要查找某一任务，可执行"编辑"菜单的"查找任务"命令，或直接点击工具栏上的"查找任务"快捷按钮。系统将弹出如图8.44所示的"查找任务"对话框。

系统提供了两种查找任务的方式,一种是按任务的编号查找任务,另一种便是按任务名称查找任务。

9. 子网操作

为方便任务的分解,建立任务的 WBS 结构,系统提供了子网操作命令。子网操作命令主要有两种:降级命令、升级命令,如图8.45所示。

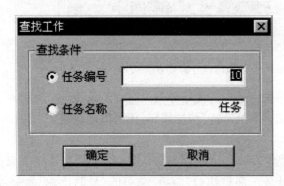
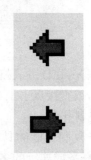

图 8.44　查找工作对话框　　　　图 8.45　升降级按钮

（1）降级命令。

选中任务的级别降一级。选中任务,然后执行"编辑"菜单的"降级"命令或直接点击工具栏上的"降级"快捷按钮,便可将任务下降一级。图8.46显示了任务间的这种层次关系。

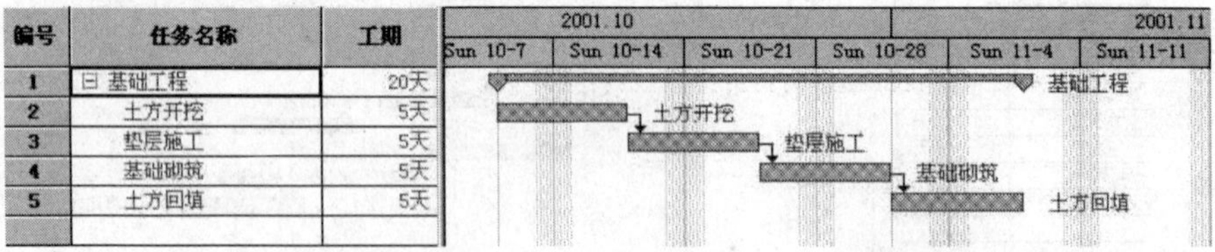

编号	任务名称	工期	2001.10				2001.11
1	基础工程	20天					
2	土方开挖	5天					
3	垫层施工	5天					
4	基础砌筑	5天					
5	土方回填	5天					

图 8.46　降级操作

另外,在任务名称前显示"-"号时表明已经显示了该大纲任务下的子任务,当标记显示为"+"号时表明已经隐藏了该大纲任务下的子任务。

（2）升级命令。

升级命令是降级命令的逆过程,操作方式与降级方式一样,结果如图8.47所示。

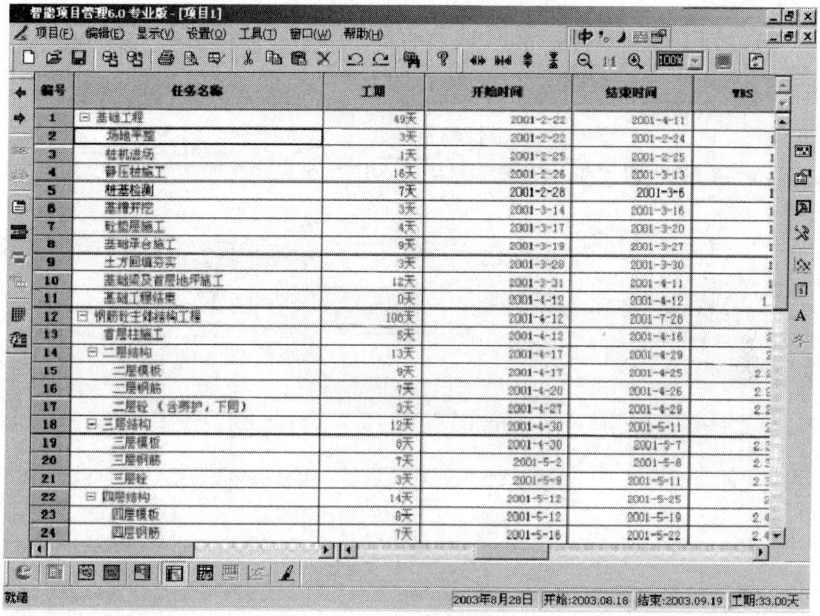

图 8.47　工程中任务的 WBS 码

10. 确定任务的持续时间

确定任务持续时间的方法主要有两种：一种是采用定额套用法，一种是采用"三时估计法"。当确定好任务的持续时间后，可在"任务信息"对话框的"任务工期"数据域中输入该任务的工期。具体如图 8.48 所示。

11. 确定任务间的逻辑关系

确定了任务的常规信息后（任务名称、持续时间、WBS 结构等），便可确定任务与任务间的逻辑关系，通过逻辑关系的确定建立项目基本的网络模型。任务和任务之间的逻辑关系可以有四种，同时在软件中还可方便地设置任务的正负延迟时间等搭接特性。如图 8.49 所示。

12. 任务资源分配及成本计算

系统提供了定额数据库与工料机数据库，可通过三种方式进行资源分配工作（见图 8.50、图 8.51）：

方式一：可对工作任务套用相关定额，系统将依据定额含量自动进行工料机分析，将定额信息转化为资源信息，实现资源的分配工作。

方式二：可通过工料机数据库直接对工作任务指定相关的资源，实现资源的分配工作。

方式三：可通过定额指定与工料机指定相结合的方式，实现资源的分配工作。

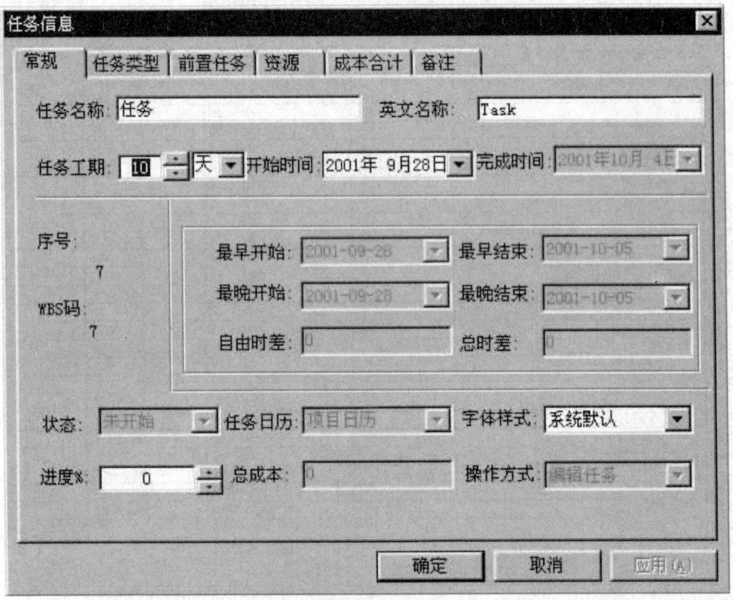

图 8.48 确定任务持续时间(任务工期)

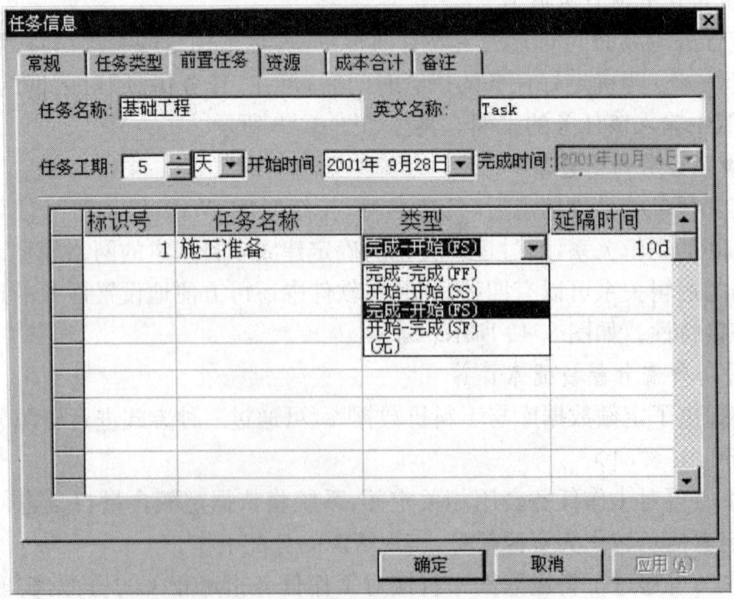

图 8.49 确定任务间的逻辑关系

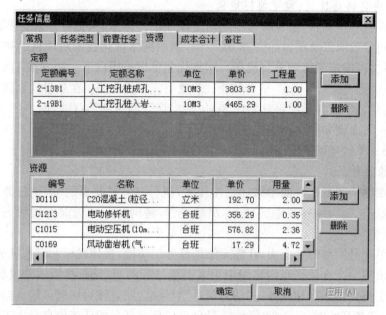

图 8.50 任务资源分配

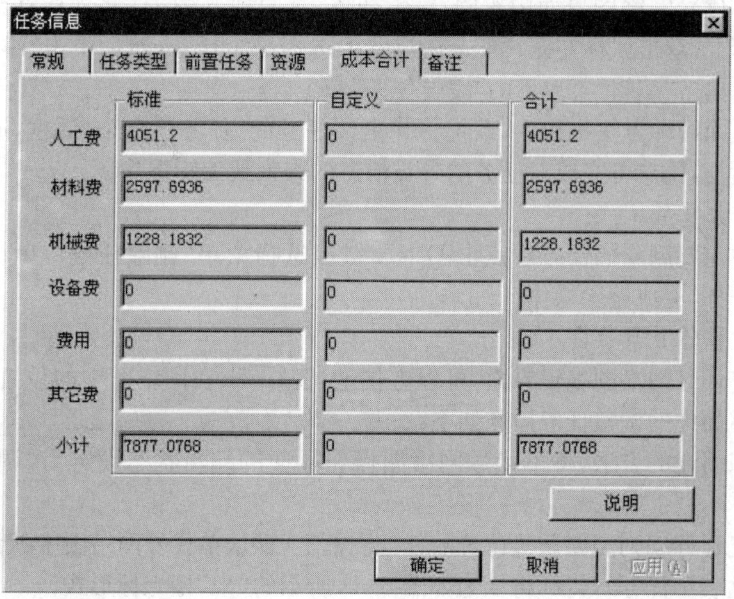

图 8.51 任务成本计算

13. 进行网络优化,确定项目规划

完成以上步骤后,项目的初步规划阶段便已经结束,可依据系统计算的各类网络时间参数值以及项目的资源、成本值,利用网络优化技术对项目的初步规划进行优化,以确定最终的项目规划。网络优化可以采用以下一些方法:① 资源有限-工期最优;② 工期确定-资源均衡;③ 费用成本优化等。在项目规划的确定过程中,用户可生成各类项目计划图表,包括单代号网络图、双代号网络图、时标逻辑图等。下面就来依次介绍这几种项目计划图表。

8.2.2.5 单代号网络图

1. 添加任务

可在网络图操作界面中添加工作任务,执行"编辑"菜单的"添加任务"命令,或直接点击工具栏中的"添加任务"快捷按钮,将网络图的当前编辑状态设定为"添加任务"状态。

在单代号网络图界面中,在需要添加任务的位置,按住鼠标左键拖拽光标,界面中将出现一个在单代号网络图中用来表示任务的矩形框,然后放开鼠标左键,此时系统将弹出该新建任务的"任务信息"对话框,通过该对话框可输入新任务名称,修改任务开始时间、工期等操作,最后完成新建任务的任务信息录入工作。

2. 编辑/查询任务

在单代号网络图界面中查阅/编辑任务,有两种方法:① 将光标移至待查看任务图框上,双击鼠标左键;② 先在视图中选择一个任务,然后单击"编辑任务"按钮或者单击"编辑"菜单下的"编辑任务"命令。

用上面两种方法执行后,系统将弹出该任务的"任务信息"对话框,通过任务信息对话框,用户可完成对任务的各类信息的查询或编辑操作。

3. 删除任务

选中需要删除的任务后点击 Delete 键或选择菜单"删除任务",确认要删除选中的任务,完成删除操作。

4. 调整任务与节点

在单代号网络图编辑界面,可以方便地调整节点在网络图中的位置,单代号网络图界面中的调整任务操作如下:

按照前述的方法,将单代号网络图操作界面的编辑状态设定为"调整任务"状态。

将光标移动到需要调整位置的任务图框上(默认单代号网络图中默认情况下用矩形框表示任务),光标将变为如图 8.52 所示的"+"型光标形式。

此时按住鼠标左键不放,移动光标,将任务图框移动至需要的位置。此时软件将自动调整相关节点与箭线的位置。

图 8.52 "十"型光标

8.2.2.6 双代号网络图

1. 新建任务

在网络图界面中添加工作任务,执行"编辑"菜单的"添加任务"命令,或直接点击工具栏中的"添加任务"快捷按钮。在双代号网络图界面中添加任务主要有三种方式:一是通过任务箭线添加;二是通过任务节点添加;三是在空白处添加。

(1) 通过任务箭线添加。

通过任务箭线添加任务又可分为两类,分别为左添加和右添加。

① 左添加。左添加是指将光标移至任务箭线的尾部(左端),当光标的形状变化为"左箭头"形式时,双击鼠标左键,可以将一个新任务 X 添加到任务 A 的左侧,并设定任务 X 为任务 A 的直接前置任务。若任务 A 原来的前置任务为任务 B,则将任务 X 插入至任务 A 与 B 之间,设定任务 X 为任务 A 的前置任务,并设定任务 X 的前置任务为任务 B。如图 8.53～图 8.58 所示。

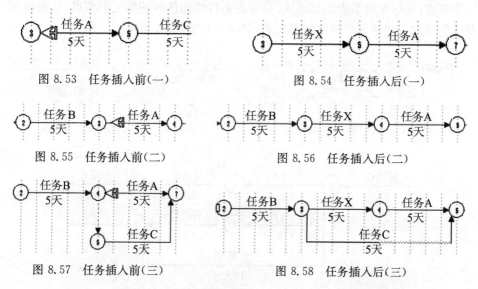

图 8.53 任务插入前(一)

图 8.54 任务插入后(一)

图 8.55 任务插入前(二)

图 8.56 任务插入后(二)

图 8.57 任务插入前(三)

图 8.58 任务插入后(三)

② 右添加。右添加的操作是左添加操作的反方向。具体如图 8.59、图 8.60、图 8.61 所示。

图 8.59　任务 A 无后继任务时右添加任务 X

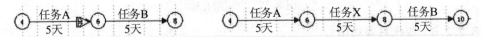

图 8.60　任务 A 有后继任务 B 时右添加任务 X

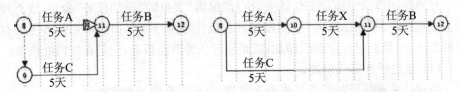

图 8.61　任务 A 有平行任务 C 时右添加任务 X

（2）通过任务节点添加。

通过任务节点添加又可分为三类：节点到节点添加、节点到空白处添加以及节点本身添加。

① 节点到节点添加。节点到节点添加是指用光标直接点击待添加任务的第一个节点，光标变为节点添加形式，接着点击待添加任务的第二个节点，从而在两节点间添加一任务 X。具体如图 8.62、图 8.63、图 8.64 所示。

图 8.62　选中第一个节点

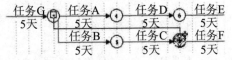

图 8.63　在两节点间添加任务

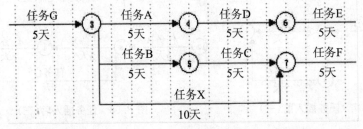

图 8.64　在节点 3、7 间添加任务 X 的效果

② 节点到空白添加。节点到空白添加是指用光标点击待添加任务的第一个节点(开始节点),光标变为节点添加形式,接着在一空白处单击鼠标左键,此时系统将在第一个节点与空白位置处添加一任务 X。具体如图 8.65、图 8.66、图 8.67所示。

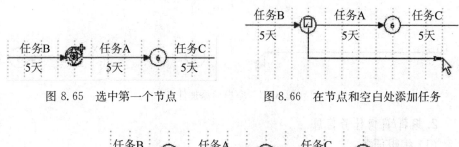

图 8.65　选中第一个节点　　　　图 8.66　在节点和空白处添加任务

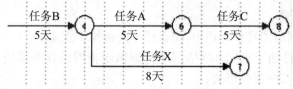

图 8.67　在节点 4 和空白处添加任务 X 的效果

③ 节点本身添加。节点本身添加是指在某一任务节点上双击鼠标左键将添加一新任务 X,并且任务 X 的前置任务为以该节点为结束节点的任务,任务 X 的后继任务为以该节点为开始节点的任务。具体如图 8.68、图 8.69、图 8.70 所示。

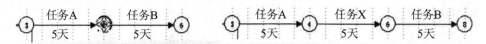

图 8.68　在节点 4 处添加任务

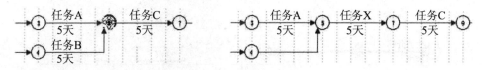

图 8.69　当有多个前置任务时的情况

(3) 空白处添加。

在双代号网络图的空白位置处点击鼠标左键,软件将以此位置作为新添加任务的开始节点,然后在另一空白位置处再次点击鼠标左键,软件将把该位置作为新添加任务的结束节点,从而实现任务的添加工作,具体如图 8.71 所示。

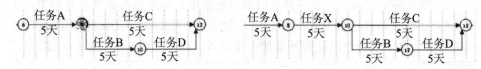

图 8.70　当有多个后继任务时的情况

图 8.71　空白处添加任务

2. 编辑/查询任务信息

（1）编辑任务。

在双代号网络图操作界面中,编辑任务的操作步骤如下：

① 将光标移动至双代号网络图中待编辑或查看的任务箭线上,光标变为如图 8.72 所示的双向箭头形式；

② 双击鼠标左键,弹出该任务的"任务信息"对话框；

③ 或者在选取了任务后,执行"编辑"菜单的"编辑任务"命令,在弹出的"任务信息"对话框中对任务的各类信息进行编辑操作。

（2）查询任务。

① 按 CTRL＋F 键,或点击编辑菜单里的查找任务菜单,弹出查找工作对话框,见图 8.73。

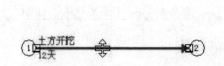

图 8.72　编辑/查看任务光标样式

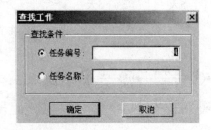

图 8.73　"查找工作"对话框

② 在对话框里先选择是按任务编号还是任务名称进行查询,然后在对应的栏目中输入内容,如该任务存在,则任务就被查找到。

3. 删除任务

在双代号网络图界面中有两种方式删除任务:直接删除单个任务或框选删除指定区域内的任务。

（1）直接删除单个任务。

光标选中要删除的任务中部，选中后任务的两个端点有两个小矩形，如图 8.74 所示。之后按 Delete 键，或右键，在弹出菜单里选择删除任务按钮，或在编辑菜单里选择删除任务，软件将弹出如图 8.75 所示的提示信息对话框，"确定"后即可删除工作任务。

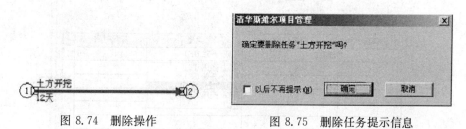

图 8.74　删除操作　　　　　　　图 8.75　删除任务提示信息

（2）框选删除任务。

光标框选待删除任务的特定区域，具体如图 8.76 所示，之后操作方式同删除单个任务。

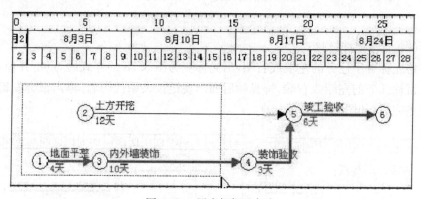

图 8.76　用光标框选任务

4. 链接任务

链接任务是指建立任务与任务间的逻辑关系，是建立项目网络模型中十分重要的一步。

（1）通过"任务信息"对话框设置。

在双代号网络图里，选中任务，双击鼠标左键，在弹出的任务信息对话框里，选择"前置任务"选择卡，在"前置任务"选择卡中，通过"标识号"的下拉列表或"任务名称"下拉列表，选择当前任务的前置任务，然后通过"类型"的下拉列表确定当前任务与前置任务间的逻辑关系类型，如图 8.77 所示，同时如果任务间存在延隔时间,需要在"延隔时间"栏中输入时间数值,默认情况下时间单位为天(d)。

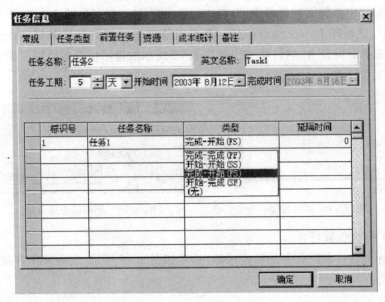

图 8.77　任务信息对话框

(2) 光标拖拽链接。

将光标置于任务的左端或右端,当光标变为图 8.78 的样式后,点击并拖动光标至目标任务的左端或右端,待光标后面出现链接关系代码后,单击鼠标左键,链接任务完成,如图 8.79 所示。

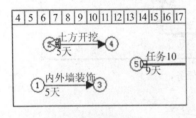

图 8.78　链接操作

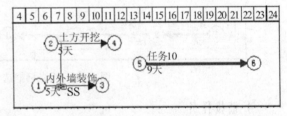

图 8.79　链接关系图(图中的 SS 即为关系代码)

5. 复制任务

任务复制具体操作方法如下:首先选择需要复制的任务,任务为单个任务或者为连续的多个任务。然后执行"编辑"菜单的"复制任务"命令,或单击鼠标右键在弹出的快捷菜单中选取"复制任务"命令。之后执行"粘贴任务"命令,完成任务的复制与粘贴操作。当复制多个连续任务时,任务间的逻辑关系会一同复制,如图 8.80 所示,(该例中复制了"垫层施工"、"基础砌筑"两个任务)。

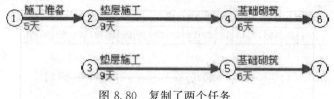

图 8.80　复制了两个任务

6. 搭接任务

按住 Ctrl 键,同时将光标移至要操作的任务上,当光标样式变为图 8.81 或 8.82 所示时,按下鼠标左键。

　　图 8.81　移动光标至任务节点　　　　　　图 8.82　可移动状态

按住鼠标左键将光标拖到目标任务上,在出现搭接任务对话框后,可在目标任务上移动以改变搭接任务的左部任务工期和右部任务工期。放开鼠标左键,然后松开 Ctrl 键,搭接任务完成,如图 8.83 所示。

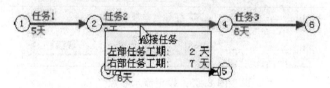

图 8.83　搭接完成任务

7. 流水操作

实际施工中经常需要采用流水施工方法,操作的步骤如下:

(1) 选择需要创建流水的几个任务。如图 8.84 所示,选中任务 1 和任务 2。

(2) 单击左边工具栏上的流水按钮,弹出"流水设置"对话框,如图 8.85 所示。

(3) 选择段数、层数和排网方式等,"确定"后生成流水网络图,如图 8.86 所示。

8. 调整任务

(1) 位置调整。

在双代号网络图界面调整任务箭线与节点位置。操作如下:

① 移动节点:将光标置于需移动的任务节点上,当光标样式变为如图 8.87 所示时,拖动光标至合适的位置,移动任务节点完成,如图 8.88 所示。

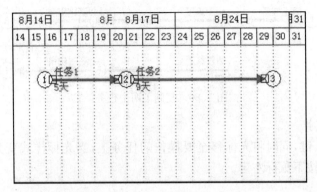

图 8.84　选择任务

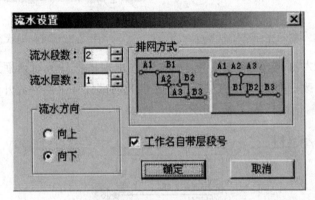

图 8.85　设定流水参数

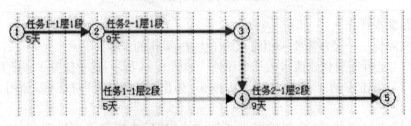

图 8.86　生成流水施工图

图 8.87　选择任务接点

图 8.88　移动任务接点

② 移动箭线位置:选中需移动的任务箭线,光标变为如图 8.89 的形状后,按下鼠标左键拖动光标至目标位置,移动箭线位置操作完成,如图 8.90 所示。

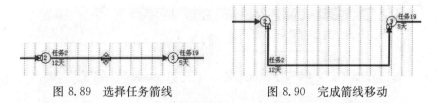

图 8.89　选择任务箭线　　　　　　　图 8.90　完成箭线移动

(2)工期调整。

工期调整有两种方式:① 选中任务后双击任务,在弹出的任务信息对话框里直接修改任务工期,见图 8.77 任务信息对话框内容;② 光标选中任务调整工期,将光标移至任务的左端或右端,当光标变为如图 8.91 所示的形状时,按下鼠标左键。然后拖动鼠标,在光标下方会出现对话框提示任务的新的工期,松开鼠标左键,修改任务工期完成,提示工期对话框如图 8.92 所示。

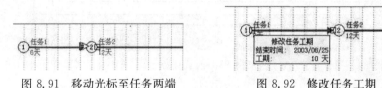

图 8.91　移动光标至任务两端　　　　　图 8.92　修改任务工期

9. 逻辑关系调整

调整任务的逻辑关系分为调整任务的前置任务与调整任务的后继任务两类,现分别进行介绍。

(1)调整任务的前置任务。

① 用光标调整:将光标置于需调整任务的首部,当光标变为如图 8.93 所示的形状时,按下 Shift 键,同时按下鼠标左键。现在松开鼠标左键和 Shift 键,移动光标至目标节点上,按下鼠标左键,修改成功如图 8.94 所示。

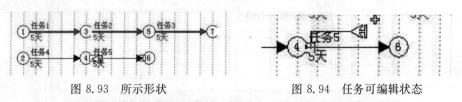

图 8.93　所示形状　　　　　　　图 8.94　任务可编辑状态

② 通过任务信息对话框操作:将光标置于需调整的任务的中部,双击任务,弹出"任务信息"对话框,在对话框中选择"前置任务"选项卡,进入如图 8.95 所示的页面。

在"任务名称"栏内修改前置任务,在下拉列表框里选择"任务 4",调整任务的前置任务操作完成,如图 8.96 所示。

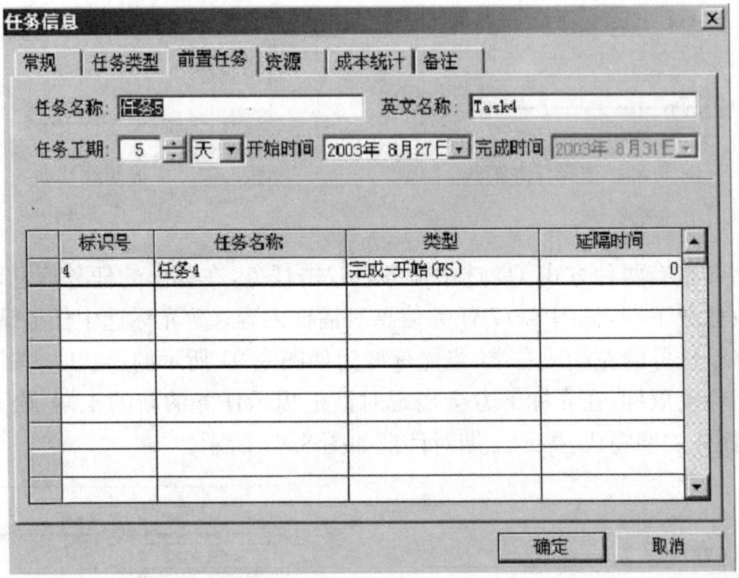

图 8.95　前置任务

图 8.96　任务信息对话框

8.2.2.7　进度追踪与管理

在项目执行过程中应对项目的实际执行情况进行追踪，以便及时发现问题并进行调整处理。进度追踪与管理主要是用实际进度前锋线进行查看。实际进度前锋线是在双代号时标网络图中任务实际进度前锋点的连线，可在任务的执行过程中随时更新任务的实际进度百分比，系统将在网络图中生成实际进度前锋线，具体如图 8.97、图 8.98 所示。

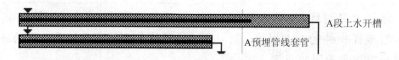

图 8.97　横道图显示的实际进度情况（黑线条表示实际完成程度）

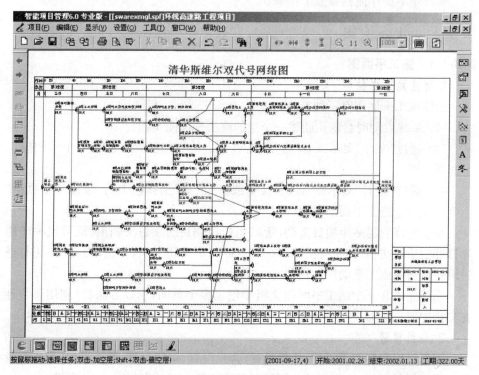

图 8.98　实际进度前锋线（图中纵向折线）

学习单元 8.3　平面图布置软件应用

◀ 工作任务表 ▶

能力目标	主讲内容	学生完成任务
通过学习训练,使学生掌握平面图布置软件的使用技术,能够进行现场平面图的布置	平面图布置软件的使用技术	根据实例,完成现场平面图的布置

软件基本操作流程有五个步骤。

8.3.1　准备绘图

8.3.1.1　施工平面图

1. 新建施工平面图

新建施工平面图有三种方法:

(1) 系统启动时会默认新建一个空的施工平面图文档;

(2) 通过"文件"菜单或者"常用"工具栏中的"新建"命令新建一个空的施工平面图文档;

(3) 通过"查看"菜单—"页面"菜单或者"工具"工具栏中的"添加一个页面"命令新建一个施工平面图页面。

系统允许创建多个项目文档,所以用户在创建新项目文档前,既可以关闭原先打开的项目文档(如果有文档存在),也可以不关闭它们,方法(1)与(2)正是通过该特性新建施工平面图文档的。

系统允许在一个施工平面图文档中创建多个页面,所以方法(3)利用该特性在文档中新建页面。

2. 图纸设置

图纸设置包括图纸设置、边框设置、背景设置、页眉页脚、网格设置,用于设置施工平面图的图纸、边框以及绘图区背景属性等。对话框如图8.99所示。

在对应的页面内输入相关内容,最后点击"确定",即可完成相关设置。

8.3.1.2　对象属性

施工平面图系统中的对象属性分为两类:一般属性与高级属性。

一般属性为所有对象都具备的属性,高级属性为某些对象自带的独特的属性

（见创建对象中的专业图形绘制）。

一般属性包括对象常规属性、线条属性、填充属性、阴影属性。

常规属性对话框，显示所选组件的名称、是否可见、文本水平和垂直排列方式、字体样式等，如图 8.100 所示。

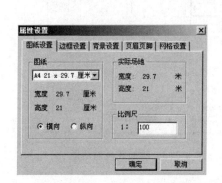

图 8.99　属性设置

图 8.100　常规属性对话框

线条属性对话框，显示所选组件的线条颜色、线型、线宽以及左右箭头的设置。左右箭头的设置只是对线类对象才有效，如图 8.101 所示。

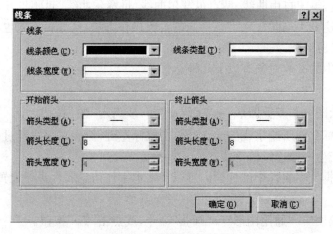

图 8.101　线条属性对话框

　　填充属性对话框,显示所选组建的填充样式以及填充颜色。分六页提供,包括模式、阴影、纹理、材料、场地、花纹。填充只对封闭的图形和弧线才有效。填充属性对话框如图 8.102 所示。

　　场地属性对话框,显示所选场地的类型及填充效果,如图 8.103 所示。

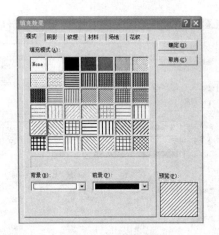

图 8.102　填充效果

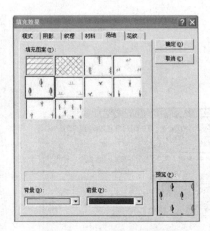

图 8.103　场地属性对话框

8.3.2　创建对象

8.3.2.1　通用对象

　　在软件中所谓通用对象就是多边形、封闭多边形、矩形、正方形、椭圆、圆、箭线、自由曲线、封闭自由曲线、两点贝赛尔曲线、贝赛尔曲线、封闭贝赛尔曲线。这些对象的创建方法均同“CAD”软件内的对象操作方法,其编辑方式也相同。

8.3.2.2　专业对象

　　在软件中的专业对象有以下几种。

1. 字线

　　执行“绘图”—“专业图形”—“字线命令”,或点击“▱”按钮。

　　先将光标移到所绘字线的起点处单击鼠标左键,然后在字线经过处依次单击光标,即可产生一条连续的字线。

　　之后依据文本属性中的标题内容以及文本字体信息属性进行设置即可。

2. 弧线

　　执行“绘图”—“通用图形”—“画弦”命令,或点击“◖”按钮。

　　在图形有效区域内点三点,经过这三点可形成一段弧,其中第一点为弧线段的起点,第三点为弧线段的终点,第二点在弧线段上。连接第一点和第三点生成弦形。

用户若想修改此圆弧，则选择该对象后，将光标移到该圆弧的控制点上，按住鼠标左键移动即可修改，满意后松开左键。

3. 圆弧字线

执行"绘图"—"专业图形"—"圆弧"字线命令，或点击" "按钮。

绘制方法：参照圆弧。

属性设置：参照字线。

4. 标注

执行"绘图"—"专业图形"—"标注"命令，或点击" "按钮。

在图形区域内点两点，该两点为标注线的端点，然后拖动光标确定标注的垂直数据。

属性设置：基本同"CAD"软件内的操作。

5. 边缘线

执行"绘图"—"专业图形"—"边缘线"命令，或点击" "按钮。

先将光标移到所绘边缘线的起点处单击鼠标左键，然后在边缘线经过处依次单击光标，即可产生一条连续的边缘线。

6. 多线

执行"绘图"—"专业图形"—"多线"命令，或点击" "按钮。

先将光标移到所绘多线的起点处单击鼠标左键，然后在多线经过处依次单击光标，即可产生一条连续的多线。

7. 文本

执行"绘图"—"专业图形"—"文本"命令，或点击" **A** "按钮。

先将光标置于需插入文本的起点处，点击鼠标并按住鼠标左键拖动到终点，释放左键即可生成一个矩形文本区域，在区域内输入文字，之后对文字进行字体、大小、颜色、样式和效果等进行编辑。也可预先将文本的属性设置好后再在文本区域内输入文字。

注：本文本不可以进行旋转操作。

8. 斜文本

执行"绘图"—"专业图形"—"斜文本"命令，或点击" "按钮。

操作方式同"文本"。

注：斜文本支持旋转操作。

9. 塔吊

执行"绘图"—"专业图形"—"塔吊线"命令，或点击" "按钮。

将光标移到所绘塔吊的中心点处单击鼠标左键,即可生成一个新的塔吊。

用户若想修改此塔吊,则选择该对象后,将光标移到该塔吊的控制点上,按住光标的左键拖动即可修改,满意后释放左键。

属性设置包括以下几点:

(1)中心点位置:塔吊中心点所在位置,修改将对塔吊进行平移操作;

(2)固定半径:选择该选项时,在右边半径对话框中可以输入塔吊半径,单位为"米"。选择输入塔吊半径方式,则不能用修改控制点的方式来改变半 径;不选择该选项时,塔吊半径选取系统自动测量值;

(3)自动标注:系统默认选择该选项,在其窗口中可以输入要标注的内容,如长度、塔吊型号等等;

(4)文本与线的距离:标注与线的距离;

(5)字线空白:标注区域的宽度;

(6)标注位置:标注在塔吊标注线上的位置;

(7)箭头:是否显示箭头,箭头样式在线条属性的箭头中修改;

10. 图片

执行"绘图"—"通用图形"—"图片"命令,或点击" 🖼 "按钮。

首先将光标移到需插入图形的起点处,按住鼠标左键拖动到终点,释放左键即可生成一个矩形区域来放置图形,同时弹出图像属性对话框,在图像文件对话框中输入图像路径,或者通过浏览直接选择。

用户若想修改此图形区域大小,在选中该对象后,将光标移到该矩形边框的控制点上,按住左键移动即可修改,满意后释放光标的左键。

11. 创建 Ole 对象

执行"绘图"—"通用图形"—"Ole 对象"命令,或点击" 🖼 "按钮。

首先将光标移到需插入对象的起点处,然后按住左键拖动到终点,释放左键即可生成一个矩形区域,同时弹出"插入对象"对话框,从中选择对象类型和来源。

12. 标题栏

在图元库的其他图元中选择"题栏"。

首先将光标移到需插入对象的起点处,然后按住左键拖动到终点,释放左键即可生成一个标题栏。双击对应的文本区域就可以直接进行编辑。

13. 创建系统图元

系统内置的图元库包含了标准的建筑图形,包括施工机械、材料及构件堆场、地形及控制点、动力设施库、建筑及构筑物库、交通运输、其他图元等7类。

在图元库工具栏上方用鼠标左键点击需要创建的图元图标然后按住光标并

移动到绘图区,此时光标将会显示为"⌘"形状并且可以看到虚线绘制的移动轨迹,拖到合适的地方松开光标,系统将创建指定的图元,如图 8.104 及图 8.105 所示。

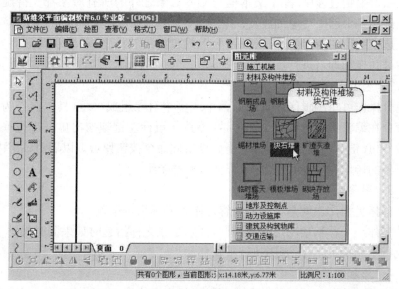

图 8.104 屏幕菜单(一)

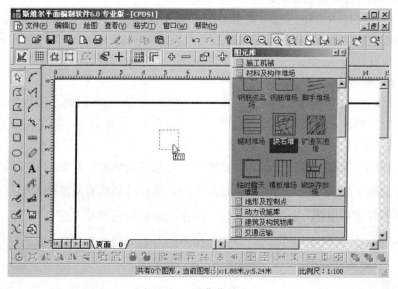

图 8.105 屏幕菜单(二)

8.3.3　图形编辑

8.3.3.1　旋转

在图形编辑过程中,除了文本框与 Ole 对象之外的所有对象都支持旋转,系统也允许对多个选中对象的旋转。

在选中图形的情况下,点击按钮栏上的自由旋转按钮,然后在图形上方点击鼠标左键并拖动即可进行旋转操作。

8.3.3.2　组合

组合操作可将编辑区内选取的两个或多个对象组成一组,具体操作为:先用选择命令在编辑区内选取若干图形,既可按住鼠标左键拖拉出虚框进行框选,也可按住 Shift 键进行多选。选择完毕后点击此命令按钮便可。以后对该组内任何一个对象的操作(如移动、缩放等)都将影响整个组。

8.3.3.3　平移拷贝

平移拷贝操作也就是将选中内容复制到光标指定位置。

其操作跟平移移动图形基本相同,区别是在光标抬起时如果同时按下了 Ctrl 键将执行平移拷贝工作,否则执行平移移动。

8.3.3.4　添加删除顶点

对于已经绘制好的折线、不规则曲线、任意多边形、字线、多线等,可以执行添加及删除端点操作,任意改变其形状。

执行该操作的途径是选中需要添加或者删除顶点的图形,按下 Ctrl 键并在图形边线上移动光标,出现光标 ✛ 表示可以点击添加新顶点,出现光标 ✕ 表示可以删除顶点。

8.3.3.5　叠放次序

平面图文档中的图形是按照一定的显示顺序来显示的,因此系统也提供叠放次序功能来修改选定图形的显示顺序,用于处理同一位置有多个对象相互重叠的情况。新建的对象默认处于第一层。

移到第一层 ▣:通过此命令将要操作的对象移动到所有对象的最前面显示。

移到最下层 ▣:通过此命令将要操作的对象移动到所有对象的最下层显示。

向前移动一层 ▣:通过此命令将要操作的对象向前移动一层。

向后移动一层 ▣:通过此命令将要操作的对象向后移动一层。

8.3.3.6　排列与调整

1. 对齐

系统提供 8 种对齐方式,分别是:

（1）左对齐▨；

（2）右对齐▨；

（3）顶对齐▨；

（4）底对齐▨；

（5）中心水平对齐▨；

（6）中心垂直对齐▨；

（7）页面水平居中▨；

（8）页面垂直居中▨。

（1）～（6）六种对齐方式用于在编辑区内选取两个或两个以上操作对象相互对齐，对齐的参照物是当前组件。（7）～（8）两种对齐方式用于在编辑区内选取 1个或 1 个以上操作对象与绘图页面的对齐。

2. 大小调整

此功能用于在编辑区内选取两个或两个以上操作对象相互调整大小，调整的参照物是当前组件。系统提供三种调整方式，分别是：

（1）宽度相等▨；

（2）高度相等▨；

（3）大小相等▨。

8.3.3.7 间距调整

此功能用于在编辑区内选取的两个或两个以上操作对象相互调整间距，包括：

（1）水平等距分布▨；

（2）垂直等距分布▨。

8.3.4 图形显示

8.3.4.1 实时移动

当图形在当前视窗内没有直接显示完整个图形时，使用按钮▨来适时移动当前视窗，当执行该操作时，光标将变成手状▨，此时按住鼠标左键▨在图纸上拖动，图纸就可以实时移动。

8.3.4.2 缩放

（1）实时缩放▨。

如果不能完全浏览当前图纸或者当前图纸显示太小无法浏览时，可以使用实时缩放命令来放大和缩小图形。当执行当前操作时,光标显示为 ᴈ ,按住鼠标左键在图纸上向上拖动,图纸将实时放大;向下拉为缩小。

(2)选区放大。

要将图形的部分放大时,可以使用选区放大功能,即主菜单视图项中的缩放窗口命令和❑按钮,执行该操作,按住鼠标左键在图纸上面圈定一个需要放大的区域,当前圈定的区域就被放大到整个屏幕。

(3)页面缩放。

(4)调整到屏幕宽❑。

(5)调整到屏幕高。

(6)显示整个页面❑。

(7)按比例缩放视图。

8.3.4.3 等比缩放组件

等比缩放组件操作,可将所选图形适时缩放,具体操作为:选定一个图形后点击缩放命令,光标会变成 ❑ 状,按住鼠标左键移动光标,❑ 离中心点越远图形越大;相反,❑ 离中心点越近图形越小。

此功能对于图形大小的调整非常方便,降低了操作难度。

8.3.4.4 鸟瞰视图

导航器功能,"❑"按钮,点击此按钮,将弹出如图 8.106 所示的窗口。

图 8.106 鸟瞰视图

在导航器中,可以看到当前图纸的完整缩略图,红色的边框所圈定的区域代表当前图纸的视图范围,当你将光标移到导航器上时,在其中任意位置点击一下,发现该红色的边框发生了移动,其中心点与当前光标点击位置重合,此时当前视窗范围也随着发生了改变(即为当前红色边框圈定的区域)。

8.3.5　打印输出

8.3.5.1　打印设置

打印设置对话框用于设置打印时采用的打印机、纸张大小、打印方向、页边距等,如图 8.107 所示。

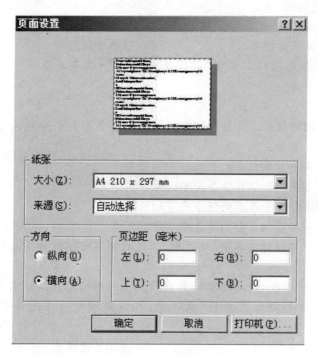

图 8.107　打印设置

8.3.5.2　打印预览

可将要打印的文档模拟打印显示。在模拟显示窗口中,你可以选择单页或双页方式显示(双页显示可以看到页与页间的重叠度)。打印预览工具条还提供了一些便于预览的选项,如图 8.108 所示。

图 8.108　打印功能

(1) 打印：在预览状态下直接打印。

(2) 下页、上页：当一页显示不下时，可进行前后翻页。

(3) 单页：只在预览区显示一页打印纸。

(4) 放大、缩小：整体放大或缩小所预览的所有对象。

(5) 关闭：退出预览状态。

训 练 题

1. 在"项目管理与投标工具箱"软件中，基本操作流程中"访问系统数据库"的下一步操作是（　　　）。
   A. 打开工程项目　　　　　　　　B. 生成项目计划
   C. 建立项目网络模型　　　　　　D. 项目资源管理

2. 在"项目管理与投标工具箱"软件使用过程中，需要查看软件帮助时可使用（　　　）快捷键。
   A. F3　　　　　　B. F4　　　　　　C. F2　　　　　　D. F1

3. 在"项目管理与投标工具箱"软件中，复制任务与剪切任务这两个命令对任务的影响是（　　　）。
   A. 复制任务和剪切任务均会删除原有任务
   B. 剪切任务会删除原有任务而复制任务不会
   C. 复制任务会删除原有的任务而剪切任务不会
   D. 复制任务和剪切任务均不会删除原有任务

4. 在"项目管理与投标工具箱"软件中，不是对标书编制软件主要特点的描述的是（　　　）。
   A. 数据导入方便　B. 标书操作简易　C. 素材模板专业　D. 标书内容全面

5. 在"项目管理与投标工具箱"软件中，标书编制软件中附件节点中不包括（　　　）。
   A. 施工组织方案　　　　　　　　B. 施工进度图表
   C. 施工平面图布置图　　　　　　D. 施工图纸

6. 在"项目管理与投标工具箱"软件中，平面图布置软件中，打印输出的设置不可以设置以下哪项内容？（　　　）
   A. 纸张大小　　　B. 打印方向　　　C. 图纸比例　　　D. 采用的打印机

7. 在"项目管理与投标工具箱"软件中，标书编制软件中，新生成的投标书默认带有四个1级节点，由四部分内容组成，其中不包括（　　　）。
   A. 标底文件　　　B. 商务标　　　　C. 附件　　　　　D. 技术标

8. 在"项目管理与投标工具箱"软件中，平面布置软件中关于图纸的设置中图纸的默认尺寸单位是（　　　）。

A. m　　　　　　B. km　　　　　　C. cm　　　　　　D. mm

9. 在"项目管理与投标工具箱"软件中,平面布置软件中的附加图元库中有
（　　）种图元。

A. 28　　　　　　B. 27　　　　　　C. 29　　　　　　D. 30

10. 在"项目管理与投标工具箱"软件平面布置软件中创建标注时,在图形有效区
内点（　　）。

A. 2点　　　　　B. 1点　　　　　C. 4点　　　　　D. 3点

11. 现场搭设的临时设施,应按照（　　）要求进行搭设。

A. 建筑施工图　　　　　　　　　B. 结构施工图

C. 施工平面布置图　　　　　　　D. 施工总平面图

12. 在"项目管理与投标工具箱"软件中,对标书编制软件是否有密码的描述正确
的是（　　）。

A. 有设置密码的选项但是也可不设置　B. 无密码设置选项

C. 无需设置,购买时已设定好　　　　D. 有此项并且必须设置才能使用

13. 在"项目管理与投标工具箱"软件中,标书编制软件中附件节点中不包括以下
哪项内容。（　　）

A. 施工组织方案　　　　　　　　B. 施工进度图表

C. 施工平面图布置图　　　　　　D. 施工图纸

14. 在"项目管理与投标工具箱"软件中,以下哪一项不是对标书编制软件主要特
点的描述。（　　）

A. 数据导入方便　B. 标书操作简易　C. 素材模板专业　D. 标书内容全面

15. 项目管理软件中,全屏显示的快捷操作是（　　）。

A. F1　　　　　　B. F2　　　　　　C. F3　　　　　　D. F4

16. 项目管理软件中,资源导入能在（　　）视图下导入。

A. 资源网格图　　B. 概要网络图　　C. 双代号网络图　D. 逻辑时标图

17. 项目管理软件中,数据检查的快捷操作命令是（　　）。

A. F4　　　　　　B. F5　　　　　　C. F6　　　　　　D. F7

18. 施工平面图软件中,图元库下交通工具图元库包括（　　）种图元。

A. 8　　　　　　B. 11　　　　　　C. 13　　　　　　D. 15

19. 施工平面图软件中,隐藏或显示图元库的快捷操作是（　　）。

A. Ctrl+T　　　　B. Alt+T　　　　C. Ctrl+Alt+T　　D. Ctrl+Z

20. 项目管理软件中,逻辑时标图如需要改变时间刻度,应首先将显示菜单下的
（　　）里的（　　）设为没选中状态。

A. "时间标尺";"刻度自动适应"　　B. "视图";"逻辑时标图"

C. "选项";"显示任务分段"　　　　D. "时间标尺";"常规标尺"

参 考 文 献

[1] 宋文学,张迪. 建筑工程施工组织与管理[M]. 北京:中国水利水电出版社,2013.

[2] 丛培经. 建设工程施工网络计划技术[M]. 北京:中国电力出版社,2011.

[3] 李忠富. 建筑施工组织与管理[M]. 2版. 北京:机械工业出版社,2007.

[4] 中华人民共和国住房和城乡建设部. 建筑施工组织设计规范[S]. 北京:中国建筑工业出版社,2009.

[5] 杨建华,李莉. 建筑施工组织与管理[M]. 西安:西安交通大学出版社,2010.

[6] 中国标准化研究院,国家认证认可监督管理委员会,中国认证认可协会,等. 质量管理体系要求[S]. 北京:中国标准出版社出版,2008.

[7] 张伟,洪树生. 建筑施工组织与现场管理[M]. 北京:科学出版社,2007.

[8] 李源清. 建筑工程施工组织实训[M]. 北京:北京大学出版社,2011.

[9] 宋文学. 成倍节拍流水施工研究[J]. 安庆师范学院学报:自然科学版,2011,17(4):63-66.

[10] 于立君,孙宝庆. 建筑工程施工组织[M]. 北京:高等教育出版社,2005.

[11] 黎谷,郎容燊. 建筑施工组织与管理[M]. 北京:中国人民大学出版社,1987.

[12] 李万庆,孟文清,等. 工程网络计划技术[M]. 北京:科学出版社,2009.

[13] 宋文学. 非时标网络计划中自由时差计算的一种推荐方法[J]. 安阳工学院学报,2012,11(2):9-11.

[14] 卢循. 建筑施工技术[M]. 上海:同济大学出版社,1999.

[15] 郝临山,陈晋中. 高层与大跨建筑施工技术[M]. 北京:机械工业出版社,2004.

[16] 赵锦锴,崔存滨. 网络计划技术的应用现状与推广对策[J]. 四川建筑科学研究,2002,28(1):82-83.

[17] 乞建勋,赵岫华,苏志雄. "统筹法"网络中经典概念的拓广及应用[J]. 中国管理科学,2010,18(1):184-192.

[18] 朱永祥. 地基基础工程技术[M]. 合肥:中国科学技术大学出版社,2008.